高等职业院校基于工作过程项目式系列教材
企业级卓越人才培养解决方案“十三五”规划教材

Photoshop 核心技术项目实战

（第2版）

天津滨海迅腾科技集团有限公司　编著

图书在版编目(CIP)数据

Photoshop核心技术项目实战（第2版）/ 天津滨海迅腾科技集团有限公司编著. — 天津：天津大学出版社, 2020.1（2023.9重印）

高等职业院校基于工作过程项目式系列教材 企业级卓越人才培养解决方案“十三五”规划教材

ISBN 978-7-5618-6624-5

Ⅰ. ①P… Ⅱ. ①天… Ⅲ. ①图象处理软件－高等职业教育－教材 Ⅳ. ①TP391.413

中国版本图书馆CIP数据核字（2020）第020874号

PHOTOSHOP HEXIN JISHU XIANGMU SHIZHAN

出版发行 天津大学出版社
地　　址 天津市卫津路92号天津大学内（邮编：300072）
电　　话 发行部：022-27403647
网　　址 www.tjupress.com.cn
印　　刷 廊坊市海涛印刷有限公司
经　　销 全国各地新华书店
开　　本 787mm×1092mm 1/16
印　　张 15.5
字　　数 387千
版　　次 2020年1月第1版 2023年9月第2版
印　　次 2023年9月第3次
定　　价 79.00元

高等职业院校基于工作过程项目式系列教材
企业级卓越人才培养解决方案“十三五”规划教材

指导专家

基于工作过程项目式教程
《Photoshop 核心技术项目实战》

主　编　徐　敏　苗　鹏

副主编　曾　琦　张　霞　李　艳　陈小飞
　　　　　游月秋　肖海文

前　言

近几年，随着现代社会经济、科技的迅猛发展，数字媒体技术应运而生，甚至已经改变了或重新定义了许多传统行业的工作流程与操作方法。特别是 Adobe Photoshop 软件的运用，已经成为数字媒体技术应用的关键环节。如今，广告、摄影、电商等多个行业都使用 Adobe Photoshop 软件进行专业的图形图像处理。本书归纳总结了 Adobe Photoshop 软件的应用技术，将关键命令、精华知识与实战案例相结合。

本书以 Adobe Photoshop 核心技术为主线，将案例项目贯穿全书，讲解各项技术的使用方法以及应用技巧等知识。全书知识点的讲解由浅入深，既使每一位读者都能有所收获，也保证了整本书的知识广度与深度。

本书主要涉及六个项目，即 UI 设计、摄影作品的后期处理、计算机生成手绘效果图、图形创意设计、文字设计、平面海报设计，最后还附有介绍插件的附录。这些案例项目严格按照生产环境中的操作流程编排知识体系，从素材的导入、编辑、制作到完成效果图，循序渐进，以可视化的方式对知识点进行讲解。

本书中每个项目都设有学习目标、学习路径、任务描述、任务技能、任务实施和任务拓展，结构条理清晰、内容详细，任务实施可以帮助读者将所学的技巧与知识充分应用到实际操作中。此外，本书配有相应资料包，供读者下载使用，读者若有需要，可与我们联系。

本书由徐敏、苗鹏担任主编，曾琦、张霞、李艳、陈小飞、游月秋、肖海文担任副主编，徐敏、苗鹏负责整本书的编排，项目一和项目二由曾琦、张霞负责编写，项目三和项目四由李艳、陈小飞负责编写，项目五和项目六由游月秋、肖海文负责编写，附录由苗鹏负责编写。

本书理论内容简明、扼要，实例操作讲解细致、步骤清晰，理论与实践结合，且操作步骤后有对应的效果图，便于读者直观、清晰地看到操作效果，牢记书中的操作步骤，起到事半功倍的作用。希望本书能对读者学习 Adobe Photoshop 的核心知识有所帮助。此外，为了方便读者直观感受并欣赏设计效果，书中引用了一些图片、海报设计作品等，因无法一一与相应作者取得联系，在此向各位作者致谢，如有任何问题，您可与我们联系！

天津滨海迅腾科技集团有限公司
技术研发部
2019 年 10 月

目　录

绪言:Photoshop 核心技术运用

Adobe Photoshop,简称 PS(主要处理由像素构成的数字图像),是由 Adobe 系统公司开发和发行的图像处理软件。大多数人对 Photoshop 的认识仅限于它是一个优秀的图像编辑软件,并不了解它在其他方面的应用。实际上, Photoshop 涉及的领域很广泛。在平面设计中,无论是制作图书封面,还是设计招贴海报,都需要用 Photoshop 软件对图像进行处理;随着数码电子产品的普及,图形图像处理技术逐渐被大家所应用, Photoshop 强大的图像修饰功能满足了越来越多的人的需要;广告、摄影的最终成品往往要经过 Photoshop 的修改以达到令人满意的效果;包装作为产品的第一形象最先展现在顾客的眼前,在一定程度上影响着顾客的购买行为,可见包装设计是非常重要的,而 Photoshop 能在很大程度上提升包装设计的艺术感; Photoshop 能实现的图像效果十分丰富,如能制作油画、水彩画、版画风格的图像,用户可以方便快捷地完成插图绘制;影像创意是 Photoshop 的特长,可以将原本风马牛不相及的对象组合在一起,使图像发生巨大变化;建筑效果图涉及的场景的颜色常常需要在 Photoshop 中增加并调整。Photoshop 的应用领域十分广泛,这里只列举出了其中的一部分,在后面的学习过程中,我们将为大家详细讲解。

Photoshop 图案

项目一　UI 设计

UI（user interface，用户界面）设计是对软件的人机交互、操作逻辑、界面等进行的整体设计，也叫界面设计。优秀的 UI 设计不仅要让软件有个性、有品位，还要让软件的操作舒适、简单、自由，充分体现软件的特点。界面是人与物体互动的媒介，换句话说，界面就是设计师赋予物体的新面孔。

在本项目中，通过设计 UI 图标，学习利用 Photoshop 制作用户界面的相关知识，提升图标的美观性与实用性；通过合理的 UI 设计，提高用户对产品的认可度与满意度。在任务实施过程中，要实现如下学习目标：

- 了解 UI 设计的原则与流程；
- 了解 UI 设计的三个方向；
- 掌握 Photoshop 矢量图的使用。

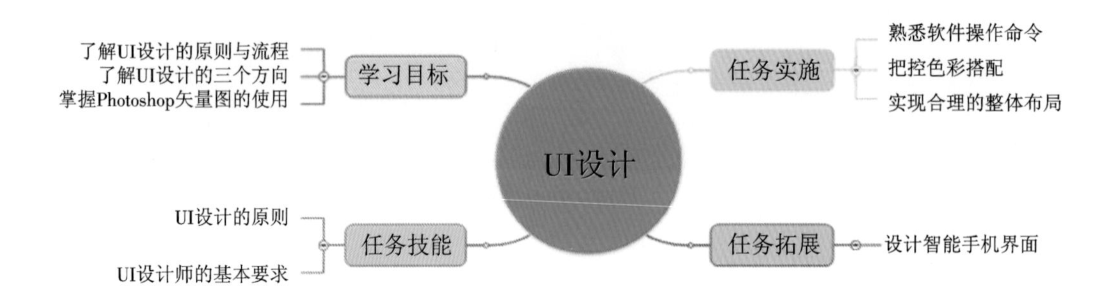

【情境导入】

随着社会经济、科技的不断发展，互联网与人们的生活、学习、娱乐的联系越来越紧密。客户使用终端是联系人与互联网的媒介，要想更吸引人离不开界面设计。特别是各类网上购物平台，更需要 UI 设计师在前期对网站进行精心打理，只有这样，才能呈现出美观大方、能激发客户购买欲的购物界面。当下，移动互联网异军突起，迅速发展，通过手机客户端购物的人与日俱增，其中，优秀的手机界面功不可没。如今，在各大招聘网站上，用人单位对 UI 设计师的需求量有明显增加，且薪金待遇让人心动不已。

通过 UI 设计项目实践，提高了学生的艺术修养，而且对于提升学生文化自信，激发其爱国情怀并树立正确的人生观、世界观和价值观均有深远的意义。

UI 的全称是“user interface”，也就是用户界面。UI 设计主要分为 3 个方面：①图形设计，即软件产品的“外观”设计；②交互设计，主要是设计软件的操作流程、树状结构、操作规范等（也就是软件的后台编程）；③用户测试，目标在于测试交互设计的合理性及图形设计的美观性，主要是衡量 UI 设计的合理性。一个软件界面的设计大体可分为 5 个阶段：①需求阶段；②分析设计阶段；③调研验证阶段；④方案改进阶段；⑤用户验证反馈阶段。所以 UI 设计是一个产品化的工程概念，是一个科学的设计过程，是一个理性的商业运作模式。相信在不远的将来 UI 设计会大放光彩，同时也要强调 UI 设计不是美工，UI 设计要放眼品牌化的界面构建，包括移动设备、互联网平台等，提供从品牌的概念设计、用户体验、交互设计、图形界面设计到最终产品的全方位设计。

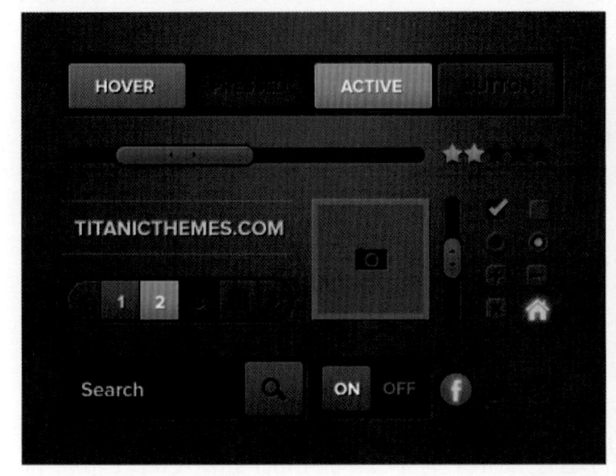

UI 设计欣赏

技能点 1　UI 设计的原则

图形图标设计是 UI 设计中的基础工作，本书讲解的内容也以此为重点。国内大部分 UI 设计工作者从事的都是这项工作，他们大多是了解软件产品、致力于提高用户体验的产品图形设计师。以下是 UI 设计的原则。

（1）界面简洁。界面简洁便于用户使用、了解产品，并能减少用户错误行为的发生。

（2）满足用户需求。界面要迎合用户需求，而不是表现设计者的技术能力。

（3）记忆负担最小化。人脑不是电脑，设计者在设计界面时必须考虑人类大脑处理信息的限度。人类的短期记忆有限且极不稳定，24 小时内存在约 25% 的遗忘率。所以对用户来说，浏览信息要比记忆容易。

（4）一致性。这是每一个优秀的界面都具备的特点。界面的结构必须清晰且一致，风格必须与产品内容相一致。

（5）清楚。界面在视觉上要便于用户理解和使用。

（6）用户的熟悉程度。用户可通过已掌握的知识来使用界面，但不应超出一般常识的范畴。

（7）从用户的习惯考虑。想用户所想，做用户所做。用户总是按照自己的方法理解和使用产品。

（8）排列有序。一个有序的界面能让用户轻松地使用。

（9）安全性。用户能自由地作出选择，且所有选择都是可逆的。当用户作出危险的选择时，有信息介入系统的提示。

（10）灵活性。简单来说就是要让用户方便地使用，但不同于上述原则。这里所说的灵活性即互动多重性，不局限于使用单一的工具（包括鼠标、键盘或手柄、界面）。

（11）人性化。高效率和高用户满意度是人性化的体现。产品应具备专家级和初级用户系统，即用户可依据自己的习惯定制界面，并能保存设置。

技能点 2　UI 设计师的基本要求

“随风潜入夜，润物细无声”是对 UI 设计师最好的褒奖，优秀的 UI 设计多是在细微之处提升产品的认可度与美观性。随着互联网的迅速发展，基本上与互联网相关的终端产品都需要一个优秀的设计界面，UI 设计师的奇思妙想能让终端产品产生各种绚丽的效果。总体来说，UI 设计师需要具备以下几个方面的能力。

1. 图标设计能力

UI设计师需要具备设计各种图标的能力。虽然各种素材库的图标已经很多了，但是项目是千变万化的，下载的图标可能不能满足需求，所以需要根据产品的特点进行统一设计，既要风格独特又要符合产品的气质。

图标设计图

2. 图形设计能力

在实际工作项目中，不要拘泥于绘图形式。UI设计中的图形可以用手绘板绘制，也可以用鼠标绘制。

图形设计图

3. 图像编排能力

UI设计师除了要有设计图像的能力以外，还要有编排图像的能力。从设计创意到视觉呈现、文案的编排展示，设计师完成的是系统性的设计作品。

从一粒沙子看到一个世界
从一朵野花看到一个天堂
把握在你手心里的就是无限
永恒也就消融于一个时辰

图像编排图

4. 海报设计能力

UI 设计技术也可以运用到海报设计中，合理巧妙地运用会对海报设计起到事半功倍的作用。而且 UI 设计越来越偏向视觉设计这个定义。

海报设计图

5. 界面设计能力

UI 设计不单单是堆积元素、调节文字大小、编排版面，优秀的 UI 设计师应该有自己独特的设计语言，其作品应该与众不同，界面的用色、配图等细节都是独具匠心的。

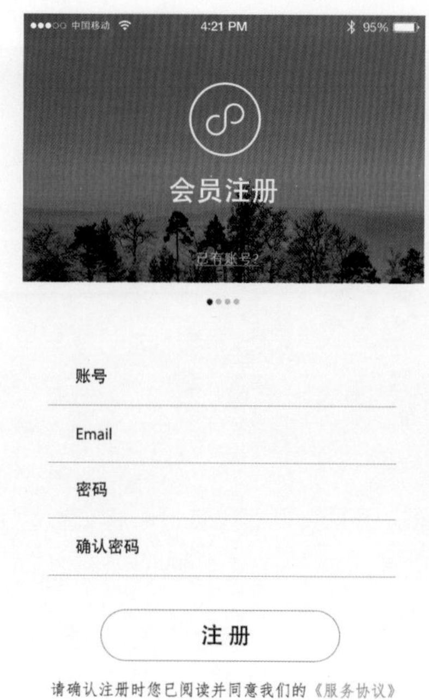

界面设计图

1. 图标的设计制作

通过下面的操作过程，进行图标的设计制作。以下操作过程以圆形图标的制作为例。

（1）打开 Photoshop 软件，点击菜单栏中“文件”下拉菜单中的“新建”命令（图 1-1-1）或按 Ctrl+N 快捷键，创建文档。

图 1-1-1 新建命令

（2）在“新建文档”对话框中创建名为“图标”，“颜色模式”为“RGB 颜色”，“宽度”为“1280 像素”，“高度”为“1024 像素”，“分辨率”为“72 像素 / 英寸”，“背景内容”为“白色”的文档（图 1-1-2）。

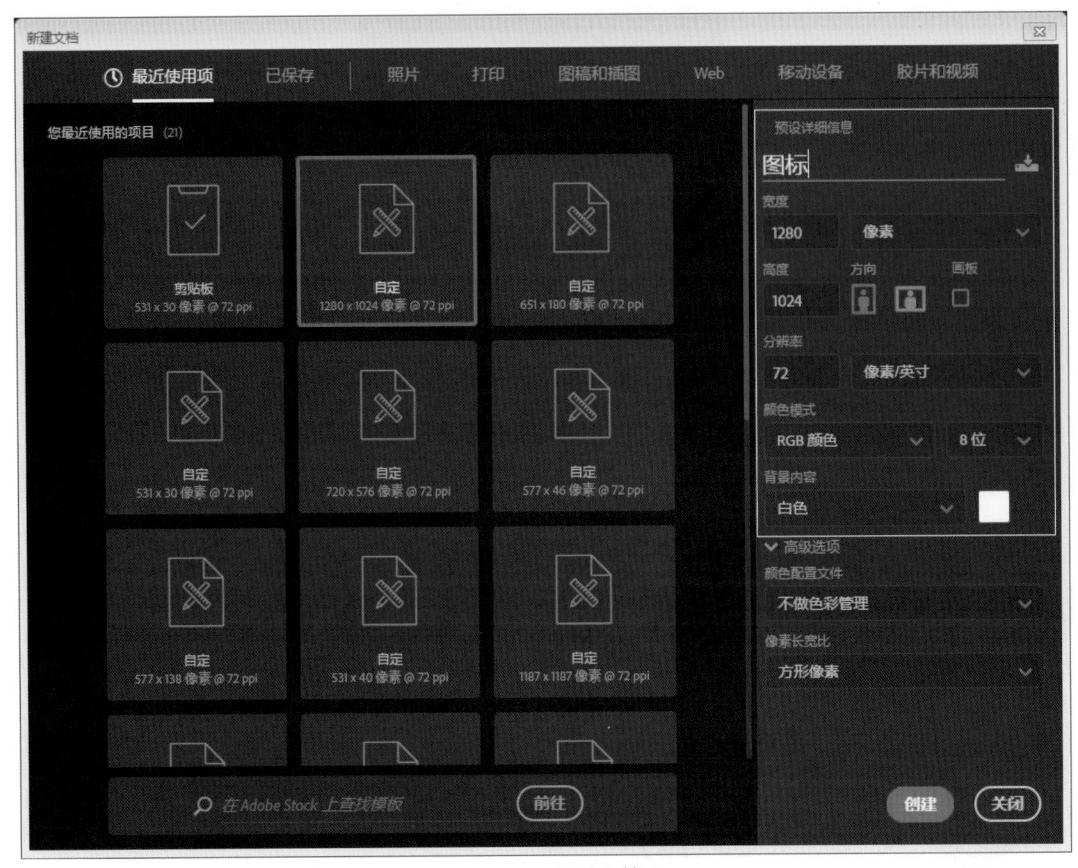

图 1-1-2 设置文档

（3）点击“图层”面板下方的“创建新图层”图标，创建“图层 1”（图 1-1-3）。

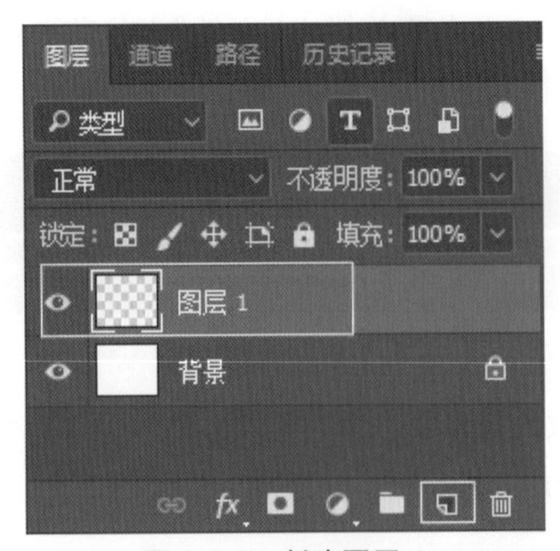

图 1-1-3 创建图层 1

（4）在工具栏中选择“椭圆选框工具”，调节“样式”为“固定大小”，“宽度”为“500 像素”，“高度”为“500 像素”（如图 1-1-4），绘制出正圆，或按 Shift 键进行绘制（图 1-1-5）。

图 1-1-4 调节尺寸

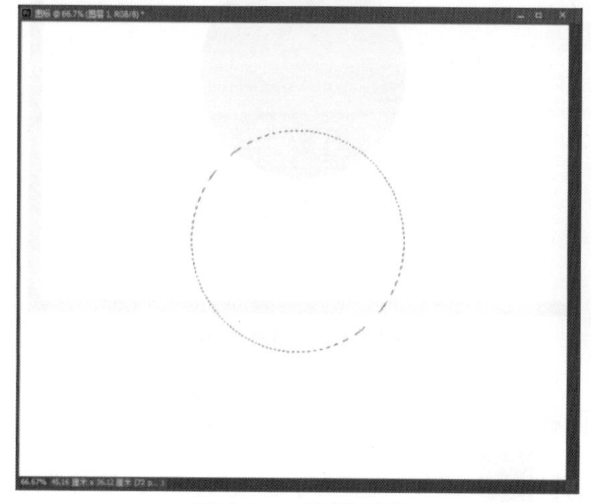

图 1-1-5 绘制正圆

（5）点击工具栏中的图标，在弹出的对话框中调节“前景色”为“#5c4a4a”（图 1-1-6），使用“油漆桶工具”或按 Alt+Delete 快捷键进行填充（图 1-1-7）。

图 1-1-6 调节前景色

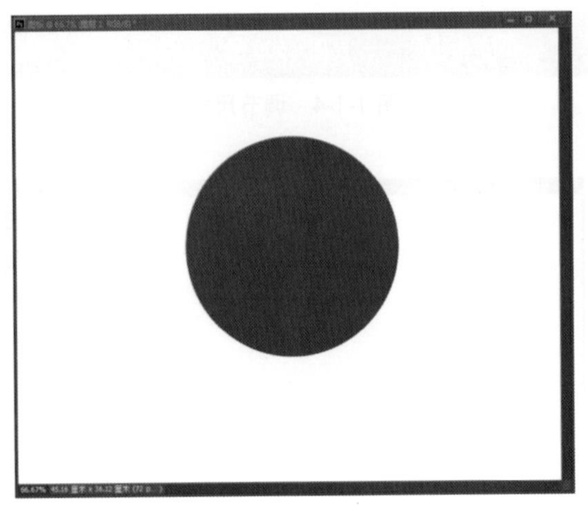

图 1-1-7 填充颜色

（6）点击“图层”面板下方的“创建新图层”图标，创建“图层 2”（图 1-1-8），在工具栏中选择“椭圆选框工具”，调节“样式”为“固定大小”，“宽度”为“450 像素”，“高度”为“450 像素”，绘制出正圆，填充颜色为“#5c4a4a”，将两个正圆变为同心圆（图 1-1-9）。

图 1-1-8 创建图层 2

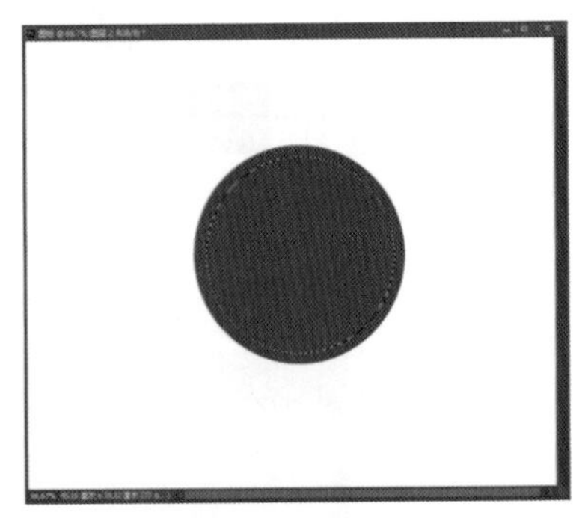

图 1-1-9 同心圆

（7）在“图层”面板中选择“图层 1”（图 1-1-10），按下 Delete 键，“图层 1”变成圆环（图 1-1-11）。

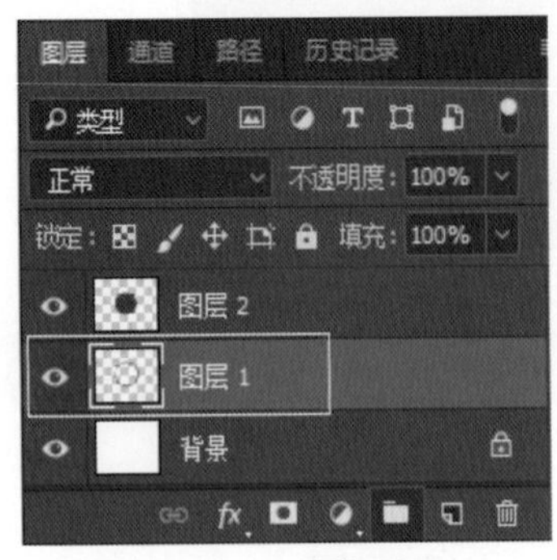

图 1-1-10 选择图层 1

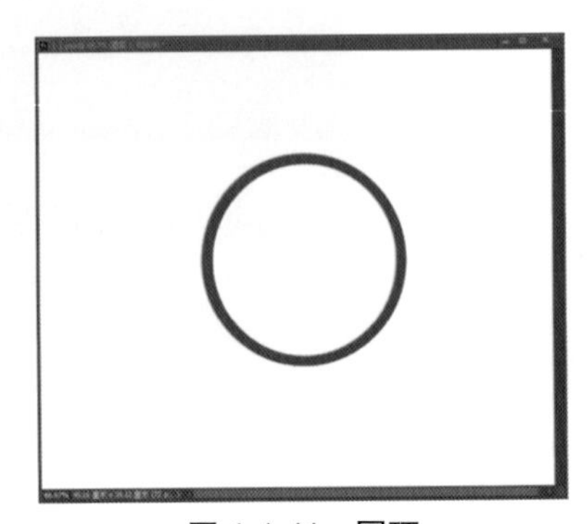

图 1-1-11 圆环

（8）按住 Ctrl 键点击“图层 1”缩略图选择圆环，点击工具栏中的图标，调节“前景色”为“#000000”（图 1-1-12），使用“油漆桶工具”或按 Alt+Delete 快捷键进行填充（图 1-1-13）。

图 1-1-12　调节前景色

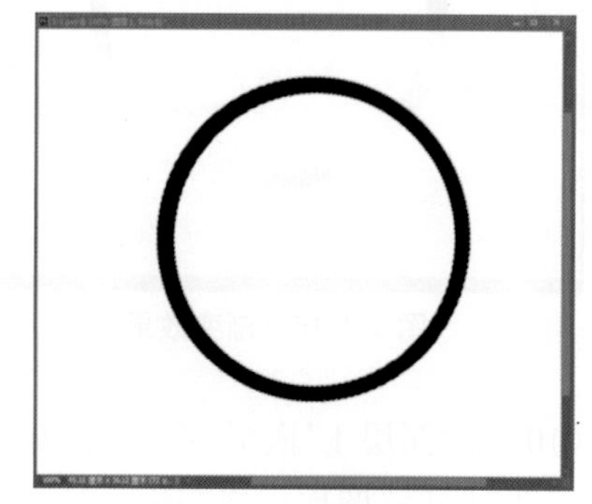

图 1-1-13　填充颜色

（9）选择“图层 1”，点击“图层”面板下方的“添加图层样式”图标，在其下拉菜单中选择“渐变叠加”，在弹出的“图层样式”对话框中点击“渐变叠加”，调节颜色过渡，调节“混合模式”为“正常”，“样式”为“对称的”，“角度”为“-55 度”（图 1-1-14），完成以上步骤后“图层 1”产生渐变效果（图 1-1-15），将“图层 2”的显示打开（图 1-1-16）。

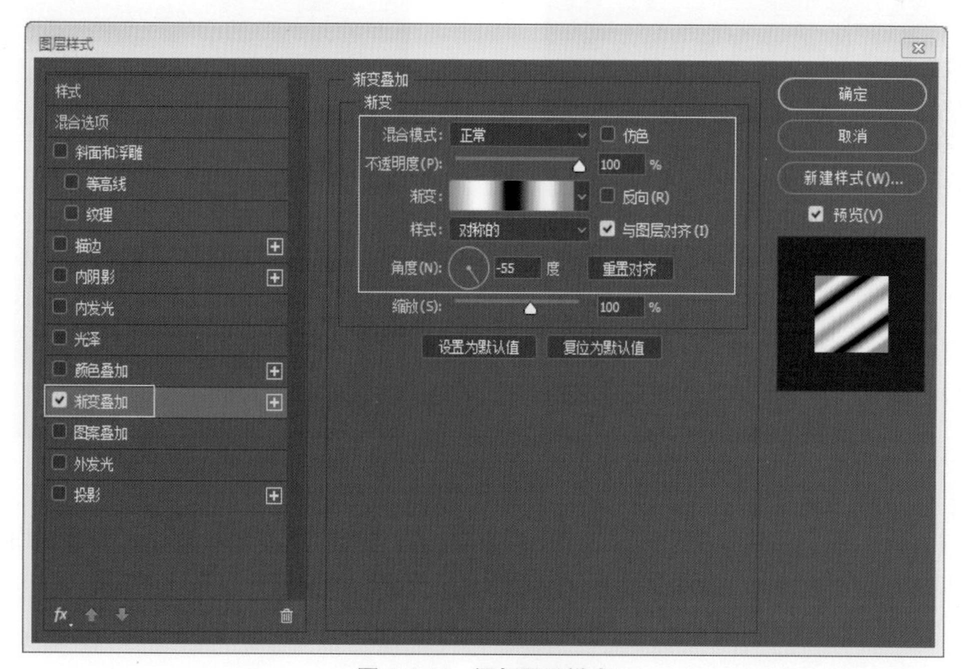

图 1-1-14　添加图层样式

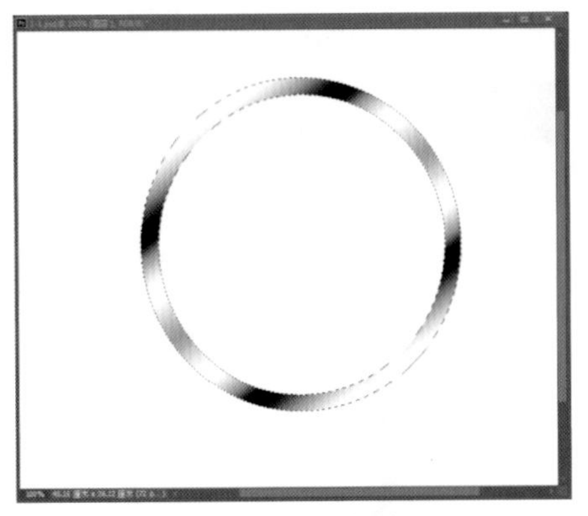

图 1-1-15　渐变效果

图 1-1-16　显示图层 2

（10）将“图层 1”拖至“图层”面板下方的“创建新图层”图标处，复制出“图层 1 拷贝”，并在“图层”面板中将“图层 2”拖动到“图层 1”下方（图 1-1-17），将“图层 1 拷贝”图像的“长宽”值缩小为“93.2%”（适度小于“图层 1”即可），再将其拖动至“图层 1”下方（图 1-1-18）。

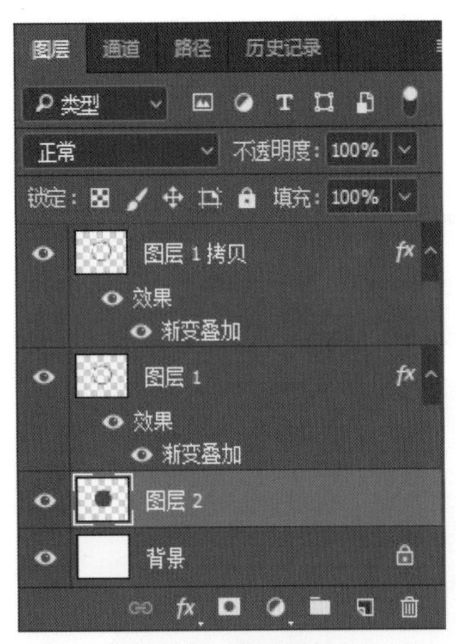

图 1-1-17　拖动图层 2

图 1-1-18　拖动图层 1 拷贝

（11）将“图层 1 拷贝”施至“图层”面板下方的“创建新图层”图标处，复制出“图层 1 拷贝 2”（图 1-1-19），关闭效果显示，将其“长宽”值放大为“102%”（图 1-1-20）。

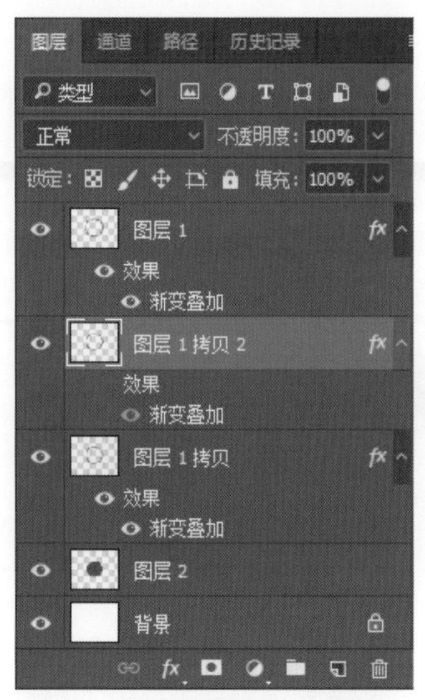

图 1-1-19　复制出图层 1 拷贝 2

图 1-1-20　放大效果

（12）点击工具栏中的图标，调节“前景色”为“#514747”（图 1-1-21），为“图层 1 拷贝 2”填充颜色（图 1-1-22）。

图 1-1-21　调节前景色

图 1-1-22　填充颜色

（13）点击“图层”面板下方的“创建新图层”图标，创建“图层 3”（图 1-1-23），在工具栏中选择“椭圆选框工具”，调节“样式”为“固定大小”，“宽度”为“415 像素”，“高度”为“415 像素”，绘制出正圆（图 1-1-24）。

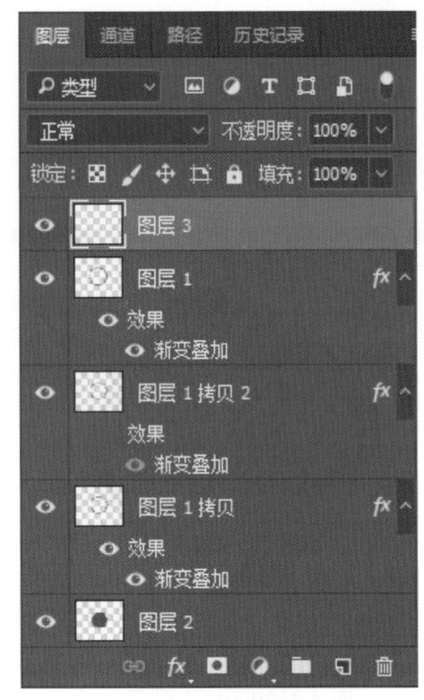

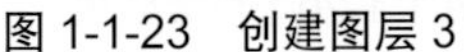
图 1-1-23 创建图层 3

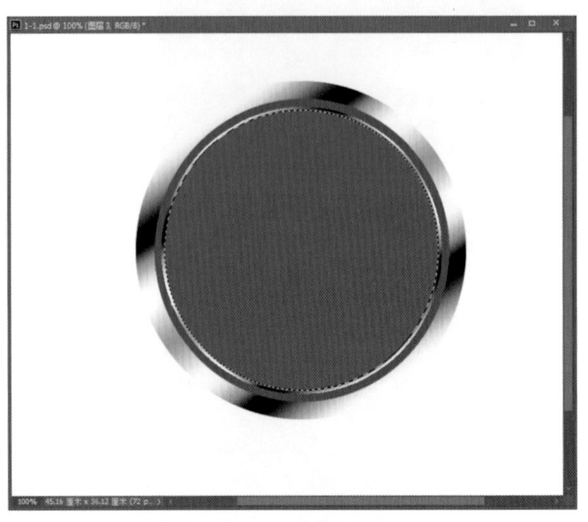

图 1-1-24 绘制正圆

(14)选择工具栏中“渐变工具”中的“径向渐变”,并调节渐变效果(图 1-1-25),再添加渐变效果(如果效果不理想,可多次使用渐变工具添加渐变效果,图 1-1-26)。

图 1-1-25 调节渐变效果

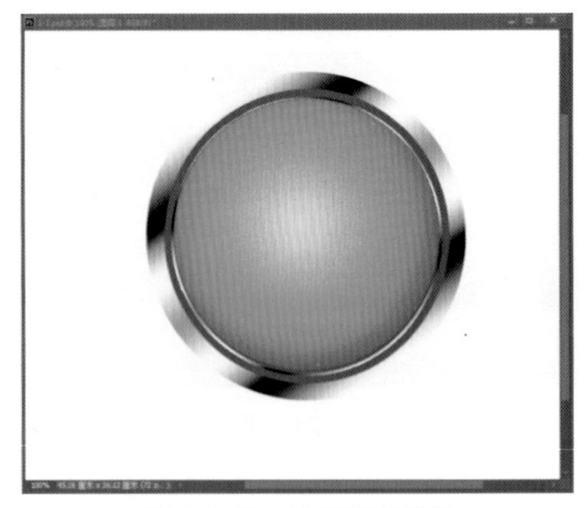

图 1-1-26 添加渐变效果

(15)点击“图层”面板下方的“创建新图层”图标,创建“图层 4”,选择“钢笔工具”中的“路径”在“图层 4”中进行绘制(图 1-1-27),按 Ctrl+Enter 键将路径转化为选区(图 1-1-28)。

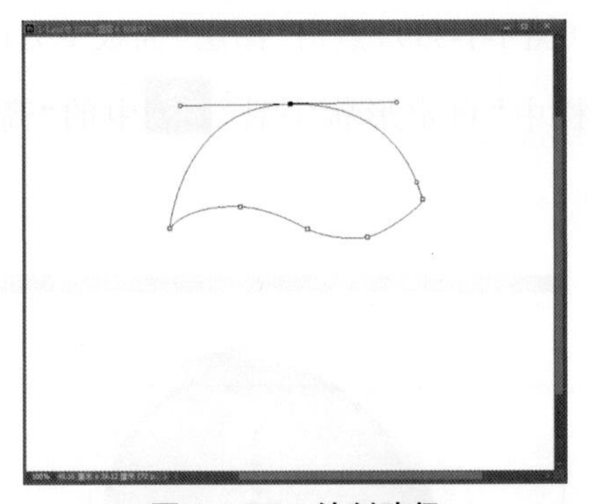

图 1-1-27 绘制路径

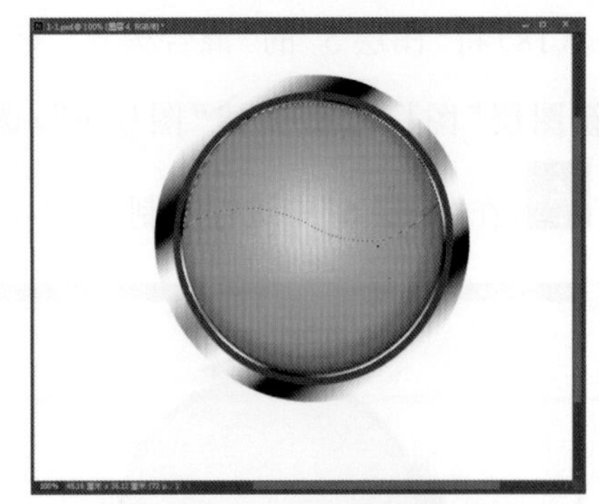

图 1-1-28 将路径转化为选区

（16）点击工具栏中的图标，调节“前景色”为“#ffffff”，为“图层 4”填充颜色（图 1-1-29），将“混合模式”变为“柔光”（图 1-1-30）。

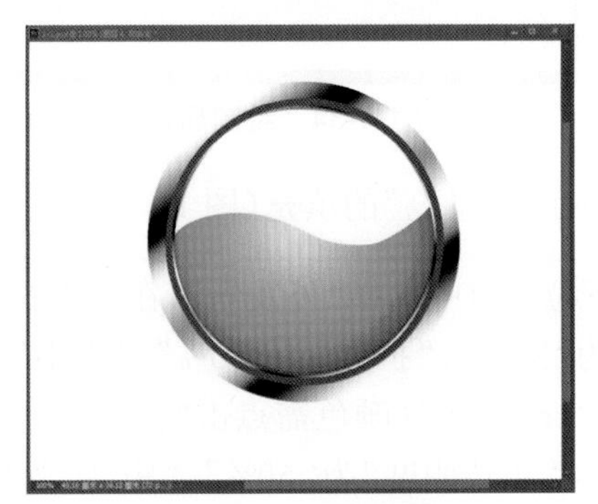

图 1-1-29 填充颜色

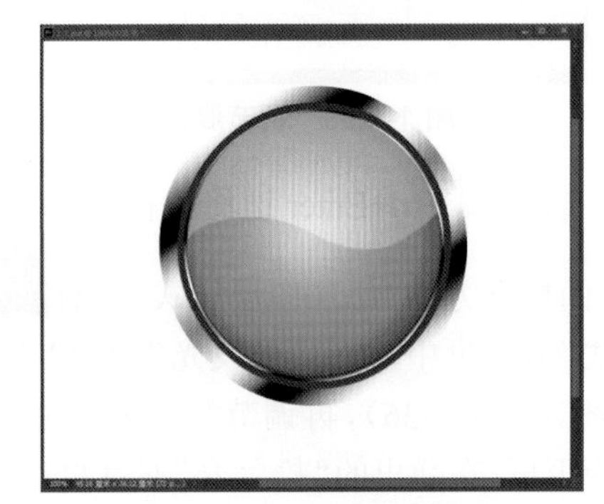

图 1-1-30 调节混合模式

（17）点击“图层”面板下方的“创建新图层”图标，创建“图层 5”，选择工具栏中“画笔工具”中的“画笔预设”，点击“常规画笔”中的“柔边圆”（图 1-1-31），在“图层 5”中随机改变画笔半径（键盘中的“[”和“]”键为改变画笔半径的快捷键）进行绘制，效果如图 1-1-32 所示。

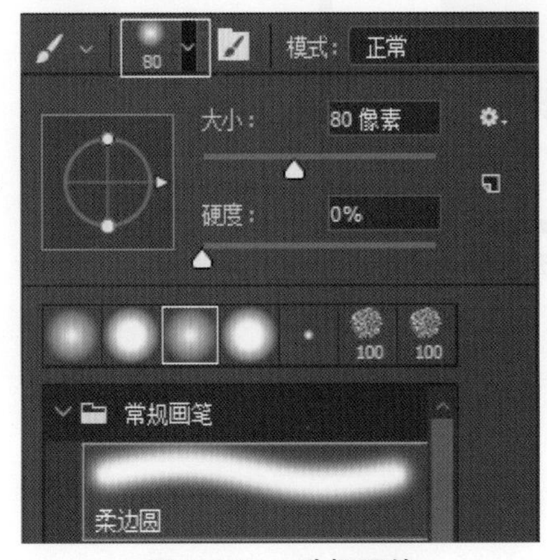

图 1-1-31 选择画笔

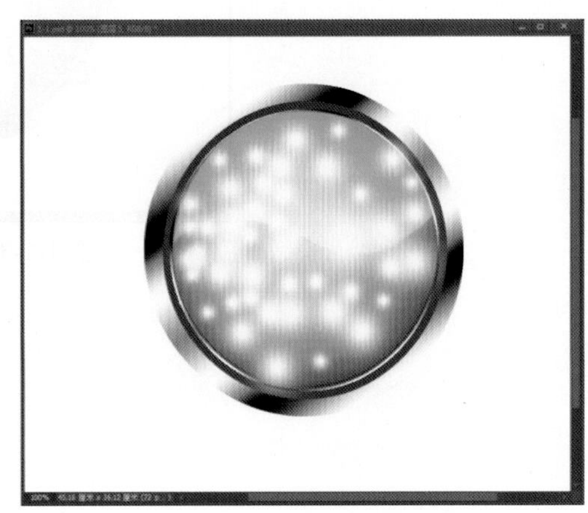

图 1-1-32 随机绘制柔边圆

（18）将“图层 5”的“混合模式”变为“柔光”（图 1-1-33），点击“图层”面板下方的“创建新图层”图标，创建“图层 6”，选择工具栏中“自定形状工具”中的“高音谱号”，在“图层 6”中进行绘制（图 1-1-34）。

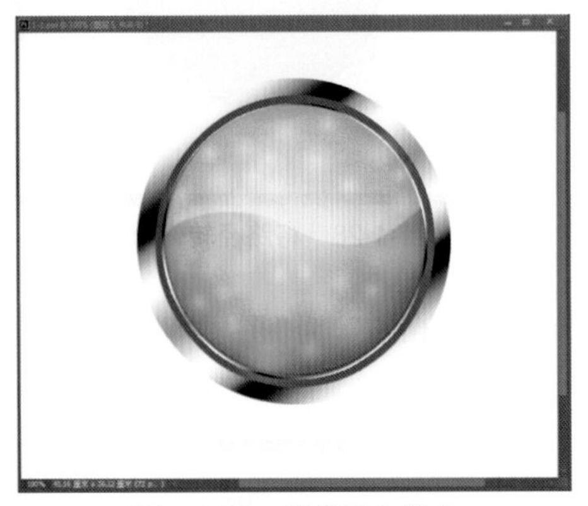
图 1-1-33 调节混合模式

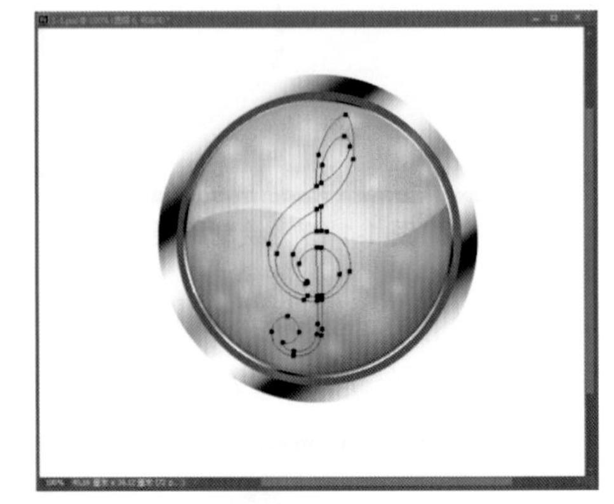
图 1-1-34 绘制高音谱号

（19）按 Ctrl+Enter 键将路径转化为选区，并进行“前景色”的填充（图 1-1-35），点击“图层”面板下方的“添加图层样式”图标，在其下拉菜单中选择“外发光”，在弹出的“图层样式”对话框中，调节“外发光”中的“不透明度”为“35%”，“扩展”为“10%”，“大小”为“10像素”（图 1-1-36），再调节“投影”中的“颜色”为“#e37575”（颜色需点击“混合模式”左侧的矩形框，在弹出的“拾色器”对话框中进行调整），“不透明度”为“50%”，“距离”为“15 像素”，“扩展”为“15%”，“大小”为“10 像素”（图 1-1-37）。

图 1-1-35 填充颜色

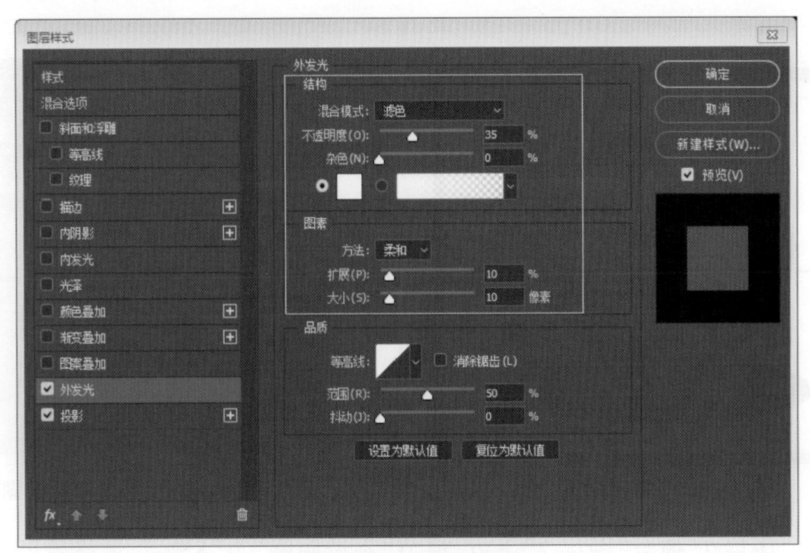

图 1-1-36　调节外发光

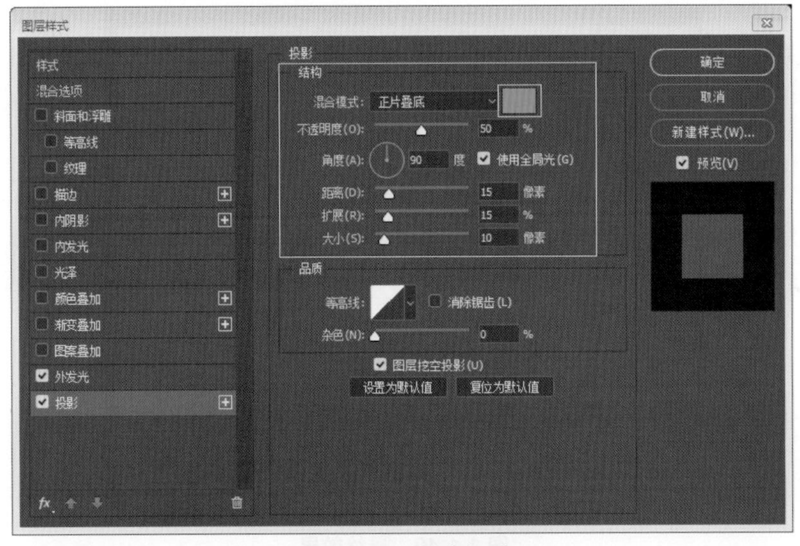

图 1-1-37　调节投影

（20）点击“图层”面板下方的“创建新图层”图标，创建“图层 7”，在工具栏中选择“椭圆选框工具”，调节“样式”为“正常”，绘制出椭圆形，点击工具栏中的图标，调节“前景色”为“#3c3737”，进行颜色填充（图 1-1-38），在菜单栏中选择“滤镜”，在其下拉菜单中选择“模糊”— “高斯模糊”命令，在弹出的“高斯模糊”对话框中，调节“半径”为“45.0 像素”（图 1-1-39）。

图 1-1-38　填充颜色

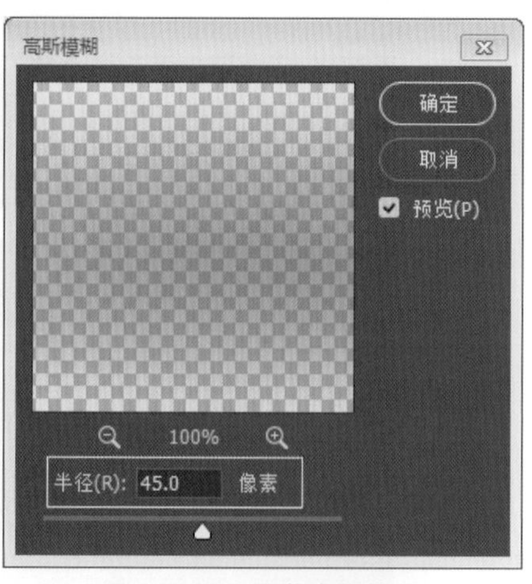

图 1-1-39　调节高斯模糊

（21）将“图层 7”拖至“图层 2”下方，调节“不透明度”为“85%”，最终效果如图 1-1-40 所示。

图 1-1-40　最终效果

2. 界面的设计制作

通过下面的操作过程，进行界面的设计制作。以下操作过程以智能播音器界面的制作为例。

（1）打开 Photoshop 软件，点击菜单栏中“文件”下拉菜单中的“新建”命令（图 1-2-1）或按 Ctrl+N 快捷键，创建文档。

图 1-2-1　新建命令

（2）在“新建文档”对话框中创建名为“智能播音器界面”，“颜色模式”为“RGB 颜色”，

“宽度”为“800 像素”，“高度”为“480 像素”，“分辨率”为“72 像素 / 英寸”，“背景内容”为“白色”的文档（图 1-2-2）。

图 1-2-2　设置文档

（3）点击“图层”面板下方的“创建新图层”图标，创建“图层 1”（图 1-2-3）。

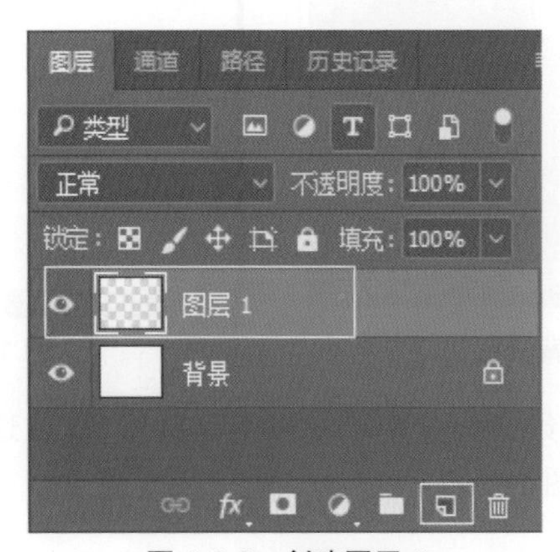

图 1-2-3　创建图层 1

（4）在工具栏中选择“矩形选框工具”，调节“样式”为“固定大小”，“宽度”为“800 像素”，“高度”为“5 像素”（图 1-2-4），绘制出矩形选区，点击工具栏中的图标，调节“前景色”为“#10135a”（图 1-2-5），使用“油漆桶工具”或按 Alt+Delete 快捷键进行颜色填充（图 1-2-6）。

图 1-2-4 调节尺寸

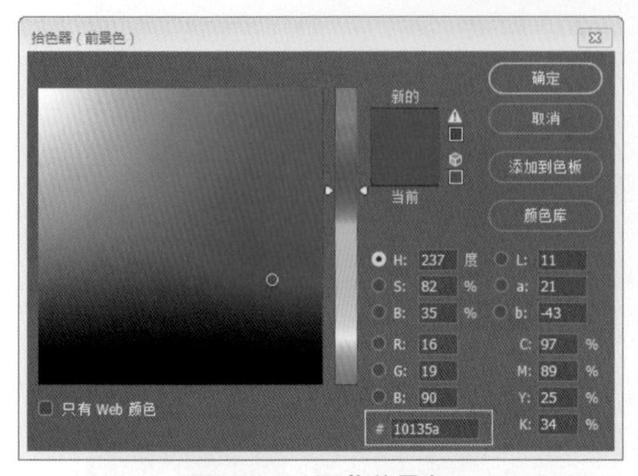

图 1-2-5 调节前景色

图 1-2-6 填充颜色

（5）再次创建矩形选区，点击工具栏中的图标，调节“背景色”为“#585b9b”（图 1-2-7），使用“油漆桶工具”或按 Ctrl+Delete 快捷键进行颜色填充（图 1-2-8）。

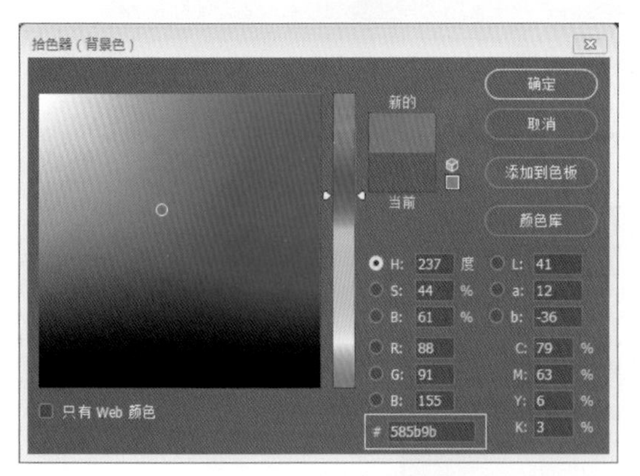

图 1-2-7 调节背景色

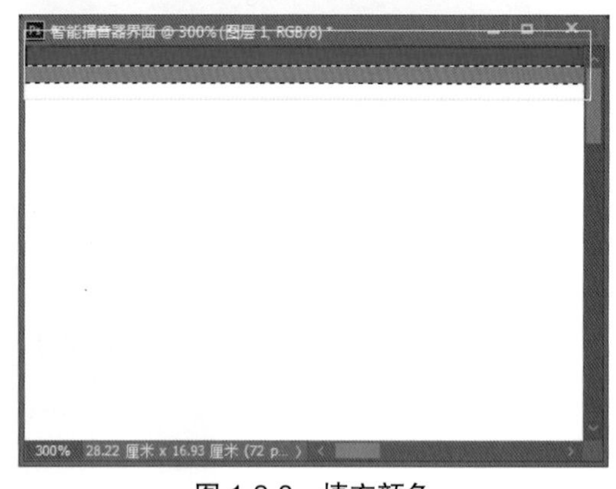

图 1-2-8 填充颜色

（6）依此类推创建矩形选区，分别填充以上两种颜色，或选择“图层 1”中的图像，按 Ctrl+Alt 快捷键进行复制（图 1-2-9）。

图 1-2-9 图层 1 效果

（7）将“图层 1”拖至“图层”面板下方的“创建新图层”图标处，复制出“图层 1 拷贝”，将图层“混合效果”调为“正片叠底”（图 1-2-10），效果如图 1-2-11 所示。

图 1-2-10 调节图层混合效果

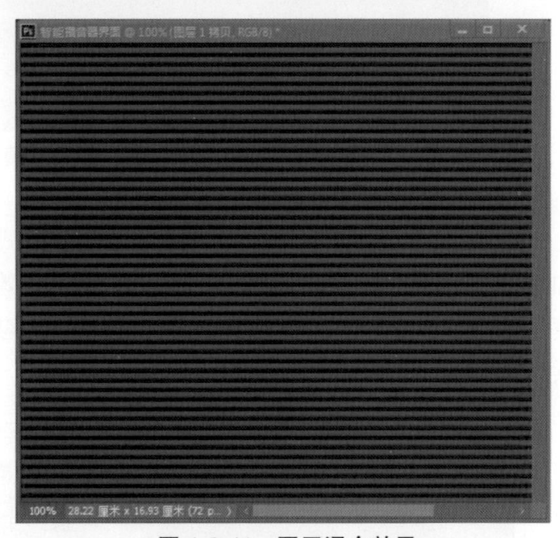

图 1-2-11 图层混合效果

（8）点击“图层”面板下方的“创建新图层”图标，创建“图层 2”，选择工具栏中“自定形状工具”中的“三角形”，在“图层 2”中进行绘制（图 1-2-12）。

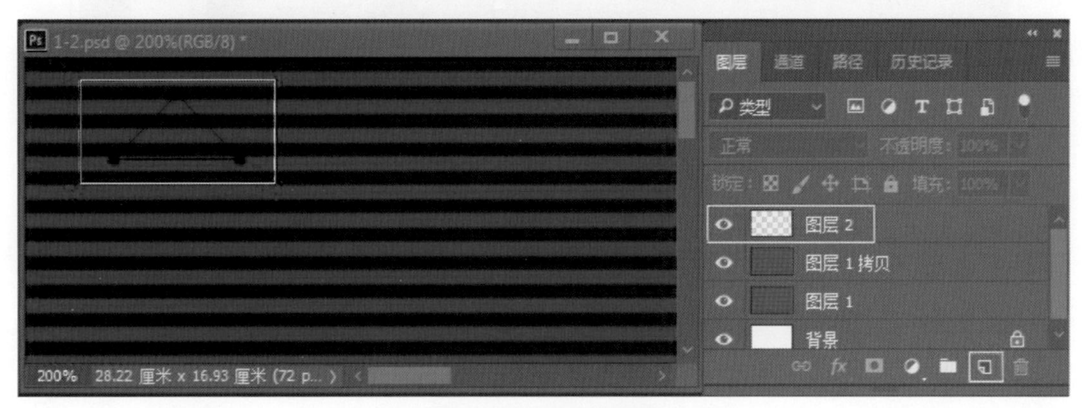

图 1-2-12 绘制三角形

(9)按 Ctrl+Enter 快捷键将三角形路径转化为选区，点击工具栏中的图标，调节“前景色”为“#ffffff”，进行颜色填充(图 1-2-13)。

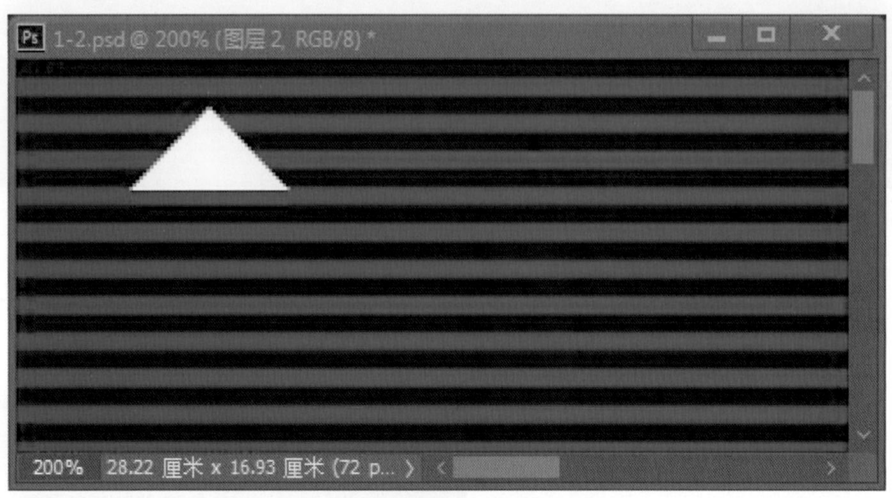

图 1-2-13　填充颜色

(10)点击“图层”面板下方的“添加图层样式”图标，在其下拉菜单中选择“渐变叠加”，在弹出的“图层样式”对话框中调节渐变效果，调节“样式”为“线性”，“角度”为“90度”(图 1-2-14)，再在“图层样式”对话框左侧勾选“描边”进行调节，将“大小”调为“2 像素”，“颜色”调为“#333231”(图 1-2-15)。

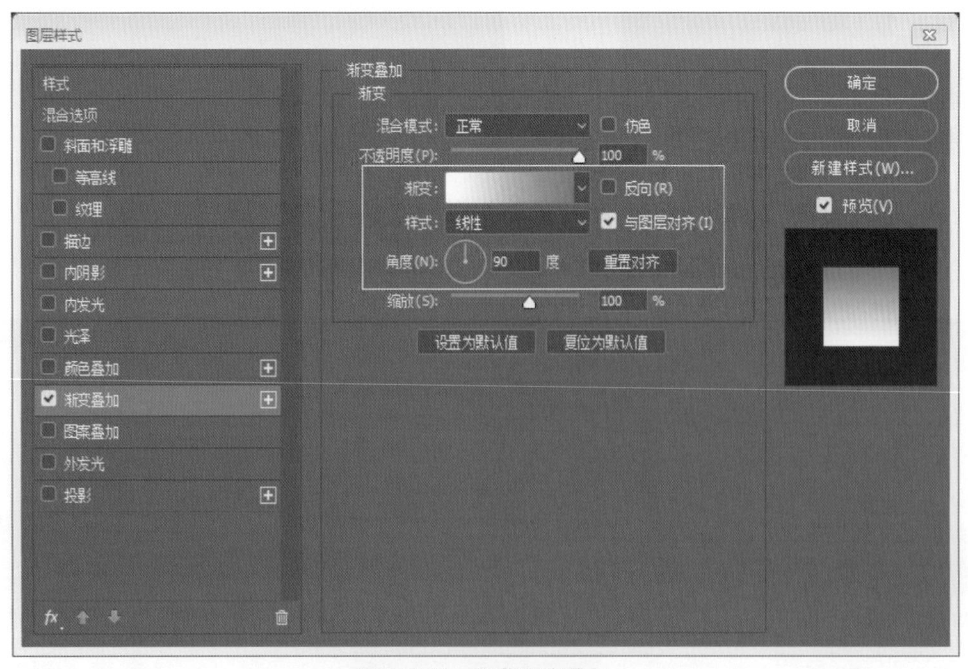

图 1-2-14　调节渐变叠加

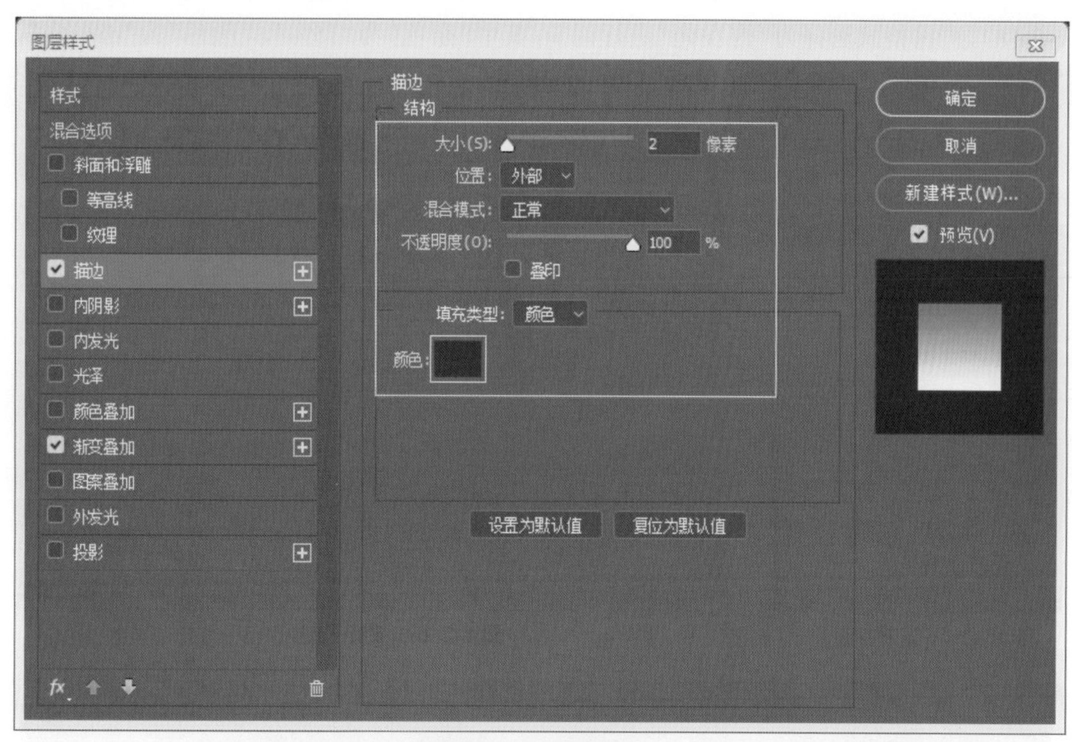

图 1-2-15　调节描边

（11）点击“创建新图层”图标，创建图层 3、图层 4，并分别重复（9）和（10）两步，制作以下图形（图 1-2-16）。

图 1-2-16　制作新的图形

（12）点击“创建新图层”图标，创建“图层 5”，在工具栏中选择“横排文字工具”，输入文字“Smart Broadcaster Interface”，点击工具栏中的图标，可切换“字符”和“段落”面板，在“字符”面板中，调节“字体大小”为“30 点”，“颜色”为“#ffffff”（图 1-2-17），点击“图层”面板下方的“添加图层样式”图标，在其下拉菜单中选择“描边”，在弹出的“图层样式”对话框中，调节“描边”的“大小”为“2 像素”，“颜色”为“#333231”（图

1-2-18)，再将格式选择为“内发光”进行调节，其中“杂色”为“15%”，“颜色”为“d86c6c”，“阻塞”为“0%”，“大小”为“7 像素”(图 1-2-19)。

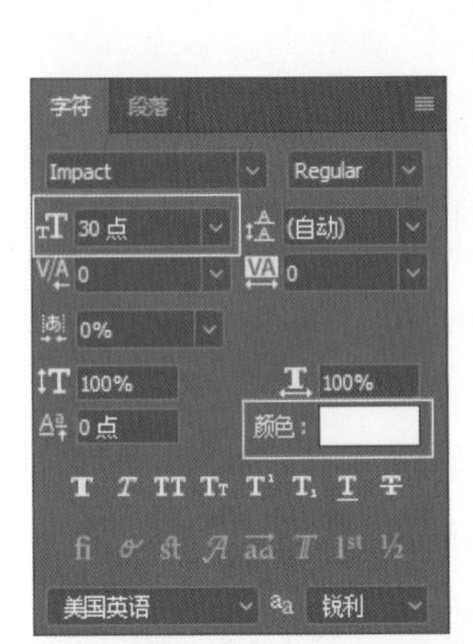

图 1-2-17　调节字符

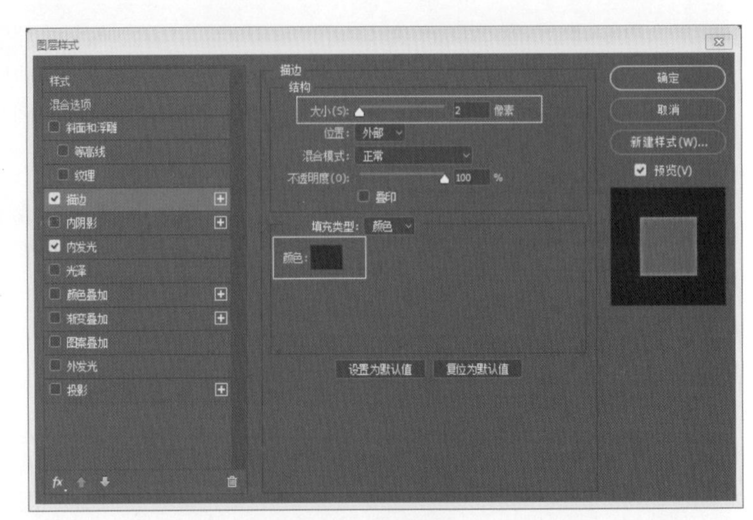

图 1-2-18　调节描边

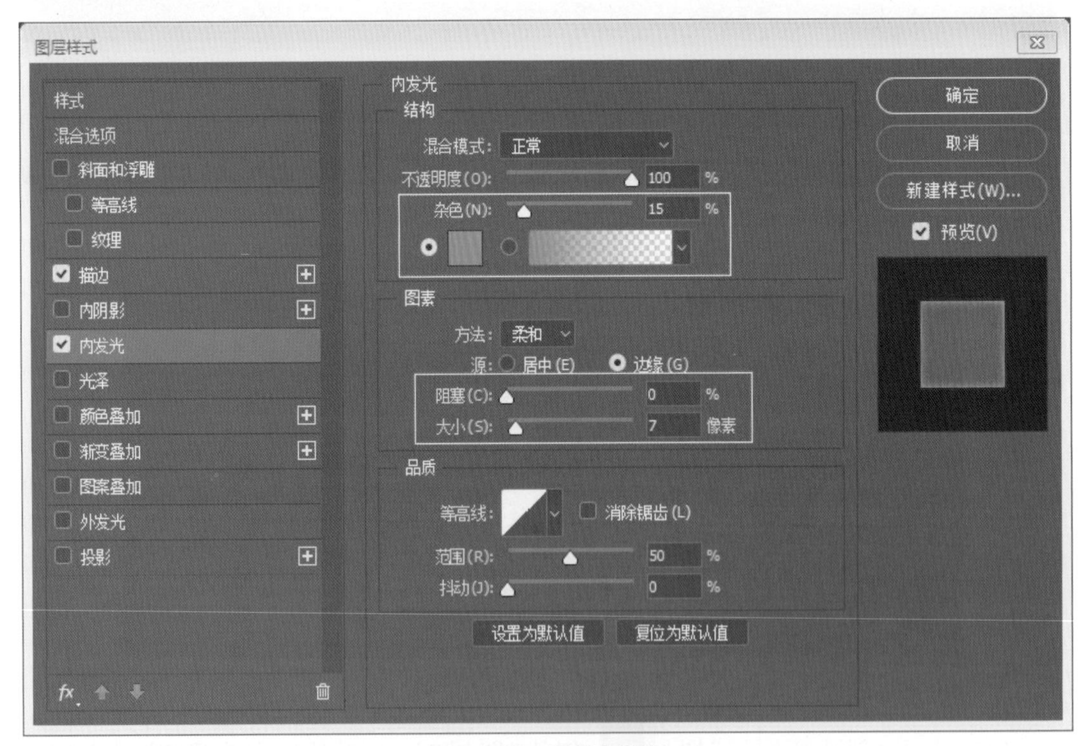

图 1-2-19　调节内发光

(13)点击“图层”面板下方的“创建新图层”图标，创建“图层 6”，选择工具栏中“自定形状工具”中的“音量”图标、“增加”图标、“删除”图标，在工具栏中选择“横排文字工具”，输入多个字母“I”(图 1-2-20)，点击“图层”面板下方的“添加图层样式”图标，在其下拉菜单中选择“渐变叠加”，在弹出的“图层样式”对话框中进行如图 1-2-21 所示的设置，效果如图 1-2-22 所示。

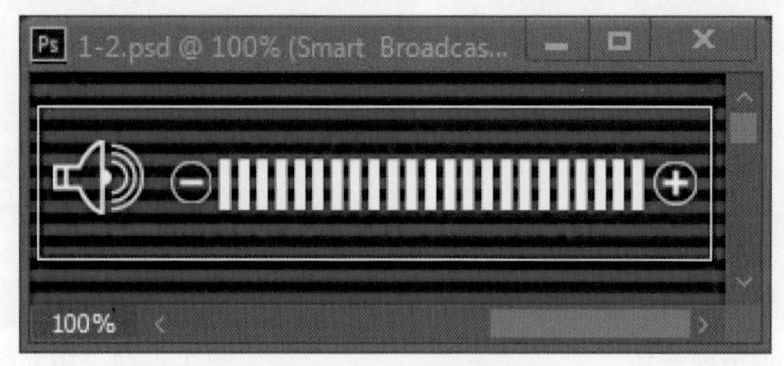

图 1-2-20　创建字母

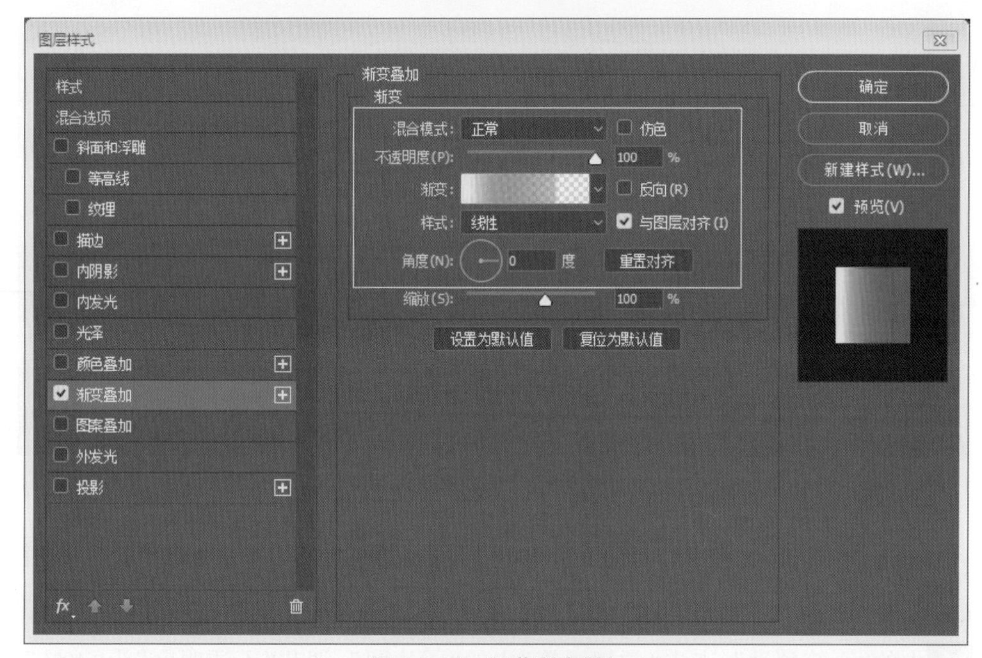

图 1-2-21　调节渐变叠加

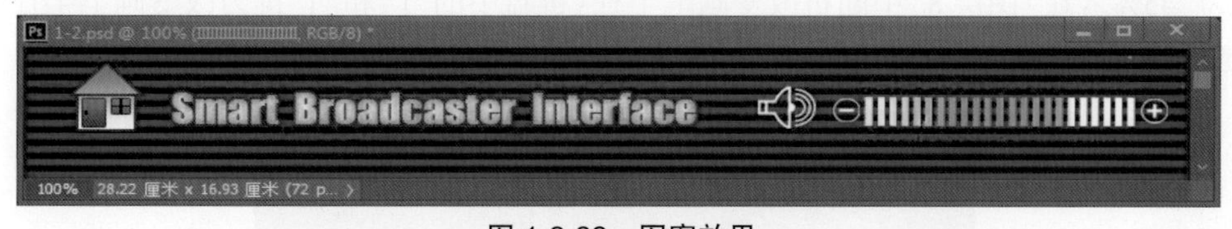

图 1-2-22　图案效果

（14）点击“图层”面板下方的“创建新图层”图标，创建“图层 7”，点击工具栏中的图标，调节“前景色”为“#030631”（图 1-2-23），在工具栏中选择“矩形选框工具”，调节“样式”为“正常”，框选图案下方的空余位置，绘制出矩形选区，使用“油漆桶工具”或按 Ctrl+Delete 快捷键进行颜色填充（图 1-2-24），调节“混合模式”为“溶解”，“不透明度”为“85%”，“填充”为“85%”（图 1-2-25）。

图 1-2-23 调节前景色

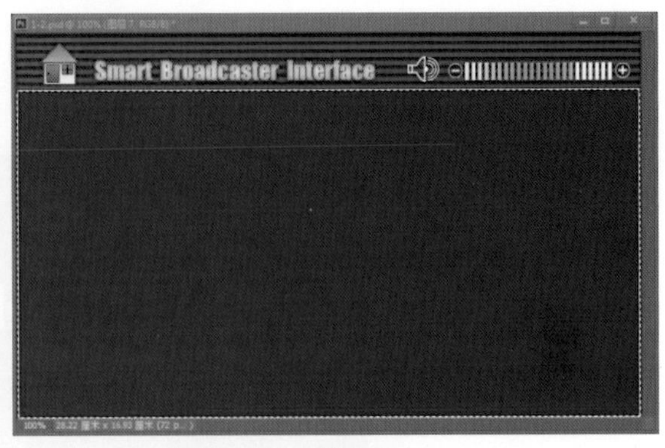

图 1-2-24 填充颜色

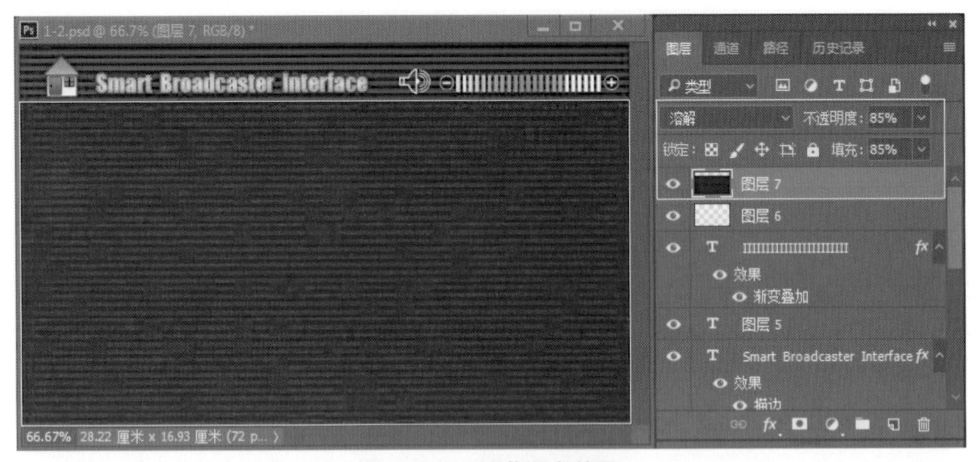

图 1-2-25 调节混合效果

（15）点击“图层”面板下方的“创建新图层”图标，创建“图层 8”，点击工具栏中的图标，调节“前景色”为“#e42158”，“背景色”为“#6946ea”，选择工具栏中“画笔工具”中的“画笔预设”，点击“常规画笔”中的“柔边圆”，调节“不透明度”为“40%”，“填充”为“45%”，在“图层 8”中随机改变画笔半径（键盘中的“[”和“]”键为改变画笔半径的快捷键）进行绘制，将“混合模式”调节为“滤色”，效果如图 1-2-26 所示。

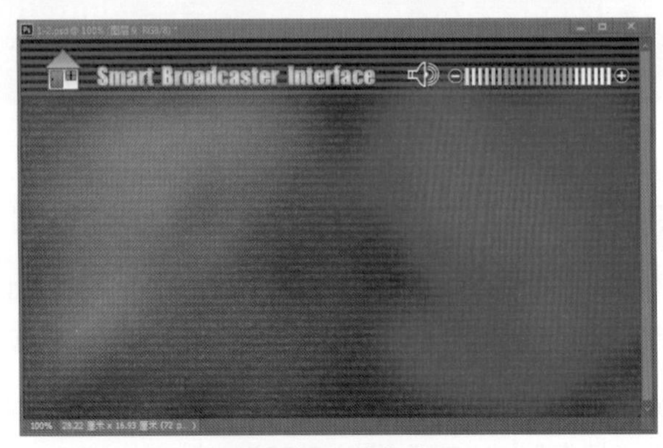

图 1-2-26 滤色效果

（16）点击“图层”面板下方的“创建新图层”图标，创建“图层 9”，将“柔边圆”画笔的“硬度”调节为“65%”，随机改变画笔半径绘制圆形，将图层“混合模式”调节为“滤色”，效果如图 1-2-27 所示。

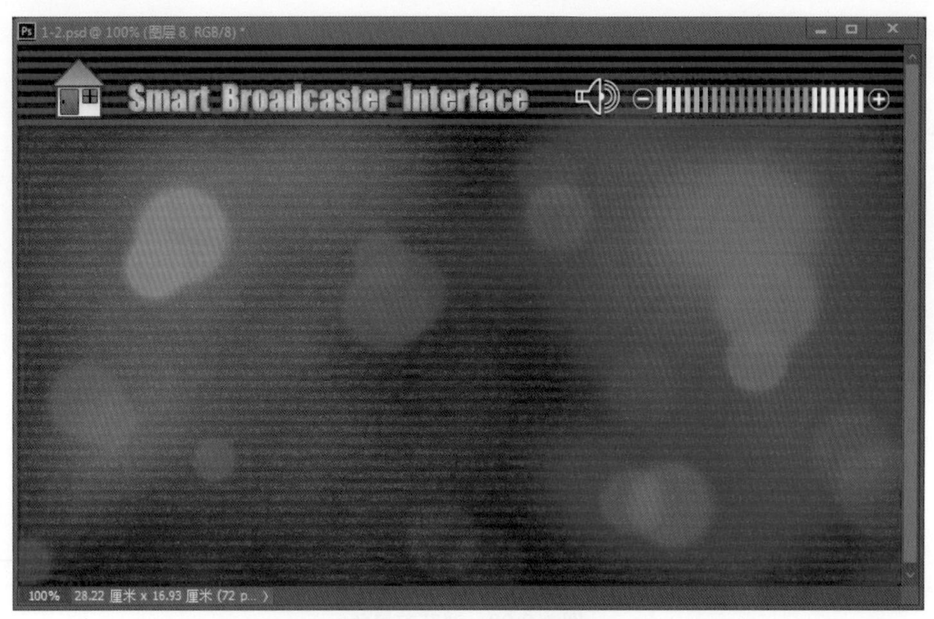

图 1-2-27　滤色效果

（17）点击“图层”面板下方的“创建新图层”图标，创建“图层 10”，在工具栏中选择“圆角矩形工具”，调节“半径”为“10 像素”（图 1-2-28），创建矩形，按 Ctrl+Enter 快捷键将矩形路径转化为选区，效果如图 1-2-29 所示。

图 1-2-28　调节半径

图 1-2-29　将矩形路径转化为选区

（18）点击工具栏中的图标，调节“前景色”为“#103659”（图 1-2-30），使用“油漆桶工具”或按 Alt+Delete 快捷键进行颜色填充，调节“混合模式”为“颜色减淡”，“不透明度”为“55%”，“填充”为“80%”，效果如图 1-2-31 所示。

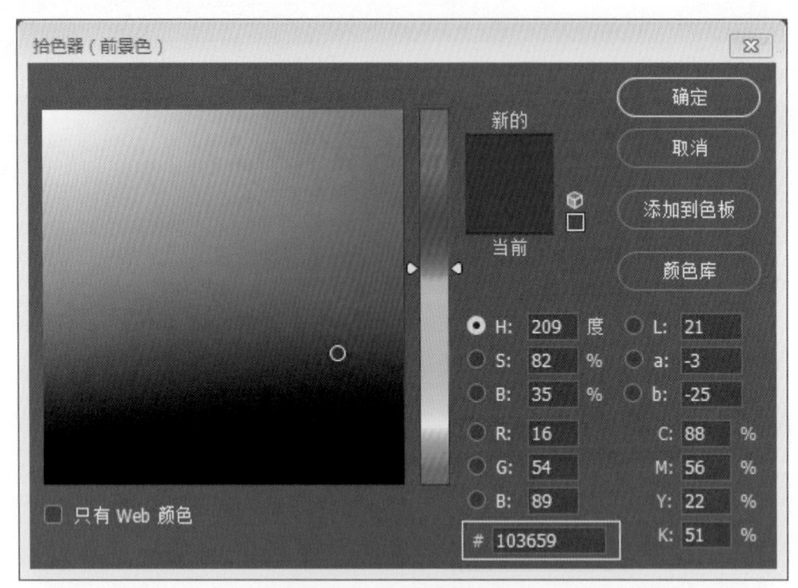

图 1-2-30　调节前景色

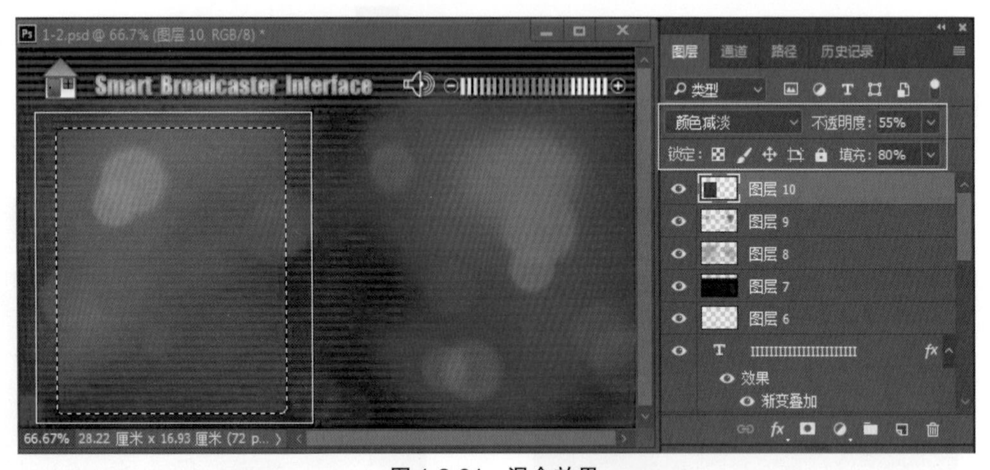

图 1-2-31　混合效果

（19）点击“图层”面板下方的“添加图层样式”图标，在其下拉菜单中选择“描边”，在弹出的“图层样式”对话框中，调节“描边”的“大小”为“5 像素”，“不透明度”为“70%”，“颜色”为“#ffba00”（图 1-2-32）。

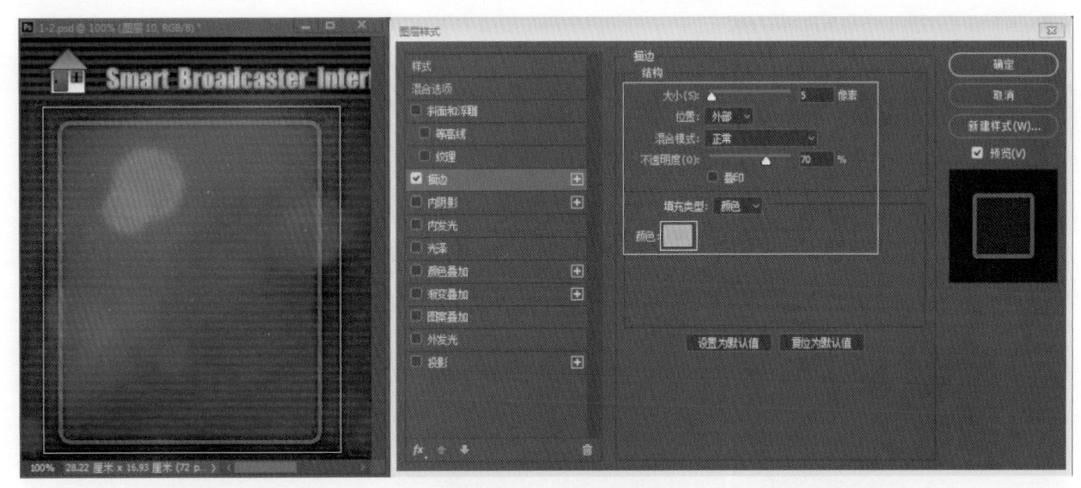

图 1-2-32　调节描边

（20）点击“图层”面板下方的“创建新图层”图标，创建“图层 11”，在工具栏中选择“圆角矩形工具”，调节“半径”为“10 像素”，创建矩形，按 Ctrl+Enter 键将矩形路径转化为选区（图 1-2-33），点击工具栏中的图标，调节“前景色”为“#103659”，使用“油漆桶工具”或按 Alt+Delete 快捷键进行颜色填充（图 1-2-34）。

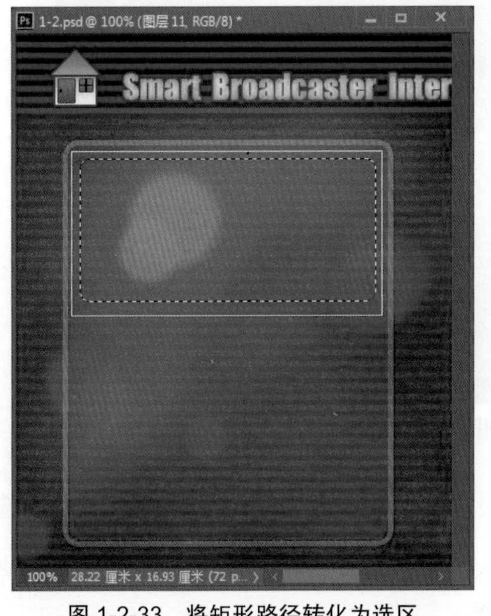

图 1-2-33　将矩形路径转化为选区

图 1-2-34　填充颜色

（21）点击“图层”面板下方的“添加图层样式”图标，在其下拉菜单中选择“光泽”，在弹出的“图层样式”对话框中，调节“光泽”的“不透明度”为“20%”，“距离”为“35 像素”，“大小”为“45 像素”（图 1-2-35），再将图层的“不透明度”调为“80%”。

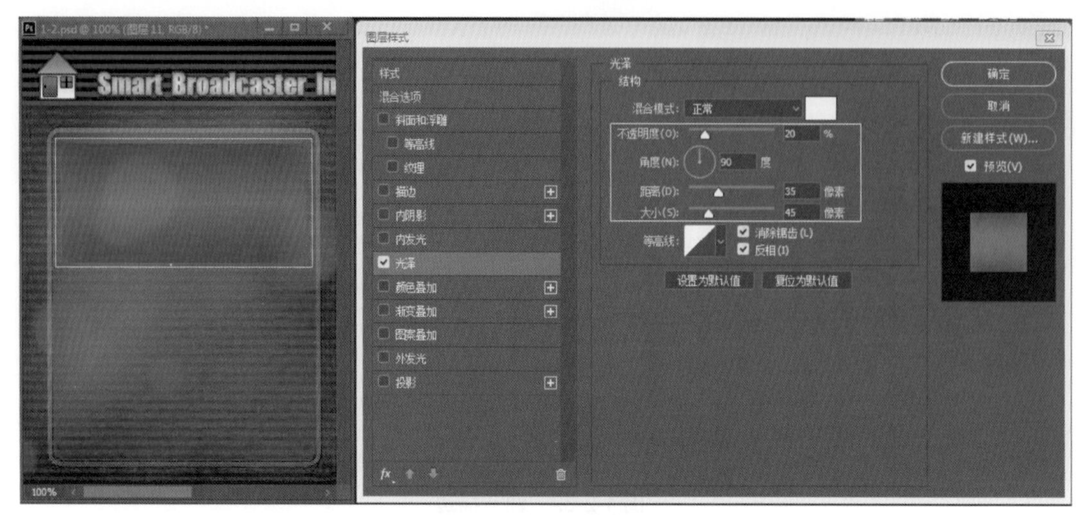

图 1-2-35 调节光泽

（22）对“图层 11”中的图形进行复制，并摆放好位置（图 1-2-36）。

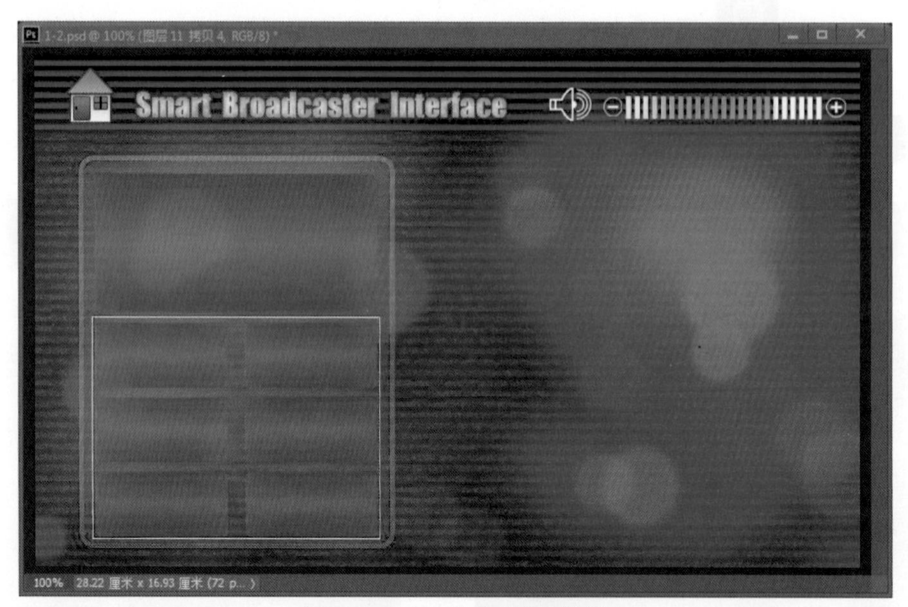

图 1-2-36 复制图形后的效果

（23）点击“图层”面板下方的“创建新图层”图标，创建“图层 12”，在工具栏中选择“圆角矩形工具”，调节“半径”为“10 像素”，创建矩形，按 Ctrl+Enter 键将矩形路径转化为选区（图 1-2-37），点击工具栏中的图标，调节“前景色”为“#f50b68”，使用“油漆桶工具”或按 Alt+Delete 快捷键进行颜色填充，将图层“混合模式”调为“正片叠底”。

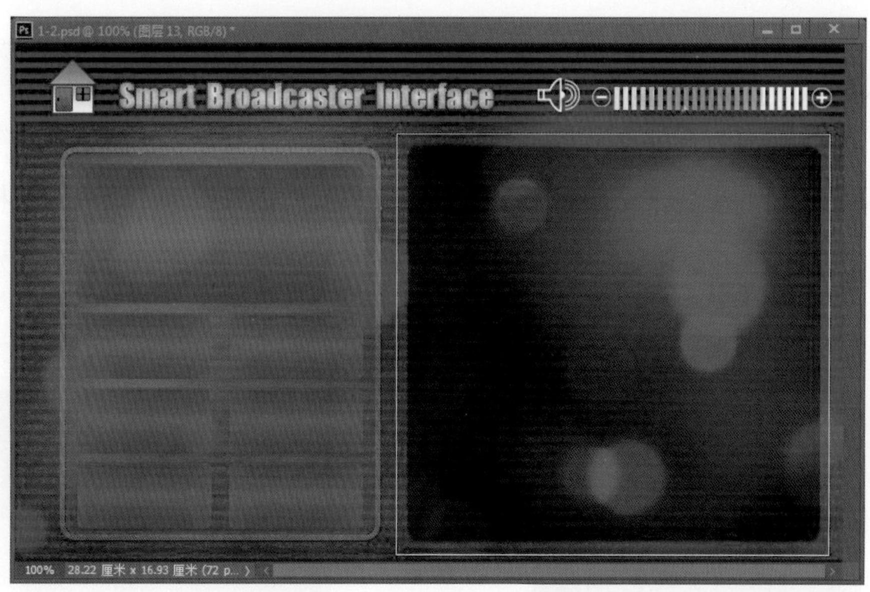

图 1-2-37　将矩形路径转化为选区

（24）点击“图层”面板下方的“创建新图层”图标，创建“图层 13”，在工具栏中选择“矩形选框工具”，调节“样式”为“固定大小”，“宽度”为“350 像素”，“高度”为“5 像素”，绘制出矩形选区，点击工具栏中的图标，调节“前景色”为“#c78fa5”，使用“油漆桶工具”或按 Alt+Delete 快捷键进行颜色填充，将图层“混合模式”调为“正片叠底”，对“图层 13”中的图形进行复制并摆放好位置（图 1-2-38）。

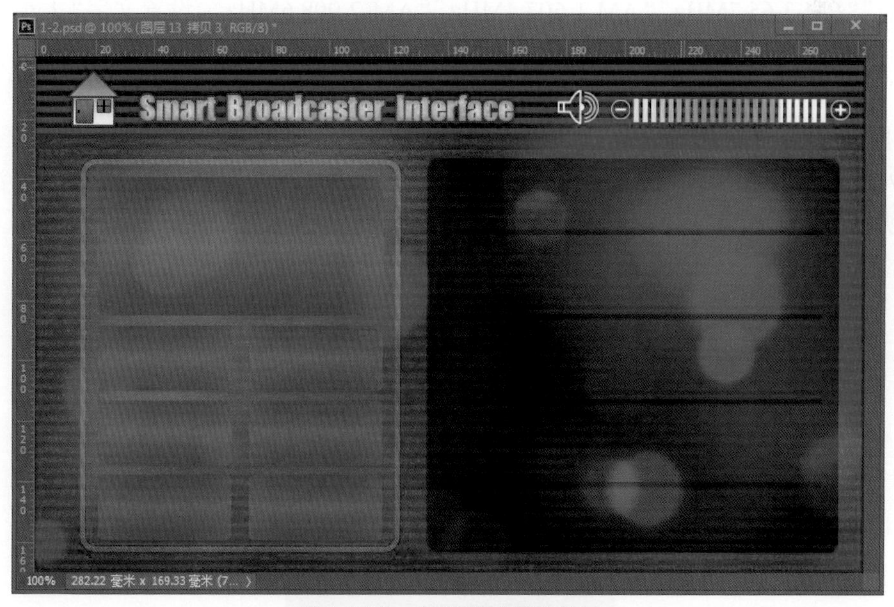

图 1-2-38　复制图形后的效果

（25）在工具栏中选择“横排文字工具” ，输入“BAND:”“FREQUENCY:”“RADIO STATION:”“AM”“AF”“FM”“PTV”“AUTO”“STORE”，设置文字“大小”为“18 点”（字体选择软件自带的字体即可），颜色为“#1effb8”。点击“图层”面板下方的“创建新组”图标 ，创建“组 1”，将以上文字拖至“组 1”中。点击“图层”面板下方的“添加图层样式”图标 ，在其下拉菜单中选择“外发光”，在弹出的“图层样式”对话框中，调节“外发光”的“混合模式”为“滤光”，“不透明度”为“60%”，“颜色”为“#c5b82a”，“扩展”为“10%”，“大小”为“10 像素”（图 1-2-39），效果如图 1-2-40 所示。

图 1-2-39　创建组 1 并添加外发光

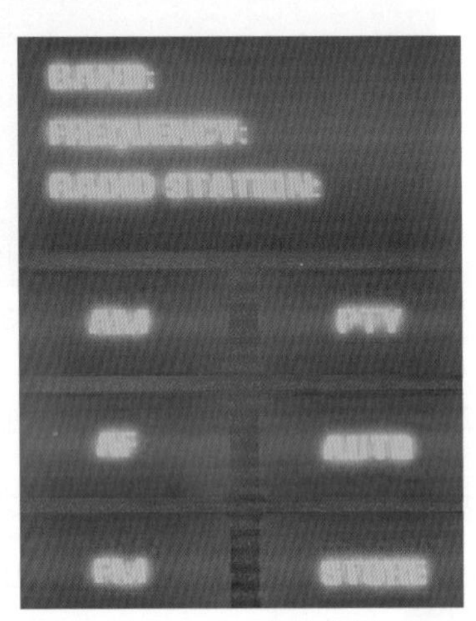

图 1-2-40　文字效果

（26）在工具栏中选择“横排文字工具” ，输入“FM-1 98.7MHz”“FM-2 87.5MHz”“FM-3 65.7MHz”“AM-1 607.4MHz”“AM-2 908.6MHz”，设置文字“大小”为“24 点”，颜色为“#8f82ed”。点击“图层”面板下方的“创建新组”图标 ，创建“组 2”，将以上文字拖至“组 2”中，点击“图层”面板下方的“添加图层样式”图标 ，在其下拉菜单中选择“外发光”，在弹出的“图层样式”对话框中，调节“外发光”的“混合模式”为“滤光”，“不透明度”为“60%”，颜色为“#4e37c3”，“扩展”为“10%”，“大小”为“50 像素”（图 1-2-41），最终效果如图 1-2-42 所示。

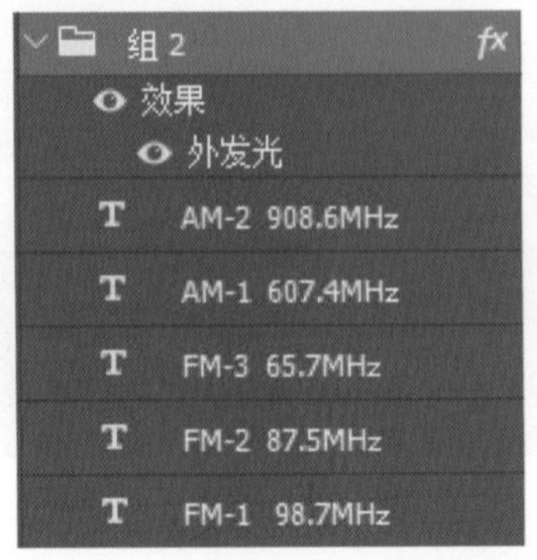

图 1-2-41　创建组 2 并添加外发光

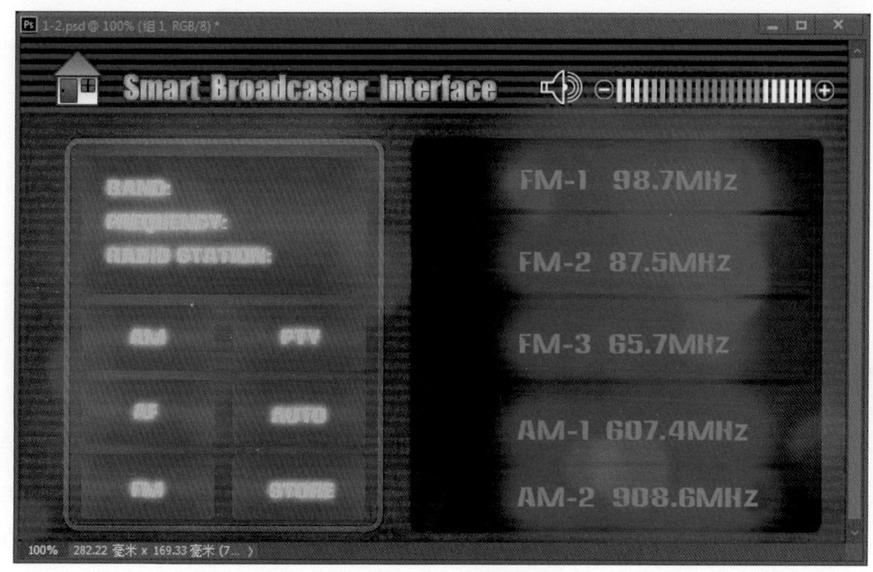

图 1-2-42　最终效果

结合本项目所学知识，完成资料包实训文档中的项目练习。然后再设计一个智能手机的界面效果图，要求界面布局合理，图像编排有系统性，图标设计体现产品特点，整体层次分明，色彩搭配和谐美观。

项目二　摄影作品的后期处理

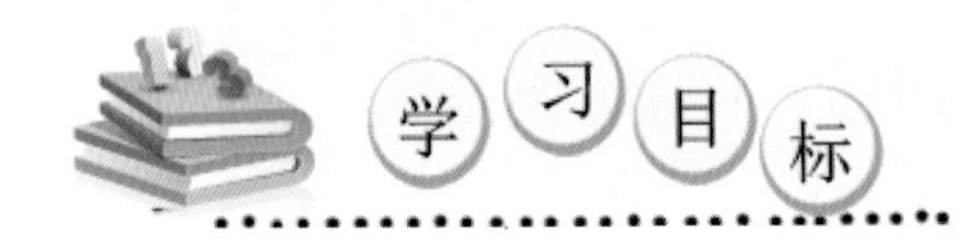

有人曾这样形容摄影前期与后期的关系,“前期是乐谱,后期是演奏”。乐谱再美妙动人,如果弹奏者不能深刻理解它,不具备高超的演奏技巧,就难以表达情感,感染听众。这句话强调了在摄影活动中后期处理的重要性。

在本项目中,通过对摄影作品进行后期处理,学习利用 Photoshop 修复瑕疵的相关知识,提升图像色彩与光影的美观性;通过适当的后期处理,使照片主次分明,凸显主题,表现不同创意的效果。在任务实施过程中,要实现如下学习目标:

- 了解色彩与光影的关系;
- 掌握后期处理的思路;
- 掌握 Photoshop 后期处理的相关命令。

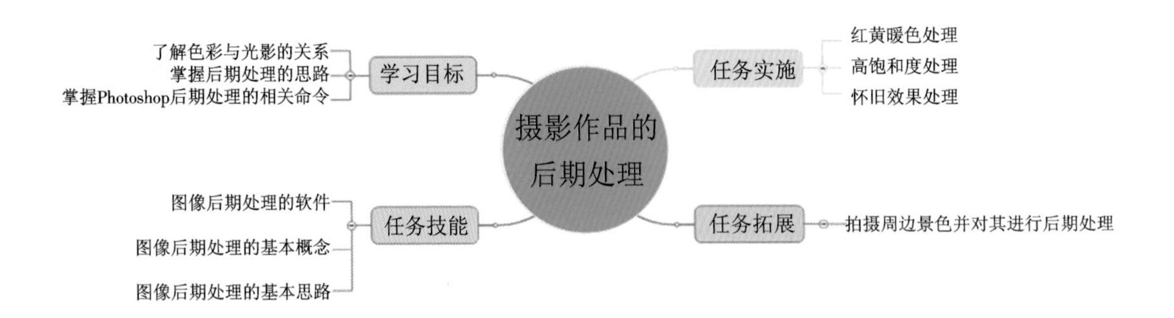

【情境导入】

现代社会是一个充满了技术的社会，且技术在不断更新、创新。摄影也进入了数码时代，摄影设备已经将传统的胶卷图像转换为数字数据。只需按下快门，就能立刻在数码相机、手机上看到完整的影像，摄影的难度大大降低了，效果也不错。但是无论使用哪一个品牌的相机或手机进行拍摄，都不能完美地还原所看到的景象，总有偏差甚至失真。由此可见，数码相机在拍摄的时候仍存在一定的缺陷，所以就需要后期处理技术来弥补这一缺陷。在早期的胶卷摄影年代，后期处理是在暗房中对照片进行冲洗的过程，而如今科技快速发展，后期处理指使用电子设备对摄影的数字数据进行优化处理。

通过对反映中华优秀传统文化内容的摄影作品进行后期处理，增强中华文明传播力和影响力，要求学生坚守中华文化立场，提炼展示中华文明的精神标识和文化精髓，加快构建中国话语和中国叙事体系，讲好中国故事、传播好中国声音；要求学生坚定文化自信，把中华文明中具有当代价值、世界意义的精神标识和文化精髓提炼和展示出来，让中外文明在思想互鉴、灵魂交流中激发共鸣。加强国际传播能力建设，全面提升国际传播效能，深化文明交流互鉴，推动中华文化更好走向世界。

简单来说，后期处理包括构图调整、对比度调整、色彩调整几个方面。构图调整即通过旋转、剪裁等进行的调整，而对比度调整与色彩调整则相对复杂，因为它们涵盖的知识范围更为广泛，包括曝光、明暗、色温等方面的知识。

总而言之，对于现代数码摄影来说，后期处理不是万能的，但是没有后期处理是万万不能的！

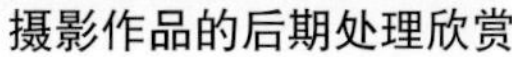

摄影作品的后期处理欣赏

技能点 1　图像后期处理的软件

众所周知，图像后期处理对提升图像的品质起着举足轻重的作用，大家在日常生活中看到的图像，如明星写真、购物网站页面、影楼婚纱照等，都离不开后期处理。可以说，在当今社会，一幅优秀的摄影作品不单单依靠数码相机通过曝光、构图、对焦等摄影技巧来完成，还需要对图像进行后期处理，只有这样才能让照片充满魅力。

可以说，正是出色的、专业的图像后期处理软件使得拍照和处理照片变得更加有趣，将一张普通的照片处理得具有艺术美感，做到了化腐朽为神奇。下面带领大家来了解一下这些图像背后的“英雄”们。

1.Photoshop

众所周知，首屈一指的图像后期处理软件就是 Photoshop，可以说正是有了它，数码摄影才得到极大的普及。Photoshop 具有专业的图像编辑与处理功能，包括编辑修改、图像制作、图像输入输出等功能，它的应用领域很广泛，在图像、图形、文字、视频等的制作中都有其身影，无论是我们正在阅读的图书的封面，还是在街上看到的招贴海报，这些具有丰富图像的平面印刷品，基本上都需要 Photoshop 软件对图像进行处理。在照片修复方面，Photoshop 也是非常强大的，它可以快速修复一张破损的老照片，也可以消除人脸上的斑点等缺陷。可以说，Photoshop 给我们的生活带来了极大的变化，而它也获得了“顶级专业图片编辑软件”的称号，这对它来说是当之无愧的。

2.Lightroom

Lightroom 是 Adobe 系统公司推出的一款以后期制作为重点的图形工具软件，是当今后期处理工作中不可或缺的一部分。它可以快速导入、处理、管理和展示图像，具有较强的校正功能、强大的组织功能，加快了图片后期处理速度。Lightroom 主要面向图形设计等专业人士，Adobe 系统公司的目标是将其打造成未来数字图形处理的标准。它是一个能管理、调整和展示大量数码照片、简单易操作的应用程序，用户可以在后期处理中花更少的时间获得具有更高品质的作品。

3.Capture One

Capture One 具有无限制批量冲洗功能，多张对比输出功能以及色彩曲线编辑、数码信息支持、附加数码相机支持等功能。毫无疑问，它是 RAW 格式转换软件的标准。如果热衷于 RAW 格式的拍照及高品质影像输出，Capture One 是最好的选择，其代表了 RAW 格式转换的新方法。RAW 的原意是“未经加工”，可以理解为 RAW 图像就是 CMOS（complementary metal oxide semiconductor，互补金属氧化物半导体）或者 CCD（charge coupled device，电荷耦合器件）图像感应器将捕捉到的光源信号转化为数字信号的原始数据。RAW 文件是记录了数码相机传感器的原始信息，同时记录了相机拍摄所产生的一些元数据等的文件。

4. 光影魔术手

光影魔术手拥有自动曝光、数码补光、白平衡、亮度、对比度、饱和度、色阶、曲线、色彩平衡等一系列非常丰富的调图参数，可得到专业的胶片效果。它还可以给照片加上各种精美的边框，轻松制作个性化相册。其文字水印具有横排、竖排、发光、描边、阴影、背景等各种效果，使图像更加出彩。总的来说，它是一款对数码照片的画质进行改善及对效果进行处理的软件，简单、易用，用户不需要具备任何专业的图像处理技术，就可以制作出具有专业摄影色彩效果的照片。

5. 美图秀秀

美图秀秀是厦门美图科技有限公司研发、推出的一款免费的图像处理软件，有 iPhone 版、Android 版、PC 版、Windows 版、iPad 版及网页版，它致力于为全球用户提供专业、智能的拍照、修图服务。用户使用美图秀秀，不需要具备软件基础，只要会操作电脑即可，这款软件真正做到了简单实用，深得年轻用户的喜爱，这是其能够迅速普及的原因。

越来越多的图像后期处理软件问世，说明了后期处理的重要性。以上为大家介绍的图像后期处理软件，有主流专业的图像后期处理软件，也有纯粹娱乐大众的图像后期处理软件，但是大家要记住，在实际制作中，只要可以制作出优秀的作品，没有人会在乎你使用的是什么处理软件，毕竟“英雄不问出处”，软件的好坏最终都是以图像后期处理效果的优劣来评判的。希望大家可以了解、掌握这些图像后期处理软件。

技能点 2　图像后期处理的基本概念

简单来说，图像后期处理就是对数码照片进行参数调节，调节光影明暗，优化色彩层次，完善影像效果。图像后期处理是获得完美的作品的重要手段。相对于传统胶片的暗房工作，数码影像的后期处理也被称为“数码暗房”，又因为图像后期处理软件中以 Photoshop 的功能最为强大，使用率最高，所以人们也常常将数码照片的后期处理称为“PS”。如果想更深入地了解数码照片后期处理，必须要熟知图像后期处理的一些常用术语，这样在实际操作中才能做到有的放矢，取得事半功倍的效果。

1. 三基色

三基色是通过其他颜色混合无法得到的基本色。由于人的肉眼有感知红（R）、绿（G）、蓝（B）的能力，通常显像管显示的图像的色彩都是由红绿蓝三色组成的。三原色是美术上的概念，指红黄蓝，因为这三种颜色配合可以调出除了黑白以外的几乎所有颜色。

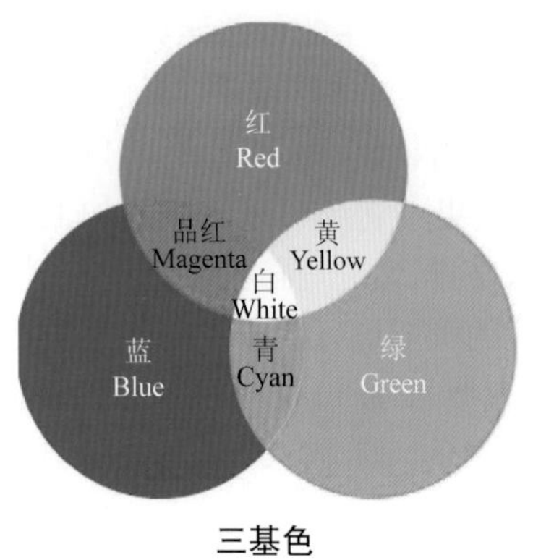

三基色

红
橙
紫
黑
黄
绿
蓝

三原色

三基色是相互独立的，任何一种基色都不能由其他两种颜色合成。红绿蓝这三种颜色合成的颜色范围最为广泛，按照不同的比例合成混色，被称为相加混色。例如：红色 + 绿色 = 黄色、绿色 + 蓝色 = 青色、红色 + 蓝色 = 品红、红色 + 绿色 + 蓝色 = 白色。黄色、青色、品红都是由两种基色混合而成的，所以被称为相加二次色。另外，红色 + 青色 = 白色、绿色 + 品红 = 白色、蓝色 + 黄色 = 白色，所以青色、品红、黄色分别是红色、绿色、蓝色的补色。由于人的眼睛对相同的单色光的感受有所不同，如果用相同强度的三基色混合得到白光，人的主观感受是绿光最亮，红光次之，蓝光最弱。

2. 色阶

色阶也称为色素，它是代表颜色明暗的指数，也就是常说的色彩指数。色阶代表亮度，和颜色无关，最亮的是白色，最暗的是黑色。色阶图从左到右分别为阴影、中间调和高光，对应的是黑、灰和白，表示亮度值从 0 变化到 128 再变化到 255 的过程。以底部的“X”轴为基准绘制像素亮度图（在标准尺度 0~255 范围内），与“X”轴垂直的“Y”轴表示具有特定色调的像素数目。柱状图越高，表示具有该特定色调的像素越多。

色阶

3.HLS

HLS 分别代表色相（hue）、亮度（luminance）、饱和度（saturation）。色相就是基本颜色，即红、橙、黄、绿、青、蓝、紫七种，每一种代表一种色相，色相的调整就是改变颜色。亮度就是各种颜色的明暗度，亮度的调整就是明暗度的调整。亮度范围为 0~255，共分为 256 个等级（在纯白色和纯黑色之间划分 256 个级别的亮度，也就是从白到灰，再转黑）。在 RGB 模式中，它则代表每一种颜色的明暗度，即红绿蓝三原色的明暗度，从浅到深。饱和度就是颜色的彩度，每一种颜色都有一种人为规定的标准颜色，饱和度就是用以描述颜色与标准颜色之间的相近程度的物理量。调整饱和度就是调整图像的彩度，将一个图像的饱和度设置为 0 时，该图像就变成了一个灰度图像。

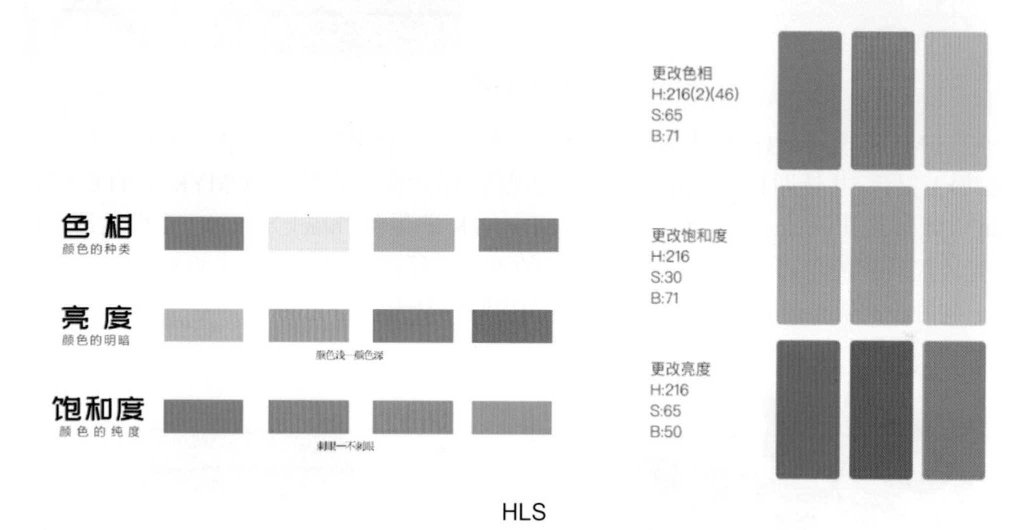

HLS

4. 对比度

对比度是不同颜色之间的差异，对比度越大，两种颜色相差得越大；反之，就越接近。例如：提高一幅灰度图像的对比度，会使它的黑白更加分明，调到极限时，它就变成了黑白图像；反之，可以得到一幅灰色的图像。

对比度

5. 色彩模式

（1）RGB 模式，是最基础的色彩模式，也是重要的色彩模式。只要在电脑屏幕上显示的图像，一定是以 RGB 模式显示的，因为显示器的结构就是遵循 RGB 颜色模式（相关知识参考“三基色”）设置的。

RGB 模式

（2）CMYK 模式，也被称作印刷色彩模式，顾名思义就是用来印刷的。利用三原色混色原理，加上黑色，共计四种颜色混合叠加，实现所谓的“全彩印刷”。CMYK 中的 C 即青色（cyan），M 即品红（magenta），Y 即黄色（yellow），K 即黑色（black）。CMYK 模式是一种依靠反光才能看到的色彩模式，它向我们展示的内容是经由光照射到纸上再反射到我们的眼中的。这种模式需要外界光源，如果在黑暗的房间内是无法看见的。

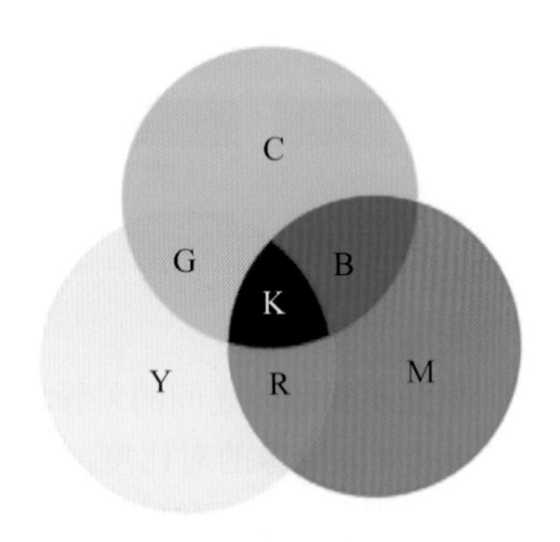

CMYK 模式

（3）Lab 模式，弥补了 RGB 和 CMYK 两种色彩模式的不足，是一种既不依赖光线，也不依赖颜料的模式。Lab 模式由三个通道组成，一个通道是明度，即 L，代表从黑到白。另外两个是色彩通道，用 a 和 b 来表示。a 通道包括的颜色从深绿色（低亮度值）到灰色（中亮度值），再到亮粉红色（高亮度值）；b 通道则是从亮蓝色（低亮度值）到灰色（中亮度值），再到黄色（高亮度值）。

在表达色彩范围上，处于第一位的是 Lab 模式，处于第二位的是 RGB 模式，处于第三位的是 CMYK 模式。Lab 模式包含 RGB 和 CMYK 模式中的所有颜色。

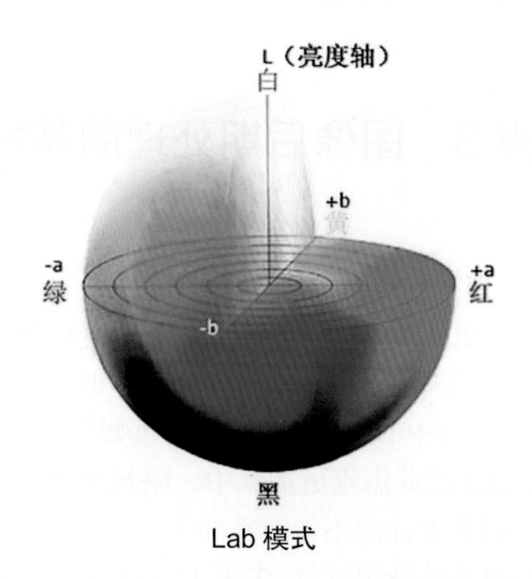

Lab 模式

（4）索引颜色模式，是位图的一种颜色编码方法，是基于 RGB、CMYK 模式等更基本的颜色编码方法。它可以通过限制图片中的颜色总数实现有损压缩。如果图像中某种颜色没有出现在颜色查找表中，程序会选取已有颜色中与其最相近的颜色模拟该颜色。表示一幅 32 位真彩色的图片，用不超过 8 位的颜色索引就可以表达。索引颜色模式是网络和动画中常用的色彩模式，常见的文件格式有 GIF、PNG 等。

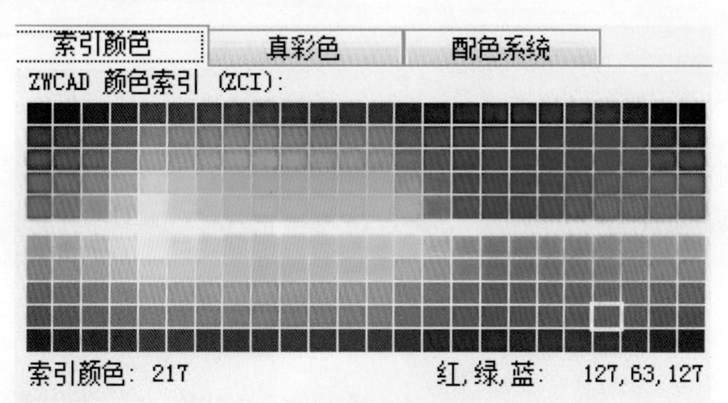

索引颜色模式

（5）灰度模式，用单一色调表现图像，每个像素有一个 0（黑色）~255（白色）的亮度值，一共可表现 256 阶（色阶）灰色调（含黑和白），也就是 256 种明度的灰色，是黑—灰—白的过渡，如同黑白照片。

灰度模式

技能点 3　图像后期处理的基本思路

1. 对画面构成元素的处理

对一张数码作品进行后期处理，通常需要关注作品的几个元素：①主体；②陪衬；③前景；④背景；⑤环境；⑥空白。后期处理需要统筹考虑、协调元素之间的关系，其中主体是主题最重要的承载者，也是构图的中心，是后期处理的重要位置，也是主要任务，主体处理得当，可以让观看者保持专注度，视觉焦点更加集中。陪衬帮助表达主体内涵，起到辅助的作用。前景多是虚化的，只能衬托主体而不能喧宾夺主。背景与前景类似，可通过处理产生层次感、纵深感。背景与环境可表达特定气氛，多为大面积的填充颜色。留白可增加画面的意境，多为淡化、虚化。

图像欣赏

2. 对画面色彩饱和度的处理

色彩饱和度即色彩的纯度。摄影作品的色彩饱和度不同，给人的整体感觉也不同，色彩饱和度高的作品给人一种现代、活跃、时尚的感觉，而色彩饱和度较低的作品给人一种老旧、复古、低调、含蓄的感觉。色彩饱和度取决于光的彩色中白色光的含量，白色光含量越高，彩色光含量就越低，反之亦然。其数值为百分数，范围为 0~100%。纯白色光的色彩饱和度为 0，而纯彩色光的色彩饱和度为 100%（色彩饱和度受屏幕亮度和对比度的双重影响，一般亮度、对比度高的屏幕可以得到很高的色彩饱和度）。

色彩饱和度高低对比图

3. 对画面明暗对比度的处理

图像后期处理还要注意明暗对比度的处理效果，高明暗对比度对图像的清晰度有很大的提升，对细节表现有很大的帮助。明暗对比度是图像最亮和最暗的区域的比率，比值越大，从黑到白的渐变层次就越多，从而色彩表现越丰富。明暗对比度对视觉效果的影响非常关键，一般来说，明暗对比度越大，图像越清晰醒目，色彩越鲜明艳丽；而明暗对比度小，则会让整个画面都灰蒙蒙的。明暗对比度越高，图像效果越好，色彩更饱和；反之，明暗对比度低，则画面会显得模糊，色彩也不鲜明。

明暗对比度图

通过下面的操作过程，对图像进行后期处理。下面分别以山水风景、人物、建筑物等主题的摄影作品为例，进行讲解。

1. 山水风景类照片的后期处理

（1）打开 Photoshop 软件，点击菜单栏中“文件”下拉菜单中的“打开”命令（图 2-1-1）或按 Ctrl+O 快捷键，打开“山水”素材（图 2-1-2）。

文件(F) 编辑(E) 图像(I) 图层(L) 文字(Y)
新建(N)... Ctrl+N
打开(O)... Ctrl+O

图 2-1-1 打开命令

图 2-1-2 “山水”素材

（2）为了在制作过程中不破坏原图，在“图层”面板中，将“背景”图层拖至“创建新图层”图标处进行复制（图 2-1-3），得到“背景拷贝”图层（图 2-1-4）。

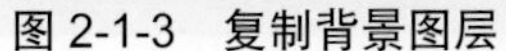
图 2-1-3　复制背景图层

图 2-1-4　完成图层复制

（3）选择“背景拷贝”图层，再在菜单栏中选择“图像”，在其下拉菜单中选择“调整”—“曲线”命令（图 2-1-5）或按快捷键 Ctrl+M ，对“背景拷贝”图层进行整体亮度调整（图 2-1-6）。

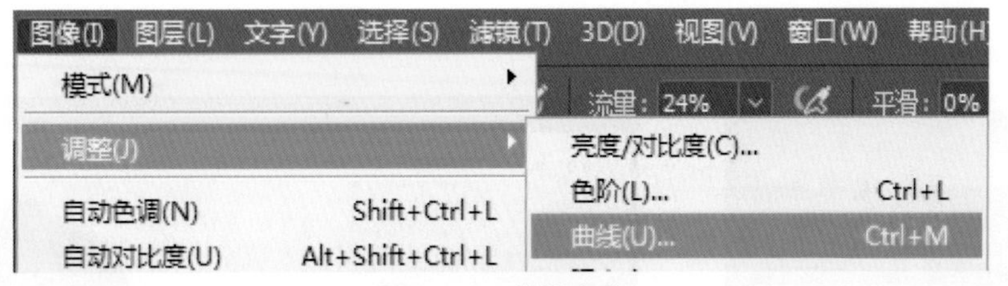

图 2-1-5　曲线命令

图 2-1-6　调整整体亮度

（4）在“图层”面板中，将“背景拷贝”图层拖至“创建新图层”图标处进行复制，得到“背景拷贝 2”图层，将图层“混合模式”调为“柔光”，增强画面的质感（图 2-1-7），效果如图 2-1-8 所示。

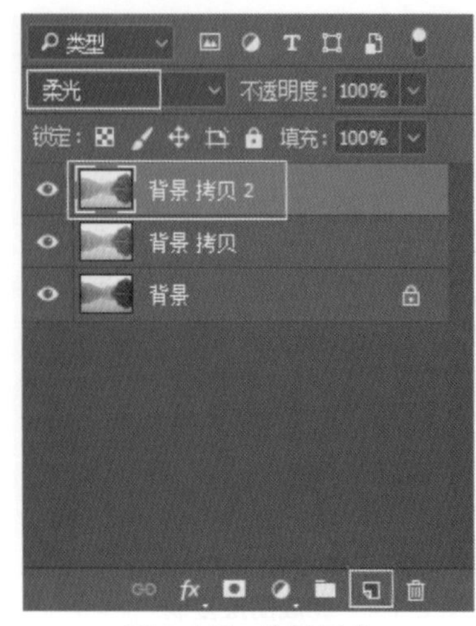

图 2-1-7 选择柔光

图 2-1-8 柔光效果

（5）将“背景拷贝 2”图层复制两次（图 2-1-9），提升画面的层次感，将明暗对比调节得更加强烈（图 2-1-10）。

图 2-1-9 复制两次

图 2-1-10 增强效果

（6）选择“背景拷贝 4”图层，点击“图层”面板下方的“添加图层蒙版”图标（图 2-1-11），在工具栏中选择“画笔工具”，打开“画笔预设”，选择“常规画笔”中的“柔边圆”（图 2-1-12）。

图 2-1-11　添加图层蒙版

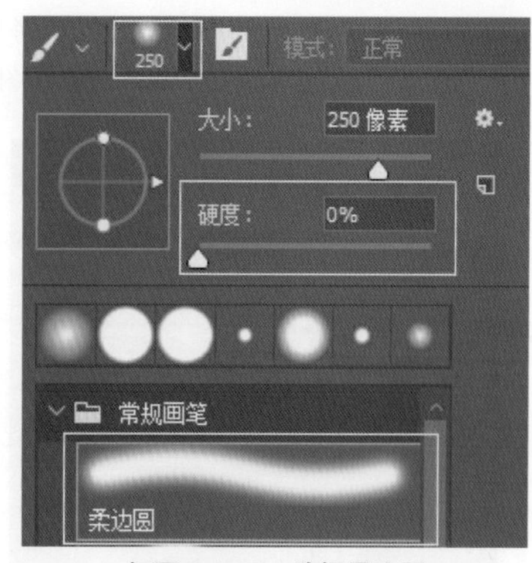

如图 2-1-12　选择柔边圆

（7）点击工具栏中的图标，将“前景色”设置为“#000000”，使用“画笔工具”中的“柔边圆”对图像右侧的山峰进行涂抹（图 2-1-13），使层次感逐渐变得更突出（图 2-1-14）。

图 2-1-13　对山峰进行涂抹

图 2-1-14　涂抹后效果

（8）选择“背景拷贝”图层至“背景拷贝 4”图层（如图 2-1-15），按快捷键 Ctrl+Alt+E 合并图层，得到“背景拷贝 4(合并)”图层（图 2-1-16）。

图 2-1-15　选择图层

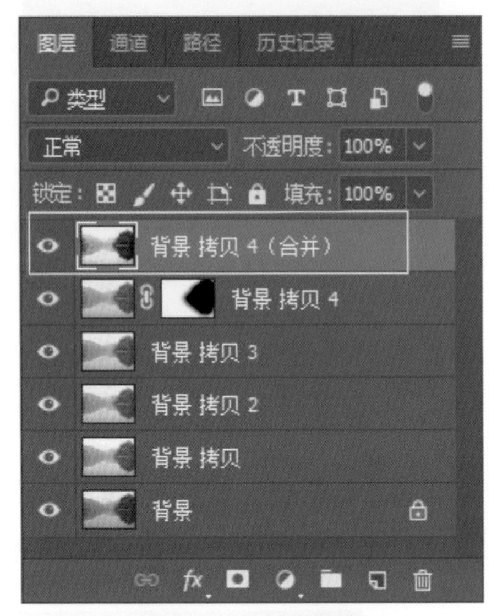

图 2-1-16　合并图层

（9）选择“背景拷贝 4(合并)”图层，点击“滤镜”— “模糊”— “高斯模糊”命令（图 2-1-17），在弹出的“高斯模糊”对话中框，调节“半径”为“10.0 像素”（图 2-1-18）。

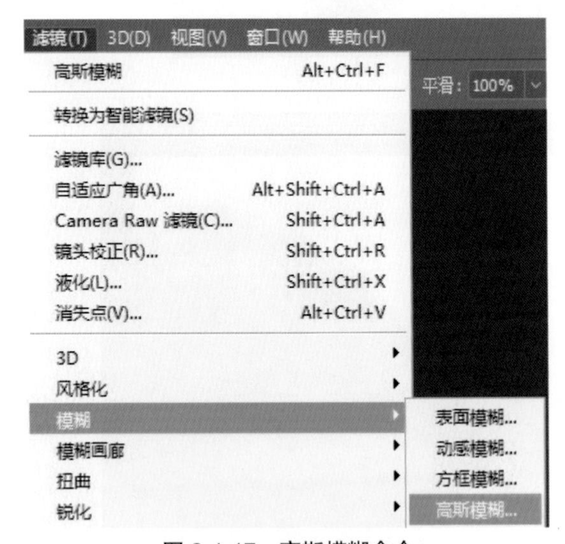

图 2-1-17　高斯模糊命令

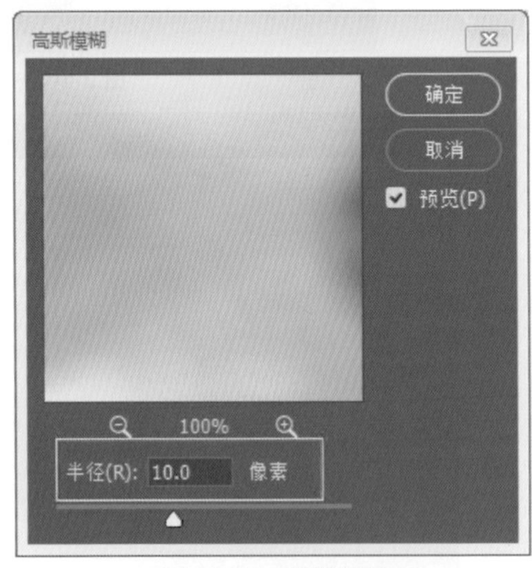

图 2-1-18　设置半径

（10）将“背景拷贝 4(合并)”图层的“混合模式”调为“柔光”，效果如图 2-1-19 所示。

图 2-1-19　柔光效果

（11）选择“背景拷贝 4（合并）”图层，点击“图层”面板下方的“添加图层蒙版”图标，在工具栏中选择“画笔工具”，打开“画笔预设”，选择“常规画笔”中的“柔边圆”，将颜色设置为“#000000”，对图像右侧的山峰进行涂抹，使其更加清晰，突出层次感，效果如图 2-1-20 所示。

图 2-1-20　涂抹后的效果

（12）选择“背景拷贝 4（合并）”图层，点击“图层”面板下方的“创建新的填充或调整图层”图标，在其下拉菜单中选择“可选颜色”，在“可选颜色”面板中选择“颜色”为“绿色”，将“青色”调节为“+100%”，“黄色”调节为“-100%”（图 2-1-21）；选择“颜色”为“青色”，将“青色”调节为“+100%”，“黄色”调节为“-85%”（图 2-1-22）。

图 2-1-21　调节绿色

图 2-1-22　调节青色

（13）再次点击“图层”面板下方的“创建新的填充或调整图层”图标，在其下拉菜单中选择“色彩平衡”，在“色彩平衡”中将“青色红色”调节为“-10”，“洋红绿色”调节为“-10”，“黄色蓝色”调节为“+10”，勾选“保留明度”（图 2-1-23），效果如图 2-1-24 所示。

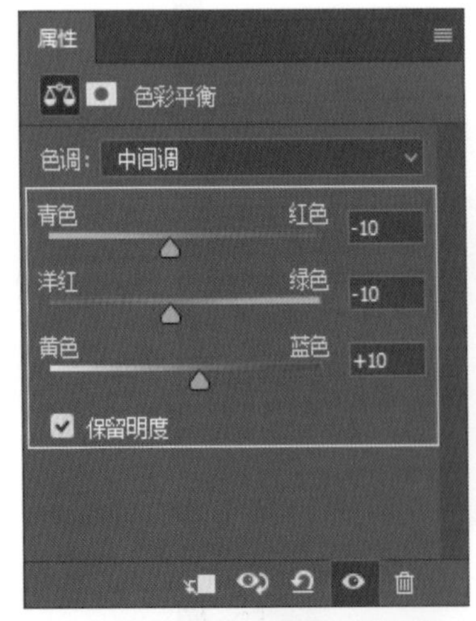

图 2-1-23　调节色彩平衡

图 2-1-24　调节色彩平衡后的效果

（14）选择“背景拷贝”图层至“色彩平衡 1”图层（图 2-1-25），按快捷键 Ctrl+Alt+E 合并图层，得到“色彩平衡 1（合并）”图层（图 2-1-26）。

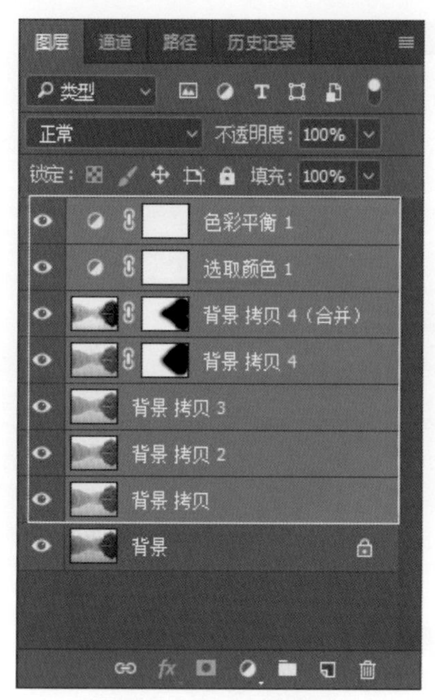

图 2-1-25　选择图层

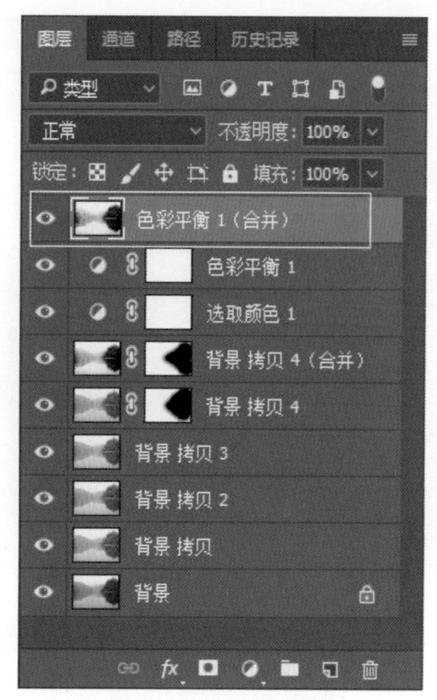

图 2-1-26　合并图层

（15）选择“色彩平衡 1（合并）”图层，点击“滤镜”—“模糊”—“高斯模糊”命令（图 2-1-27），在弹出的“高斯模糊”对话框中，调节“半径”为“5 像素”（图 2-1-28）。

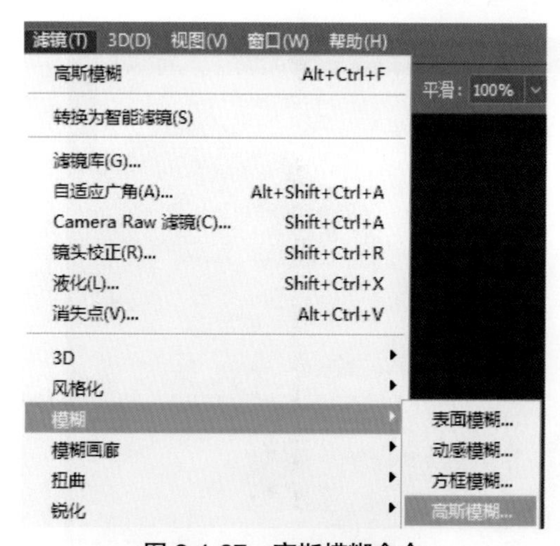

图 2-1-27　高斯模糊命令

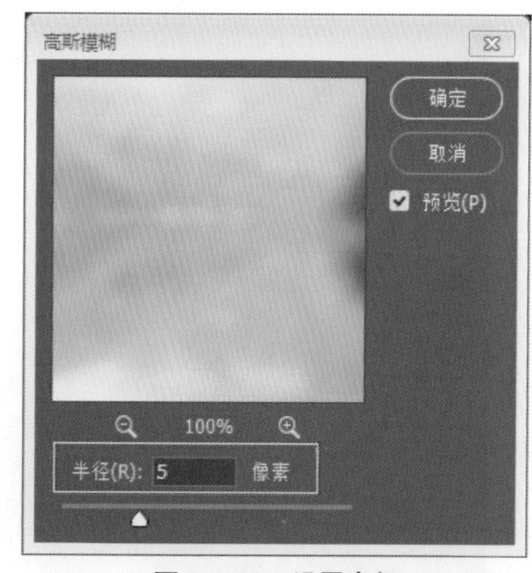

图 2-1-28　设置半径

（16）选择图层“混合模式”为“柔光”，点击“图层”面板下方的“添加图层蒙版”图标，在工具栏中选择“画笔工具”，打开“画笔预设”，选择“常规画笔”中的“柔边圆”，将颜色设置为“#000000”，对图像过于模糊的位置进行涂抹，使图像清晰、富有层次感（图 2-1-29）。

图 2-1-29　涂抹后的效果

（17）将“背景”图层拖至“图层”面板下方的“创建新图层”图标处，复制出“背景拷贝 5”图层，使用工具栏中的“多边形套索工具”对天空进行选择（图 2-1-30）。

图 2-1-30　选择天空

（18）点击“选择”菜单中的“反选”命令或按快捷键 Shift+Ctrl+I 对图像进行反向选择

(图 2-1-31),按 Delete 键得到天空图像(图 2-1-32)。

图 2-1-31　反向选择

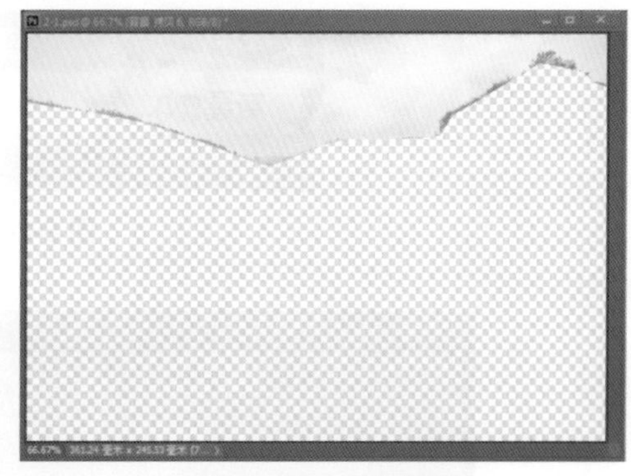

图 2-1-32　天空图像

(19)选择工具栏中的“橡皮擦工具”,将“不透明度”调节为“20%”,“流量”调节为“20%”(图 2-1-33),擦除天空的边缘(可使用“曲线”命令进行微调),将最终效果与原图进行对比(图 2-1-34)。

图 2-1-33　橡皮擦工具

图 2-1-34　效果对比图

2. 人物类照片的后期处理

(1)打开 Photoshop 软件,点击菜单栏中“文件”下拉菜单中的“打开”命令(图 2-2-1)

或按 Ctrl+O 快捷键，打开“写真”素材（图 2-2-2）。

图 2-2-1 打开命令

图 2-2-2 “写真”素材

（2）为了在制作过程中不破坏原图，在“图层”面板中，将“背景”图层拖至“创建新图层”图标处进行复制（图 2-2-3），得到“背景拷贝”图层（图 2-2-4）。

图 2-2-3 复制背景图层

图 2-2-4 完成图层复制

（3）将图层“混合模式”调为“柔光”，选择“背景拷贝”图层，点击“图层”面板下方的

“添加图层蒙版”图标 (图 2-2-5)，在工具栏中选择“画笔工具” ，打开“画笔预设”，选择“常规画笔”中的“柔边圆”，将颜色设置为“#000000”，将“不透明度”调节为“20%”，“流量”调节为“20%”，使用笔刷重点涂抹人物头发与颜色太深、太亮的位置，目的是使图像具有层次感，效果如图 2-2-6 所示。

图 2-2-5 添加图层蒙版

图 2-2-6 涂抹后的效果

(4) 再次将“背景”图层拖至“创建新图层”图标 处进行复制，得到“背景拷贝 2”图层(图 2-2-7)，选择“背景拷贝”图层与“背景拷贝 2”图层，按快捷键 Ctrl+Alt+E 合并图层，得到“背景拷贝(合并)”图层(图 2-2-8)。

图 2-2-7 复制图层

图 2-2-8 合并图层

(5) 点击“滤镜”—“模糊”—“高斯模糊”命令(图 2-2-9)，在弹出的“高斯模糊”对话框中，调节“半径”为“15.0 像素”(图 2-2-10)。

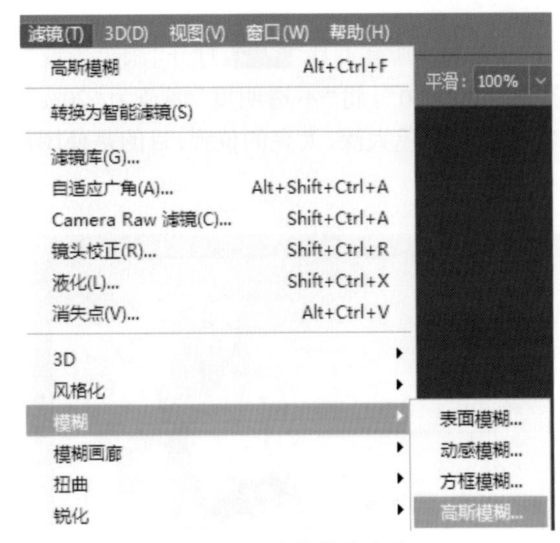

图 2-2-9 高斯模糊命令

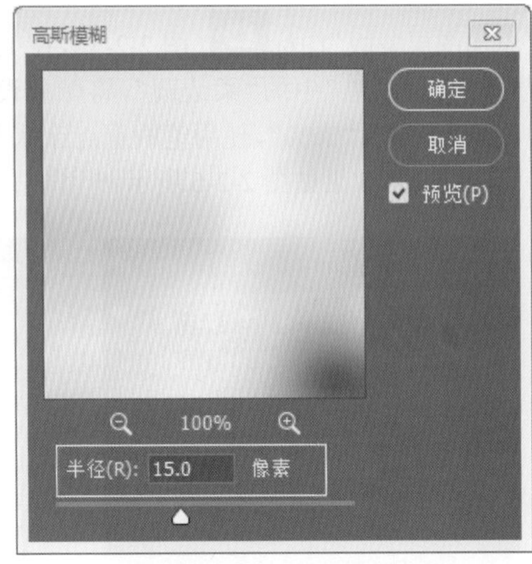

图 2-2-10 调节半径

（6）将图层“混合模式”调为“柔光”，点击“图层”面板下方的“添加图层蒙版”图标（图 2-2-11），在工具栏中选择“画笔工具”进行绘制，重点绘制人物的头发与颜色太深、太亮的位置，目的是使图像具有层次感，效果如图 2-2-12 所示。

图 2-2-11 添加图层蒙版

图 2-2-12 涂抹后的效果

（7）点击“图层”面板下方的“创建新的填充或调整图层”图标，在其下拉菜单中选择“曲线”命令（图 2-2-13）。

图 2-2-13 曲线命令

（8）在“曲线”面板中，选择“红”并将其“输入”调节为“110”，“输出”调节为“130”（图 2-2-14），再选择“蓝”并将其“输入”调节为“160”，“输出”调节为“80”（图 2-2-15），增强图像的层次感。

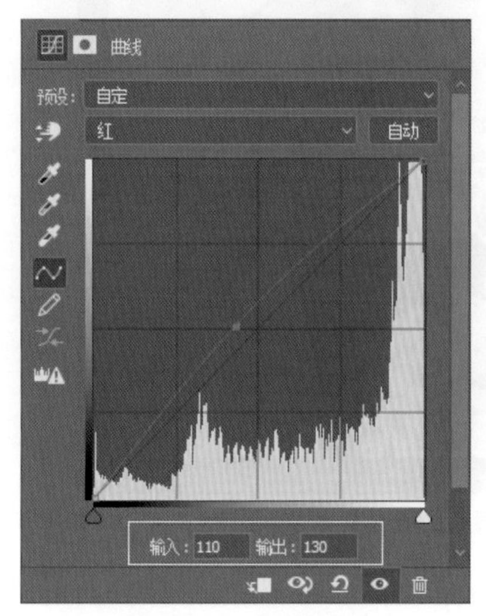

图 2-2-14　“红”曲线

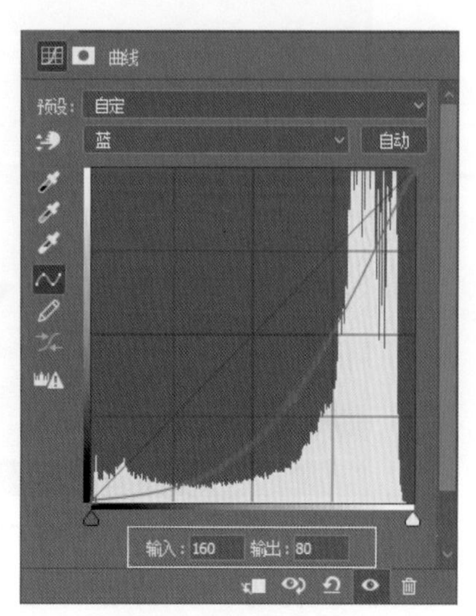

图 2-2-15　“蓝”曲线

（9）点击“图层”面板下方的“创建新的填充或调整图层”图标，在其下拉菜单中选择“色阶”命令（图 2-2-16），在“色阶”面板中调节“色阶”值为“70，1，255”，增强图像的层次感（图 2-2-17）。

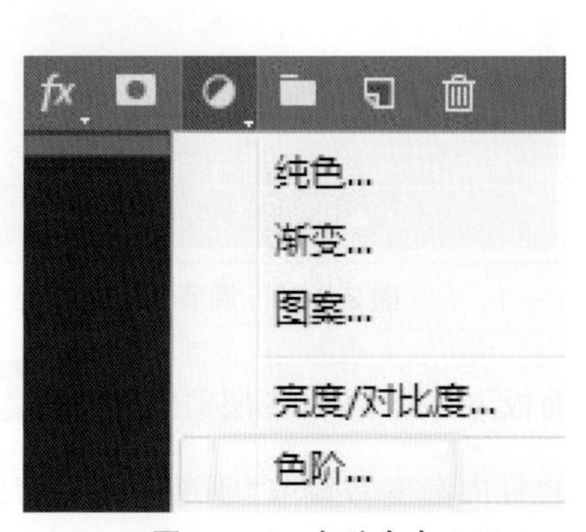

图 2-2-16　色阶命令

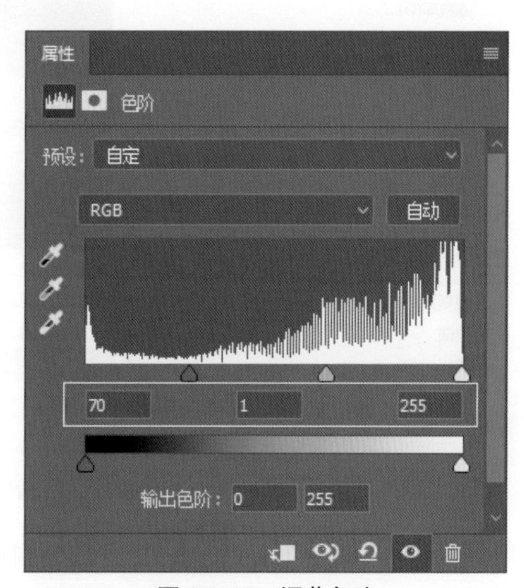

图 2-2-17　调节色阶

（10）选择“背景拷贝 2”图层至“色阶 1”图层，按快捷键 Ctrl+Alt+E 合并图层，得到“色阶 1（合并）”图层，效果如图 2-2-18 所示。

图 2-2-18　合并图层后的效果

（11）点击“滤镜”—“模糊”—“高斯模糊”命令（图 2-2-19），在弹出的“高斯模糊”对话框中，调节“半径”为“25 像素”（图 2-2-20）。

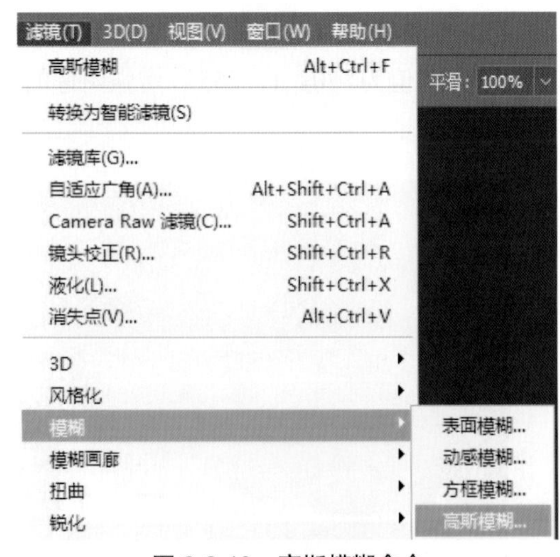

图 2-2-19　高斯模糊命令

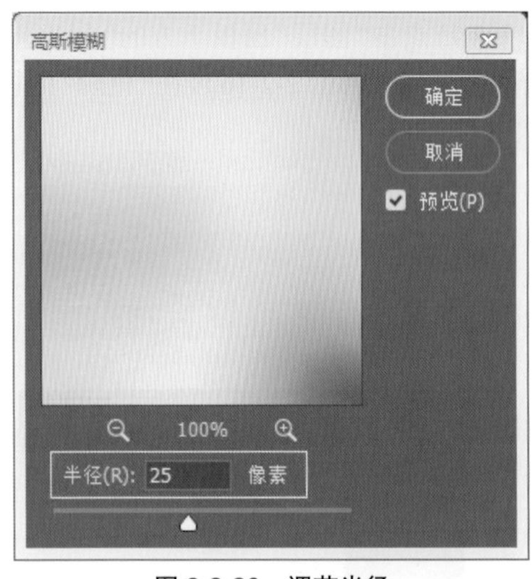

图 2-2-20　调节半径

（12）选择“色阶 1（合并）”图层，点击“图层”面板下方的“添加图层蒙版”图标，使用工具栏中“渐变工具”中的“黑色到透明”和“径向渐变”，调节“不透明度”为“50%”（图 2-2-21），对图像进行调节，也可使用“画笔工具”进行绘制。

图 2-2-21　渐变工具

（13）选择“背景”图层至“色阶 1（合并）”图层，按快捷键 Ctrl+Alt+E 合并图层，得到“色阶 1（合并）（合并）”图层，将图层“混合模式”调为“柔光”（图 2-2-22）。

图 2-2-22　合并图层

（14）点击“图层”面板下方的“添加图层蒙版”图标，在“色阶 1（合并）（合并）”图层的蒙版中，使用“画笔工具”对图像四周与人物过于明亮的位置进行绘制，最终效果如图 2-2-23 所示。

图 2-2-23　最终效果

3. 建筑物类照片的后期处理

（1）打开 Photoshop 软件，点击菜单栏中“文件”下拉菜单中的“打开”命令（图 2-3-1）或按 Ctrl+O 快捷键，打开“城楼”素材（图 2-3-2）。

图 2-3-1　打开命令

图 2-3-2 “城楼”素材

（2）在“图层”面板中，将“背景”图层拖至“创建新图层”图标处进行复制，得到“背景拷贝”图层，将图层“混合模式”调为“柔光”（图 2-3-3），效果如图 2-3-4 所示。

图 2-3-3 复制背景图层

图 2-3-4 柔光效果

（3）点击“图层”面板下方的“添加图层蒙版”图标（图 2-3-5），在工具栏中选择“画笔工具”，打开“画笔预设”，选择“常规画笔”中的“柔边圆”，将颜色设置为“#000000”，对图像中色彩过暗、过重的位置进行绘制，效果如图 2-3-6 所示。

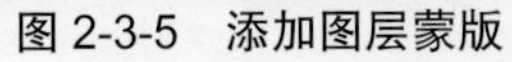
图 2-3-5　添加图层蒙版

图 2-3-6　绘制后的效果

（4）点击“图层”面板下方的“创建新的填充或调整图层”图标，在其下拉菜单中选择“通道混合器”命令（图 2-3-7）。

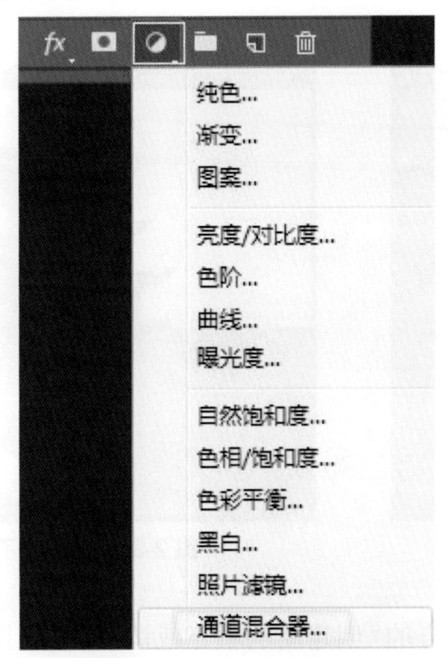

图 2-3-7　通道混合器命令

（5）在“通道混合器”面板中，勾选“单色”，选择“输出通道”为“灰色”，将“红色”调为“70%”，“绿色”调为“30%”，“蓝色”调为“0%”（图 2-3-8），效果如图 2-3-9 所示。

图 2-3-8　通道混合器面板

图 2-3-9　调整后的效果

（6）调节“图层”面板中的“不透明度”为“70%”（图 2-3-10），将图像的颜色显示出来，效果如图 2-3-11 所示。

图 2-3-10　调节不透明度

图 2-3-11　调节不透明度后的效果

（7）点击“图层”面板下方的“创建新的填充或调整图层”图标，在其下拉菜单中选择“曲线”命令（图 2-3-12），选择“红”，分别调节“输入”“输出”为“106”“151”（图 2-3-13），选择“绿”并将“输入”“输出”调节为“137”“123”（图 2-3-14），选择“蓝”并将“输入”“输出”调节为“144”“124”（图 2-3-15）。

图 2-3-12 曲线命令

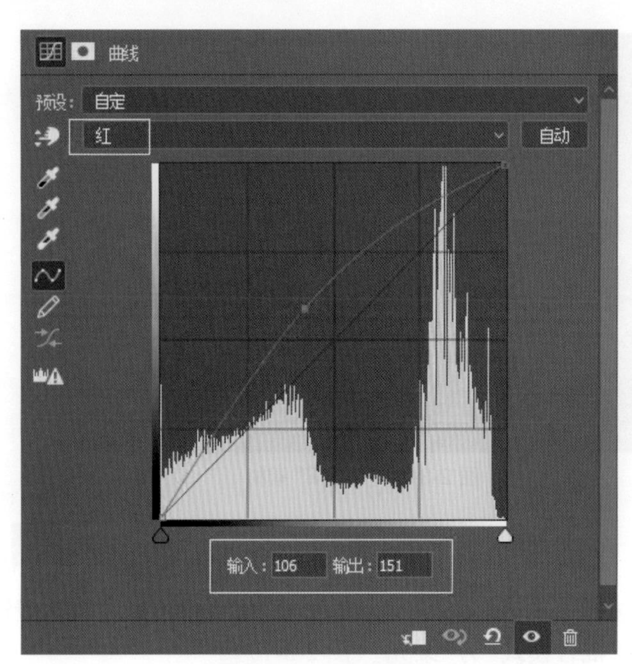

图 2-3-13 “红”曲线

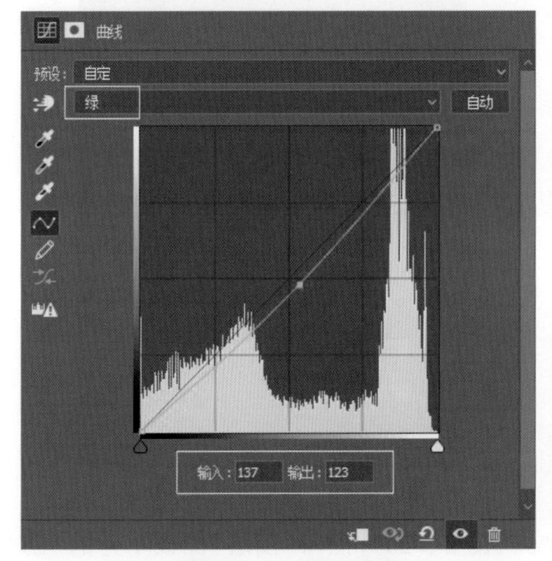

图 2-3-14 “绿”曲线

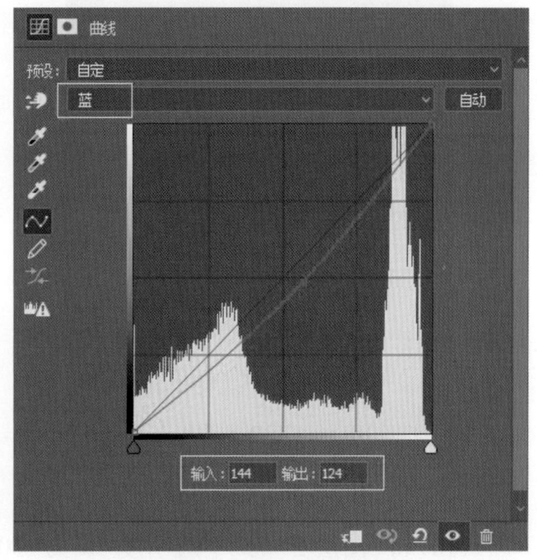

图 2-3-15 “蓝”曲线

（8）选择“怀旧”素材（图 2-3-16），放在“曲线 1”图层之上，调节图层“混合模式”为“滤色”（图 2-3-17）。

图 2-3-16 “怀旧”素材

图 2-3-17 调节图层混合模式

（9）点击“图层”面板下方的“创建新图层”图标，创建“图层 2”（图 2-3-18），点击工具栏中的图标，调节“前景色”为“#000000”，按快捷键 Alt+Delete 进行颜色填充，调节图层“混合模式”为“柔光”（图 2-3-19）。

图 2-3-18 创建图层 2

图 2-3-19 调节图层混合模式

（10）将“图层 2”的“不透明度”调为“30%”（图 2-3-20），点击“图层”面板下方的“创建新的填充或调整图层”图标，在其下拉菜单中选择“色阶”命令（图 2-3-21）。

图 2-3-20　细节不透明度

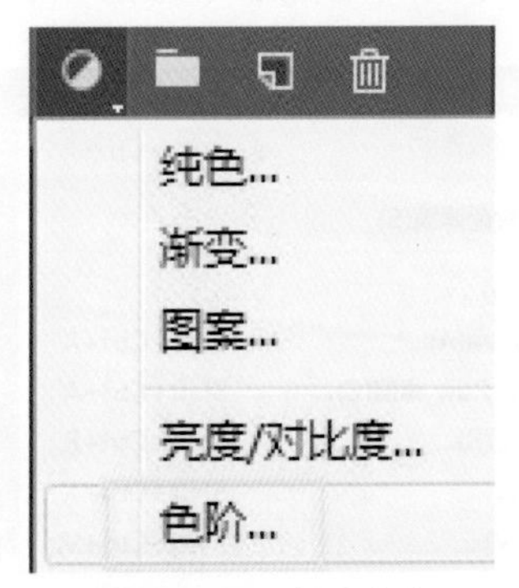

图 2-3-21　色阶命令

（11）在“色阶”面板中，将“色阶”暗部数值调节为“32”（图 2-3-22），效果如图 2-3-23 所示。

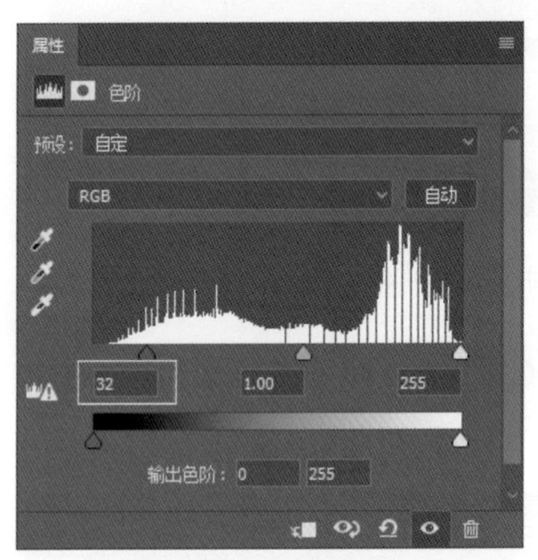

图 2-3-22　调节色阶

图 2-3-23　调节色阶后的效果

（12）将“背景”图层拖至“图层”面板下方的“创建新图层”图标处，创建“背景拷贝 2”图层（图 2-3-24），选择“背景拷贝 2”图层至“色阶 1”图层，按快捷键 Ctrl+Alt+E 合并图层，得到“色阶 1（合并）”图层（图 2-3-25）。

图 2-3-24　复制背景图层

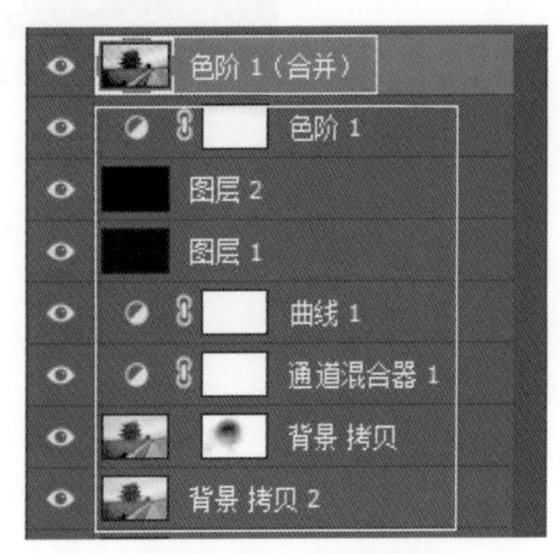

图 2-3-25　合并图层

（13）点击“滤镜”— “模糊”— “高斯模糊”命令（图 2-3-26），在弹出的“高斯模糊”对话框中，调节“半径”为“3 像素”（图 2-3-27）。

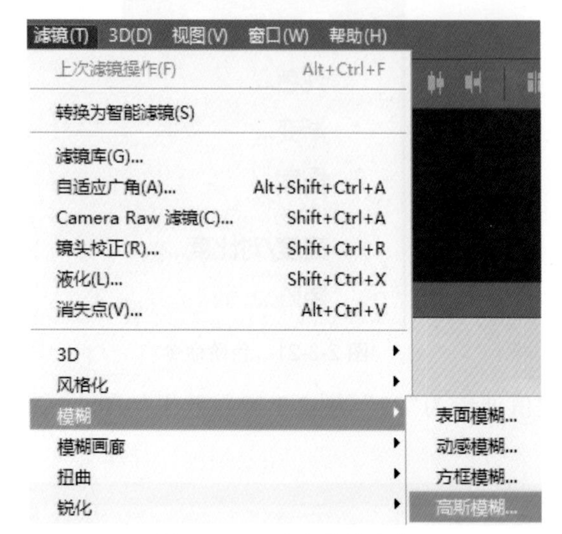

图 2-3-26 高斯模糊命令

图 2-3-27 调节半径

（14）点击“图层”面板下方的“添加图层蒙版”图标，使用工具栏中“渐变工具”中的“黑色到透明”和“径向渐变”，调节“不透明度”为“50%”（图 2-3-28），对图像进行调节，也可使用“画笔工具”进行蒙版绘制（图 2-3-29），最终效果如图 2-3-30 所示。

图 2-3-28 渐变工具

图 2-3-29 绘制蒙版

图 2-3-30　最终效果

结合本项目所学知识,完成资料包实训文档中的项目练习。走到户外,用手机或摄影设备对大自然、建筑物或历史遗迹进行拍摄,并对图像进行后期处理,要求通过图像的构成、色彩的搭配以及光影效果的运用,使图像富有层次感与艺术感。

项目三　计算机生成手绘效果图

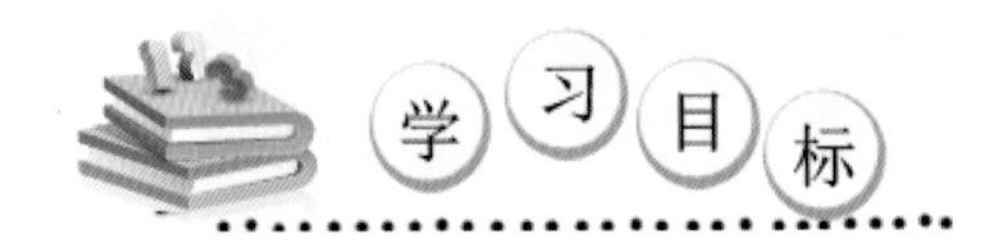

“图画是设计师的语言”，从家居设计到园林设计，从舞台设计到漫画设计，设计思路与理念可能有所不同，但是可以肯定的是，它们都离不开手绘技法。手绘效果图绘制是建筑、服饰、家居、花艺、美术、园林、环艺、摄影、视觉传达等众多专业的必修课程。但是，随着科技的发展，许多必须手绘的作品逐渐被更快捷、更简便的计算机绘制效果图所取代。

在本项目中，通过对手绘效果图的介绍，引申出使用 Photoshop 转换生成手绘效果图的技法，利用现代科技快速、准确地生成各种手绘效果图，最大限度地满足生活和工作中的各种需求。在任务实施过程中，要实现如下学习目标：

- 了解手绘效果图的作用；
- 掌握使用软件生成手绘效果图的技法。

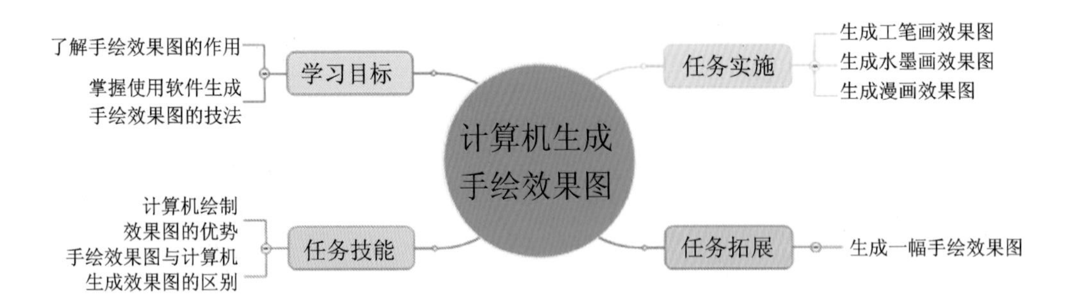

【情境导入】

手绘的技法可以将设计和表现融为一体。随着时代发展，现代社会对手绘效果图的精确度和细致度有了更高的要求。手绘效果图要想绘制得完美，就需要投入大量的人力、物力、财力，成本是相当高的。随着计算机技术与应用软件的迅速发展，出现了计算机效果图，所谓的计算机效果图是一种新型的手绘效果图。它能通过计算机快速、准确地制作出来，这使其受到越来越多的企业乃至个人的青睐与喜爱，从而迅速占领市场。它以更低廉的价格和更环保的方式快速普及，得到了人们的认可和信赖。国内外早已出现专业的计算机绘图公司，其满足了社会中不同专业的人群对手绘作品的需要。如今，计算机绘图公司的市场越来越大，因此对专业计算机绘图人员的需求量也是巨大的。

积极主动探索各种手绘的技法，从而实现“能力递进”。同时，在实施项目的过程中，结合设计和表现，以及绘图人员岗位职责要求，培养学生养成一丝不苟、精益求精的工匠精神。

计算机绘制效果图分为两种形式，一种是通过为计算机添加输入设备绘制效果图，输入设备包括手写板、绘图板、数位板等，这种形式的核心是自动线条修正系统与智能笔迹跟踪模式，自动线条修正系统能让笔迹呈现更加细腻的粗细、浓淡变化，智能笔迹跟踪模式则能做到即使笔触移动速度再快，也能准确对其进行捕捉，而且会根据绘画内容更快保留更多的记录点，呈现出完美的绘制作品。另一种是利用计算机软件，将图像转换为手绘效果图（这是本项目着重讲解的内容）。手绘效果图绘制是众多专业的基础课程，对掌握基本设计思路、深化理解设计内容、提高设计能力起着重要作用。近年来，随着科技的发展，利用计算机绘制效果图的方式被应用得越来越多，这也是对手绘效果图的一次提升和“超越”，计算机绘制效果图必将成为未来设计行业的主流绘图形式 。

手绘效果图欣赏

计算机绘制效果图欣赏

技能点 1　计算机绘制效果图的优势

1. 操作简便,难度降低

通过传统的手绘图像技法真实地呈现图像的线条、颜色对设计师的绘画功底有较高的要求。然而,在现实中并非每个设计师都有高超的绘制技法,都能将奇思妙想绘制出来。而计算机可以将绘制图像的门槛降低,一些复杂的效果处理可以由计算机完成,从而快速、便捷地表现出设计师所期待的效果,工作效率比传统的手绘高出许多。

Photoshop 图像欣赏

2. 方便携带,异地传送

计算机绘制出的效果图是以数字信息的形式存在的,这种数字信息只需要很小的存储空间,可以将设计成品和大量草稿储存为电子文件,以便于后期创作。这样既可以随时保存设计师的灵感,又可以实现即时创作。互联网的高速发展为网络传送提供了可能,基本所有的电子文件都可以通过网络异地传送，即使距离再遥远，文件也能被及时、准确地发送给有需要的人，也可以储存在移动硬盘中携带，方便展示，有利于相关专业人群间的交流学习互动。

Photoshop 图像欣赏

3. 工整精确，色彩丰富

计算机图像处理软件，特别是 Photoshop，包含多种表现颜色的模式，其可以模拟出世界上的任何一种颜色，色彩鲜明，接近实物，同时也能把设计师天马行空的颜色搭配展现得淋漓尽致。ppi（pixels per inch）代表每英寸所包含的像素数量。Photoshop 默认的分辨率是 72 ppi，也就是在每英寸长度内包含 72 个像素。图像分辨率越高，意味着每英寸图像所包含的像素越多，图像就有越多的细节，颜色过渡就越平滑。

Photoshop 图像欣赏

4. 利于修改，方便灵活

在传统的手绘效果图中，落笔即意味着不能擦除，如果必须修改可能会经过一个很繁琐的过程。但是在用计算机绘制图像的过程中，设计师可以根据需要、喜好抱着试一试的态度随意更改，即便做错也可以通过后退、撤销等命令返回上一步，并且可以将改前和改后的效果对比，选择更加满意的效果继续绘制。

Photoshop 图像欣赏

技能点 2　手绘效果图与计算机生成效果图的区别

效果图能通过图形或图像等媒介表现预期的设计效果及设计师的设计理念等。随着科技的飞速发展，计算机成为人们生活与工作中不可或缺的工具。当现代与传统相遇，手工与计算机相遇，它们并不矛盾，它们之间有着千丝万缕的关联，是相辅相成、相互依存的。但是由于手绘效果图和计算机生成效果图技法不同，又确实存在差异，下面就准确性与难易度对两者的差异进行分析。

1. 图像的准确性

设计师绘制手绘效果图将准确性放在第一位，但是在实际操作中，由于绘制时间、表现主题等诸多因素影响，准确性会大打折扣。例如，设计师在绘制效果图的时候遵循近大远小的透视原理，对远处的景观可能只是寥寥数笔带过，很多时候只是绘制出轮廓而已。在通过光感烘托氛围方面，设计师表现光影效果的手法更是千人千样。由于每个设计师的风格气质不同，手法技巧不同，即便绘制同一个场景，也会有的效果图自由奔放，有的效果图含蓄委婉，体现着不同设计师的品位与感受。使用计算机生成效果图，可以清晰、准确地表现图像内容的结构与材质，像照片一样还原设计师想要表现的内容，其逼真的效果凸显出计算机的强大功能，特别是在光影效果的表现方面，无论是白天还是黑夜，计算机都能自动调节，对阴影进行计算，得出与现实世界相同的光影效果，而无须占用设计师过多的精力去进行光照的强弱、角度等问题的分析。

计算机生成效果图

2. 技法的难易度

手绘效果图的绘制工具以铅笔、水彩、马克笔为主，辅以气泵、喷枪、画板等，携带很不方便。例如室内设计师为了表现自己的设计，既要有全套的绘画、绘图仪器和工具，又要有适宜的绘图工作环境，这些都会影响效果图的表现效果。在实际绘制效果图时，要想绘制出理想的作品，设计师需要不停地更换各种工具，还得小心翼翼，不能画错，否则修改作品会耗费大量时间，带来更多麻烦。此外，设计师还要有积累多年的绘图技法与经验，只有这样才能在实际工作中创作出完美的作品。相对于手绘效果图，计算机生成效果图就简单很多，因为计算机具有强大的计算能力，在制作过程中，设计师只要有熟练的软件操作技巧和一定的艺术功底与审美能力，就能制作出出色的效果图，其最大的便捷之处是能够反复修改作品。即便是对光影、材质、纹理，哪怕是微小的细节不满意，也能进行修改，直至满意为止。

计算机生成效果图

在速度和便捷性方面，计算机生成效果图优于手绘效果图。在了解了二者在流程方面的差异后，还应该认识到不同的工具带来的实际工作效率也不同，更应该意识到，计算机生成效果图是一种趋势，在不远的将来会应用得更加广泛。

通过下面的操作过程，用计算机生成手绘效果图。

1. 生成工笔画效果图

（1）打开 Photoshop 软件，点击菜单栏中“文件”下拉菜单中的“打开”命令（图 3-1-1）或按 Ctrl+O 快捷键，打开“韩国”素材（图 3-1-2）。

图 3-1-1　打开命令　　图 3-1-2　“韩国”素材

（2）在“图层”面板中，选择“图层 0”（图 3-1-3）将其拖至“创建新图层”图标处进行复制，得到“图层 0 拷贝”（图 3-1-4）。

图 3-1-3　选择图层

图 3-1-4　完成图层复制

（3）再次点击“创建新图层”图标创建“图层 1”，将其拖至“图层 0”下方（图 3-1-5），点击工具栏中的图标，调节“前景色”为“#ffffff”，按快捷键 Alt+Delete 进行颜色填充（图 3-1-6）。

图 3-1-5　创建图层 1

图 3-1-6　填充颜色

（4）选择“图层 0 拷贝”，点击“图像”— “调整”— “去色”命令（图 3-1-7）或按快捷键 Shift+Ctrl+U，效果如图 3-1-8 所示。

图 3-1-7　去色命令

图 3-1-8　去色后的效果

（5）将“图层 0 拷贝”拖至“图层”面板下方的“创建新图层”图标处，得到“图层 0 拷贝 2”，将图层“混合模式”调为“颜色减淡”（图 3-1-9），效果如图 3-1-10 所示。

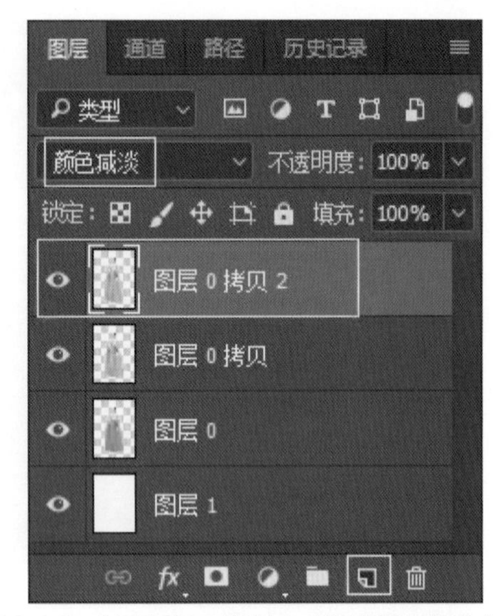

图 3-1-9 创建图层 0 拷贝 2 并调节图层混合模式

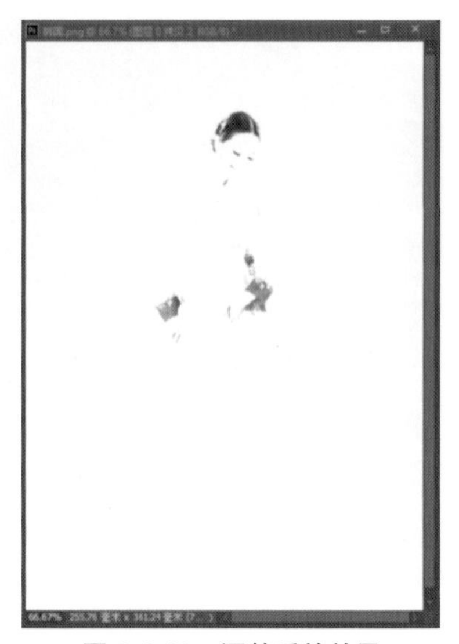

图 3-1-10 调整后的效果

（6）选择“图层 0 拷贝 2”，点击“图像”—“调整”—“反相”命令（图 3-1-11）或按快捷键 Ctrl+I，效果如图 3-1-12 所示。

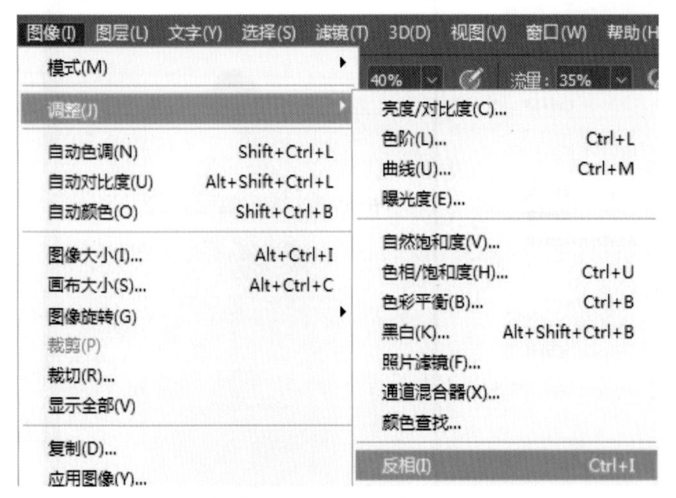

图 3-1-11 反相命令

图 3-1-12 线框效果

（7）点击“滤镜”—“其它”—“最小值”命令（图 3-1-13），在弹出的“最小值”对话框中，将“半径”调为“1 像素”，“保留”调为“方形”（图 3-1-14），效果如图 3-1-15 所示，双击“图层 0 拷贝 2”弹出“图层样式”对话框（图 3-1-16）。

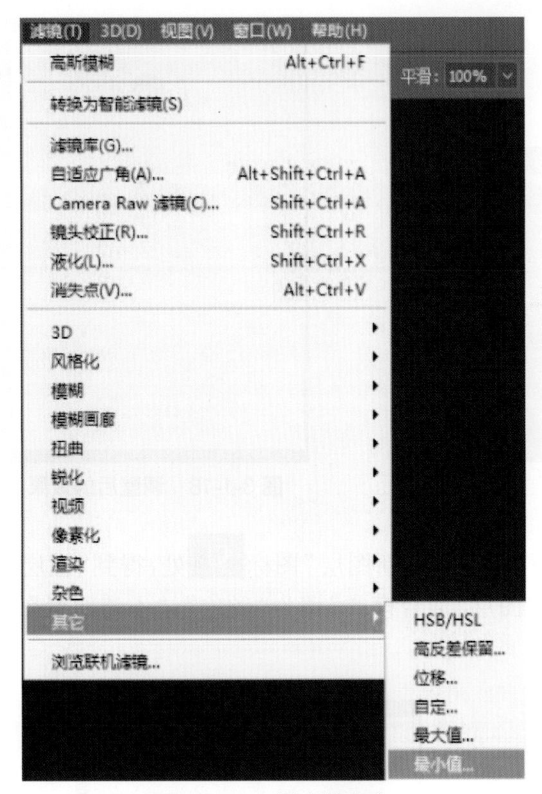

图 3-1-13　最小值命令

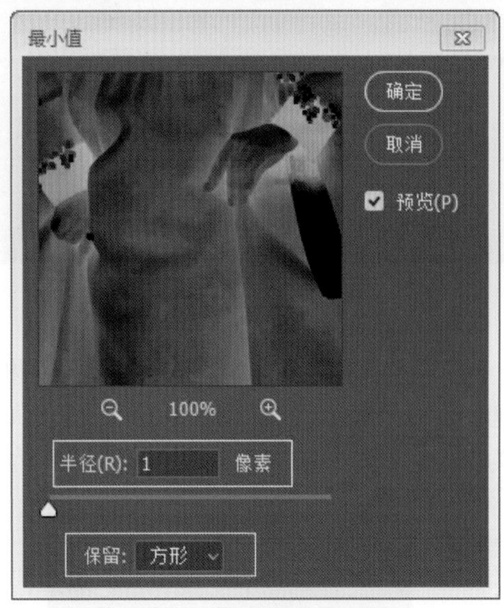

图 3-1-14　调节最小值

图 3-1-15　调整后的效果

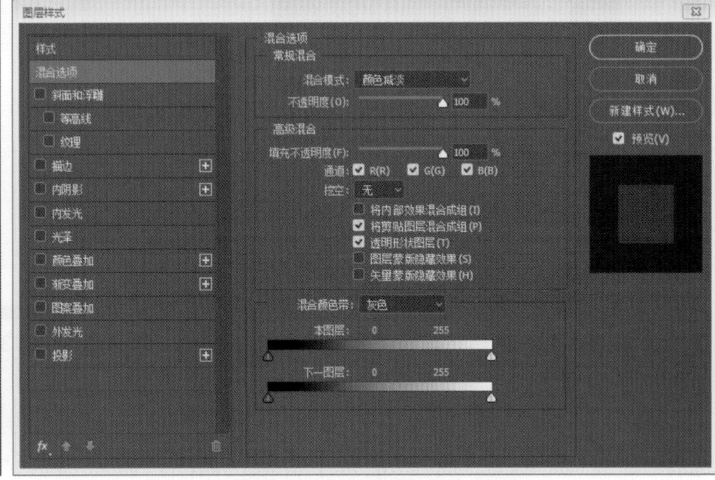

图 3-1-16　图层样式对话框

（8）按住 Alt 键，用鼠标拖动“混合颜色带”中“下一图层”的指针（图 3-1-17），改变图像的明暗，效果如图 3-1-18 所示。

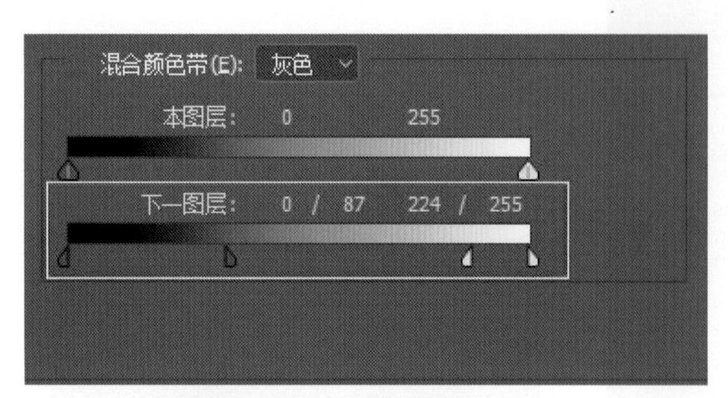

图 3-1-17　下一图层指针

图 3-1-18　调整后的效果

（9）将“图层 0 拷贝”拖至“图层”面板下方的“创建新图层”图标处，得到“图层 0 拷贝 3”，将其放置于“图层 0 拷贝 2”上面，将图层“混合模式”调为“颜色”，“不透明度”调为“66%”（图 3-1-19），效果如图 3-1-20 所示。

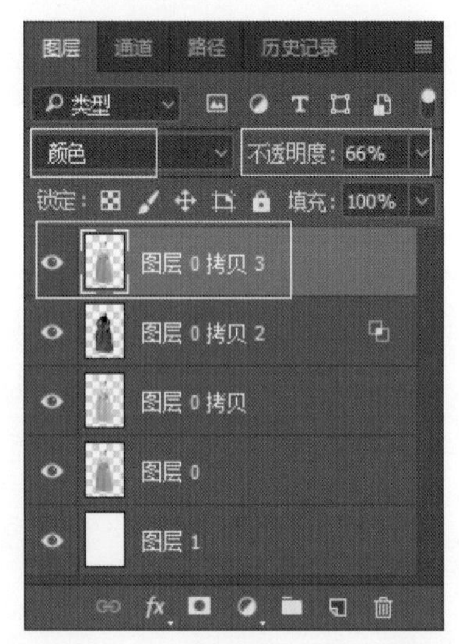

图 3-1-19　创建并调节图层 0 拷贝 3

图 3-1-20　调整后的效果

（10）点击“图层”面板下方的“创建新的填充或调整图层”图标，在其下拉菜单中选择“曲线”命令，在“曲线”面板中将颜色调暗，“输入”调为“138”，“输出”调为“111”（可使用“画笔工具”，选择“常规画笔”中的“柔边圆”，将颜色设置为“#000000”，在图层蒙版中进行绘制，突出人物）（图 3-1-21），效果如图 3-1-22 所示。

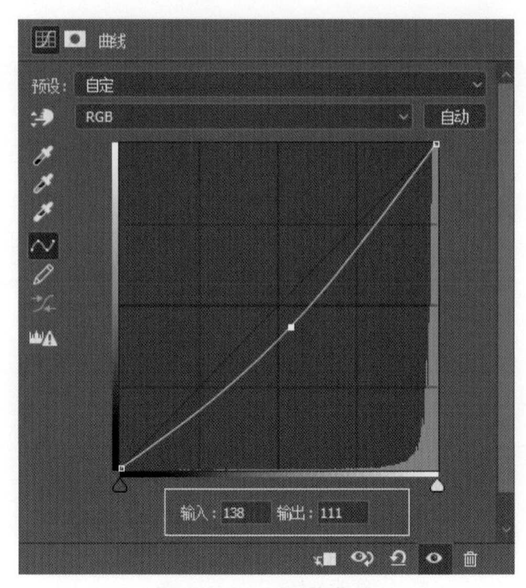

图 3-1-21　调节曲线

图 3-1-22　调整后的效果

（11）在“图层”面板中点击“创建新组”图标，得到“组 1”，将“宣纸 1”“宣纸 2”（导入软件后，将默认显示为“图层 2”“图层 3”）按顺序导入“组 1”，选择“图层 3”，将图层“混合模式”调为“正片叠底”，“不透明度”调为“50%”（图 3-1-23），效果如图 3-1-24 所示。

图 3-1-23　创建组 1 并调节图层 3

图 3-1-24　调整后的效果

（12）点击“图层”面板下方的“创建新的填充或调整图层”图标，在其下拉菜单中选择“色相 / 饱和度”命令，在“色相 / 饱和度”面板中将“色相”调为“+2”，“饱和度”调为“+41”，“明度”调为“−14”（图 3-1-25），效果如图 3-1-26 所示。

图 3-1-25 色相 / 饱和度面板

图 3-1-26 调整后的效果

（13）将“图层 0”拖至“图层”面板下方的“创建新图层”图标处，得到“图层 0 拷贝 4”，将其放置于“色相 / 饱和度 1”上面，将图层“混合模式”调为“柔光”，“不透明度”调为“87%”（图 3-1-27），效果如图 3-1-28 所示。

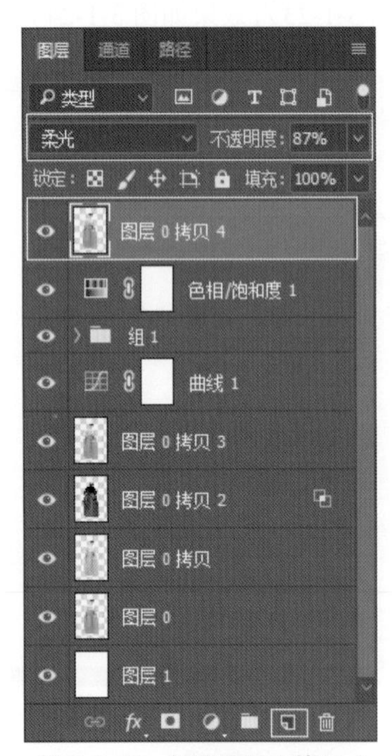

图 3-1-27 创建图层 0 拷贝 4

图 3-1-28 调整后的效果

（14）点击“图层”面板下方的“创建新的填充或调整图层”图标，在其下拉菜单中选择“色阶”命令，在“色阶”面板中将“输出色阶”调为“15、235”（图 3-1-29），减小图像的明暗对比，用鼠标右键单击“色阶 1”，在弹出的菜单中选择“创建剪贴蒙版”（图 3-1-30），将色阶效果只赋予人物。

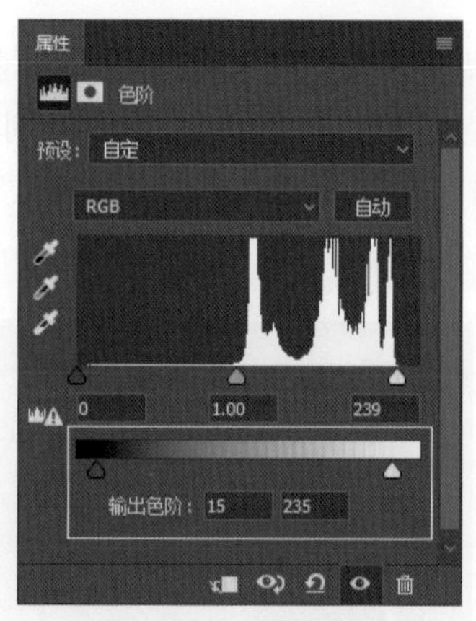

图 3-1-29　调节色阶

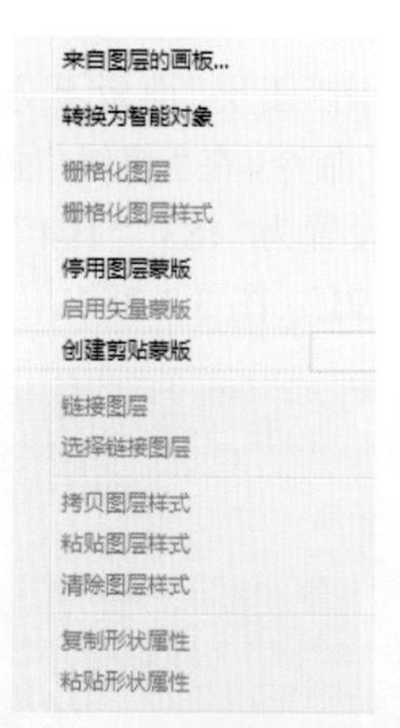

图 3-1-30　创建剪贴蒙版

（15）点击“图层”面板下方的“创建新的填充或调整图层”图标，在其下拉菜单中选择“可选颜色”命令，在“可选颜色”面板中选择“颜色”为“红色”，将“青色”调为“+13%”，“洋红”调为“−9%”，“黄色”调为“−16%”（图 3-1-31），再选择“颜色”为“黄色”，将“青色”调为“+9%”，“黄色”调为“−5%”（图 3-1-32），再选择“颜色”为“白色”，将“黄色”调为“+9%”（图 3-1-33），再选择“颜色”为“黑色”，将“青色”调为“+5%”，“黄色”调为“−10%”（图 3-1-34），用鼠标右键单击“选取颜色 1”，在弹出的菜单中选择“创建剪贴蒙版”，调节整体效果。

图 3-1-31　调节红色

图 3-1-32　调节黄色

图 3-1-33　调节白色

图 3-1-34　调节黑色

（16）点击“图层”面板下方的“创建新的填充或调整图层”图标，在其下拉菜单中选择“曲线”命令，在“曲线”面板中创建两个控制点，选取一个控制点并分别将其“输入”“输出”设置为“183”“194”（图 3-1-35），再选取另一个控制点并将其“输入”“输出”设置为“101”“91”（图 3-1-36）。

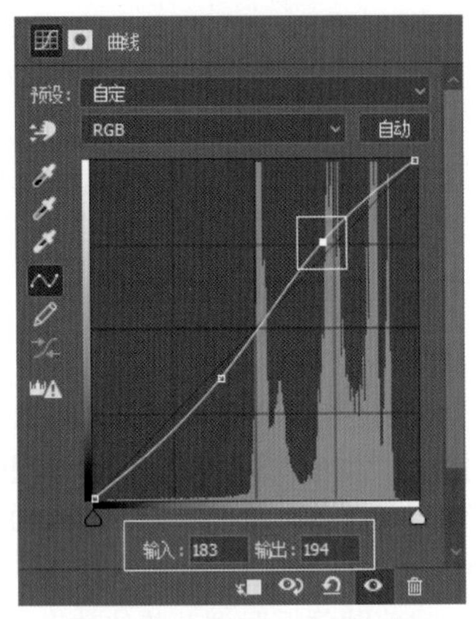

图 3-1-35 调节一个控制点

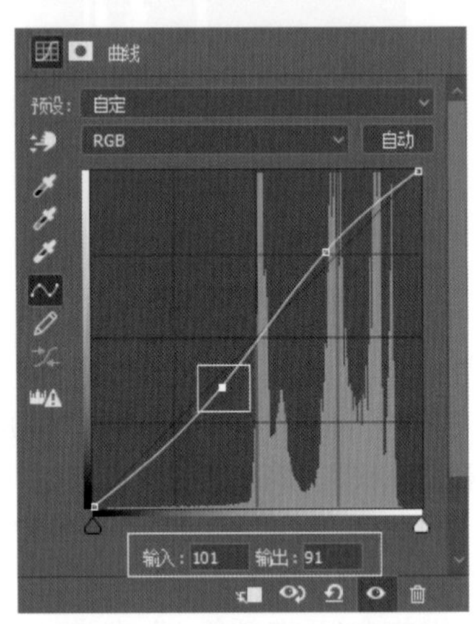

图 3-1-36 调节另一个控制点

（17）导入“桃花”素材（导入软件后，将默认显示为“图层 4”），将其放置于“图层 1”上面（图 3-1-37），移动、缩放“桃花”素材，直至与人物相适应，效果如图 3-1-38 所示。

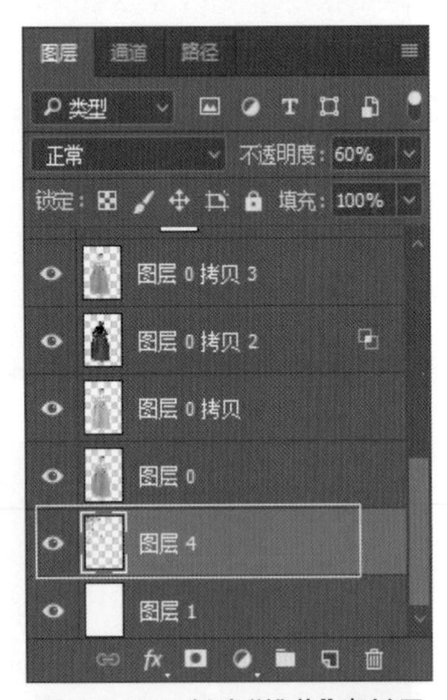

图 3-1-37 创建“桃花”素材层

图 3-1-38 调整后的效果

（18）选择“直排文字工具”，输入文字“云想衣裳花想容 春风拂槛露华浓”，设置文字“大小”为“52 点”（字体选择软件自带的字体即可），将图层“混合模式”调为“线性光”（图 3-1-39），打开“花朵”素材并将其调至右下角（图 3-1-40）。

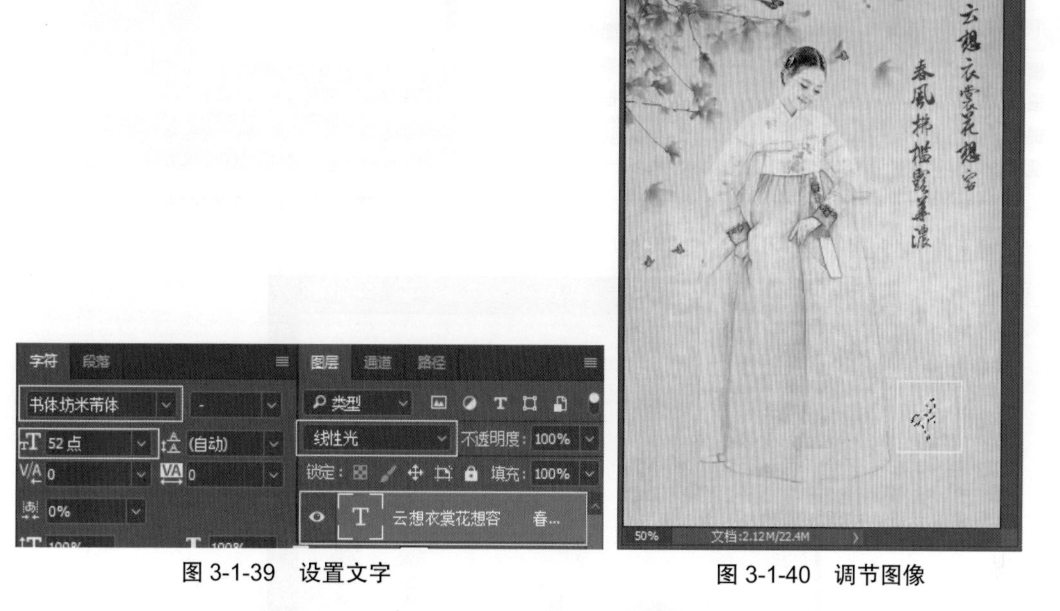

图 3-1-39　设置文字　　图 3-1-40　调节图像

（19）点击“图层”面板下方的“创建新图层”图标，创建“图层 5”，将其放置于“图层 1”上面，点击工具栏中的图标，调节“前景色”为“#000000”，使用工具栏中的“画笔工具”，在“画笔预设”中，选择“常规画笔”中的“柔边圆”，将“不透明度”调为“30%”，“流量”调为“30%”（图 3-1-41），在“图层 5”中绘制阴影，效果如图 3-1-42 所示。

图 3-1-41　画笔工具

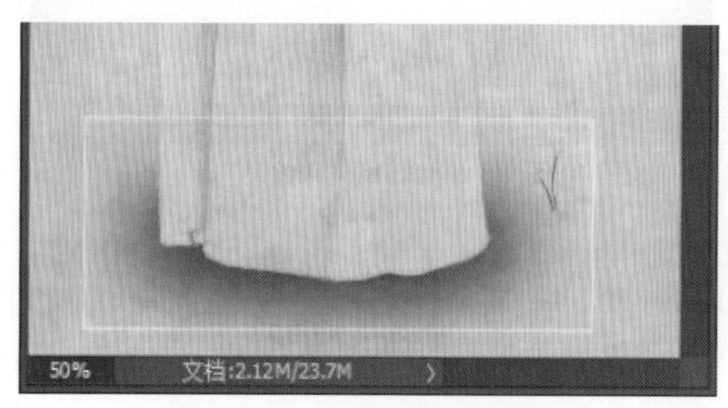

图 3-1-42　绘制阴影后的效果

（20）点击“滤镜”—“模糊”—“高斯模糊”命令（图 3-1-43），在弹出的“高斯模糊”对话框中，调节“半径”为“75 像素”（图 3-1-44），最终效果如图 3-1-45 所示。

图 3-1-43　高斯模糊命令

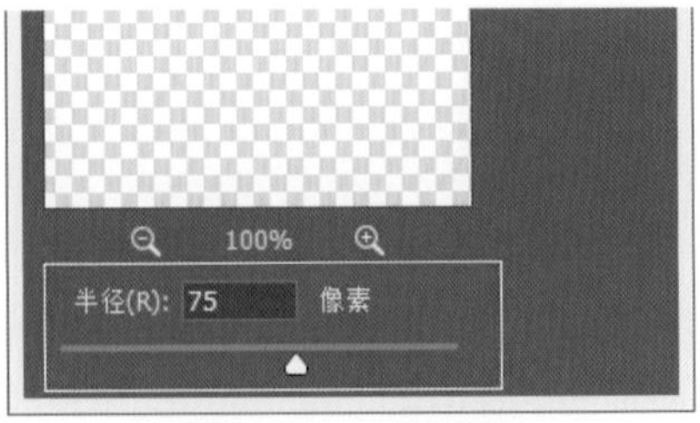

图 3-1-44　设置半径

图 3-1-45　最终效果

2. 生成水墨画效果图

（1）打开 Photoshop 软件，点击菜单栏中“文件”下拉菜单中的“打开”命令（图 3-2-1）或按 Ctrl+O 快捷键，打开“水乡”素材（图 3-2-2）。

图 3-2-1　打开命令

图 3-2-2　“水乡”素材

(2)在“图层”面板中，将“背景”图层拖至“创建新图层”图标处进行复制(图 3-2-3)，得到“背景拷贝”图层(图 3-2-4)。

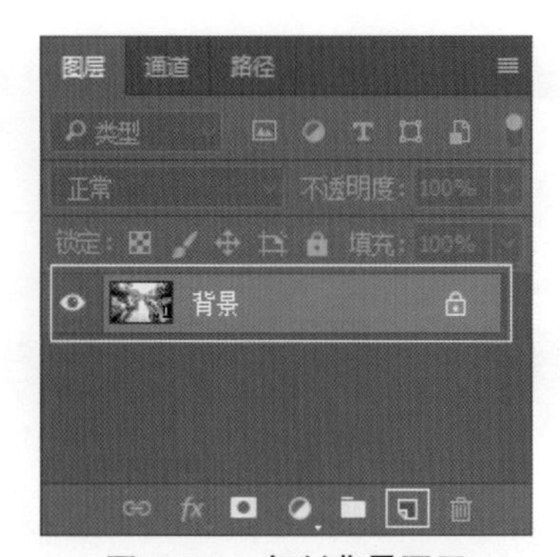

图 3-2-3　复制背景图层

图 3-2-4　完成图层复制

(3)点击“图像”—“调整”—“去色”命令(图 3-2-5)，将“背景拷贝”图层变为黑白效果(图 3-2-6)。

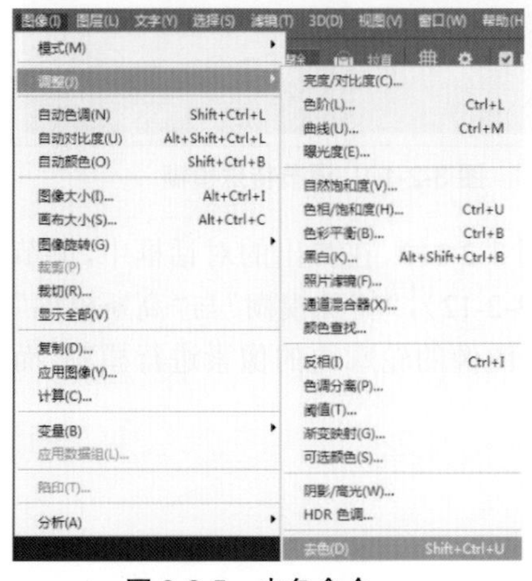

图 3-2-5　去色命令

图 3-2-6　黑白效果

（4）点击“图像”—“调整”—“亮度 / 对比度”命令（图 3-2-7），在弹出的对话框中，将“背景拷贝”图层的“亮度”调为“90”，“对比度”调为“100”（图 3-2-8）。

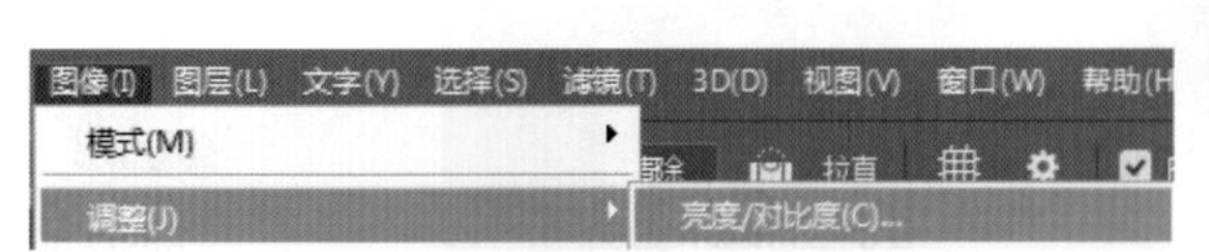

图 3-2-7 亮度 / 对比度命令

图 3-2-8 调节亮度 / 对比度

（5）点击“滤镜”—“模糊”—“特殊模糊”命令（图 3-2-9），在弹出的对话框中，将“半径”调为“20.0”，“阈值”调为“40.0”，“品质”调为“中”（图 3-2-10），为“背景拷贝”图层添加模糊效果。

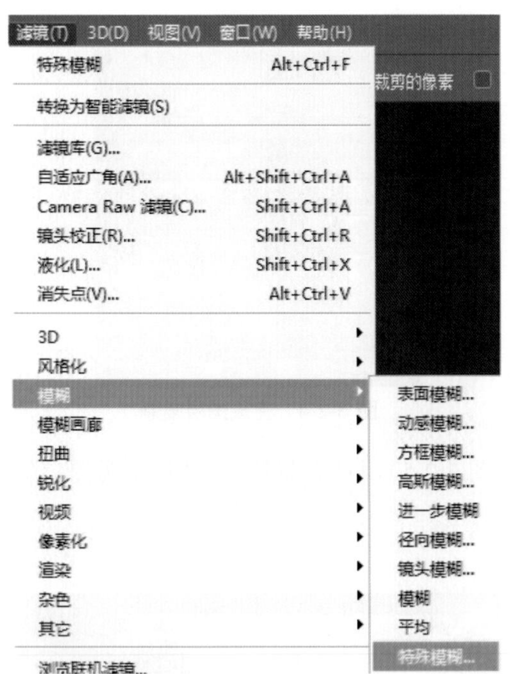

图 3-2-9 特殊模糊命令

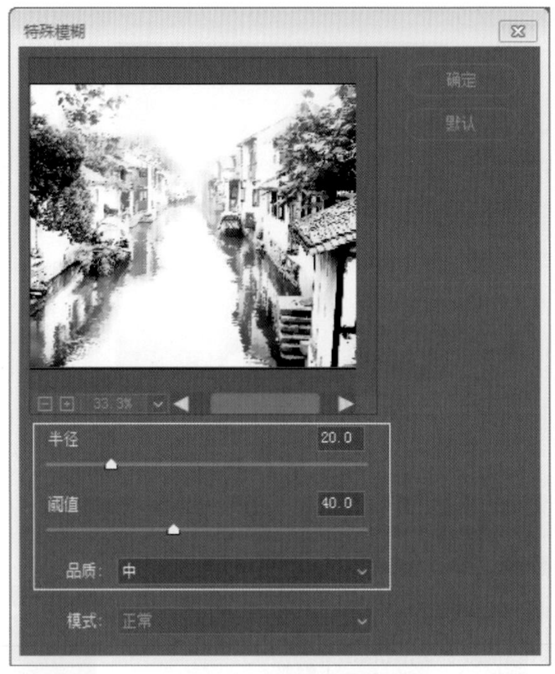

图 3-2-10 调节特殊模糊

（6）点击“滤镜”—“模糊”—“高斯模糊”命令（图 3-2-11），在弹出的对话框中，调节“半径”为“1”，为“背景拷贝”图层添加相应的效果（图 3-2-12），“特殊模糊”与“高斯模糊”都为“模糊”命令，但是两者本质不同，“特殊模糊”是对图像的轮廓内的像素进行模糊，而“高斯模糊”则是对图像内的全部像素进行模糊。

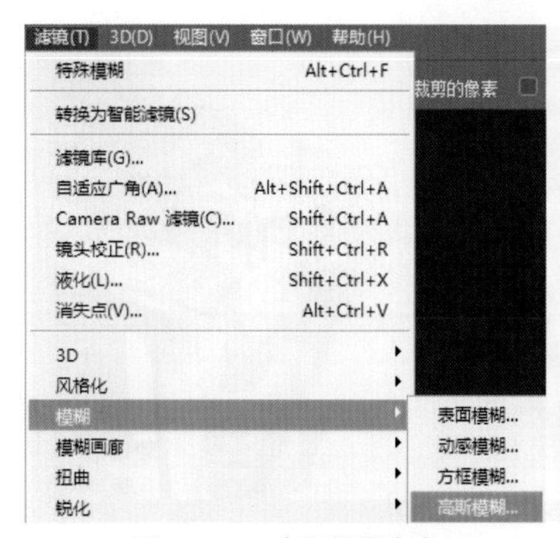

图 3-2-11　高斯模糊命令

图 3-2-12　添加相应效果

（7）若需要加强效果，可再次点击“滤镜”—“模糊”—“特殊模糊”命令，将“半径”调为“5.0”，“阈值”调为“10”，“品质”调为“中”（图 3-2-13），并点击“滤镜”—“杂色”—“中间值”命令（图 3-2-14），在弹出的对话框中调节“半径”为“2 像素”（图 3-2-15），效果如图 3-2-16 所示。

图 3-2-13　调节特殊模糊

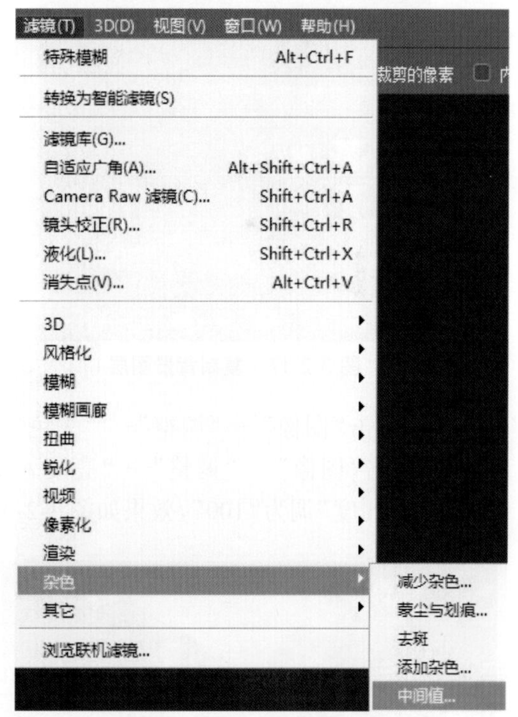

图 3-2-14　中间值命令

图 3-2-15　调节半径

图 3-2-16　调整后的效果

（8）在“图层”面板中，将“背景”图层拖至“创建新图层”图标处进行复制（图 3-2-17），得到“背景拷贝 2”图层（图 3-2-18），并将其放置于“背景拷贝”图层上面。

图 3-2-17　复制背景图层

图 3-2-18　完成图层复制

（9）点击“图像”—“调整”—“去色”命令，将“背景拷贝”图层变为黑白效果（图 3-2-19），再点击“图像”—“调整”—“亮度 / 对比度”命令，将“背景拷贝”图层的“亮度”调为“90”，“对比度”调为“100”，效果如图 3-2-20 所示。

图 3-2-19　黑白效果

图 3-2-20　调整后的效果

（10）点击“滤镜”—“风格化”—“查找边缘”命令（图 3-2-21），效果如图 3-2-22 所示。

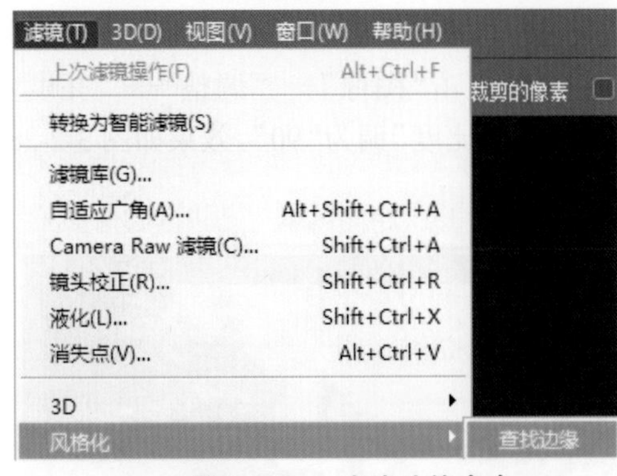

图 3-2-21　查找边缘命令

图 3-2-22　线框效果

（11）点击“图像”—“调整”—“曲线”命令，在弹出的“曲线”对话框中，将“输出”调为“164”，“输入”调为“36”（图 3-2-23），效果如图 3-2-24 所示。

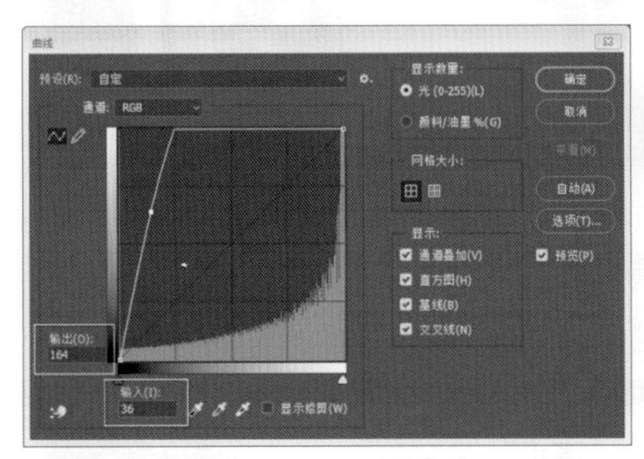

图 3-2-23　调节曲线

图 3-2-24　调整后的效果

（12）点击“滤镜”—“模糊”—“高斯模糊”命令，将“半径”调为“2.0 像素”（图 3-2-25），选择图层“混合模式”为“正片叠底”，调节“不透明度”为“40%”，效果如图 3-2-26 所示。

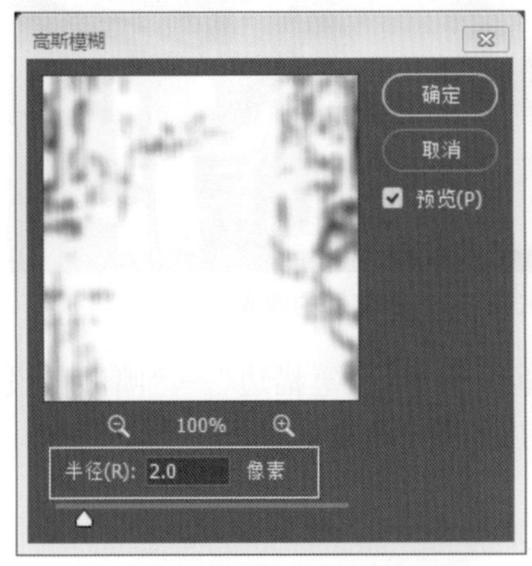

图 3-2-25　调节高斯模糊

图 3-2-26　边缘效果

（13）在“图层”面板中，将“背景”图层拖至“创建新图层”图标处进行复制，得到“背景拷贝 3”图层，将其放置于“背景拷贝 2”图层上面（图 3-2-27），点击“图像”—“调整”—“去色”命令，将“背景拷贝 3”图层变为黑白效果，点击“图像”—“调整”—“亮度/对比度”命令，将“背景拷贝 3”图层的“亮度”调为“60”，“对比度”调为“90”，效果如图 3-2-28 所示。

图 3-2-27　完成图层复制

图 3-2-28　调整后的效果

（14）点击“滤镜”—“模糊”—“高斯模糊”命令，在弹出的对话框中，将“半径”调为“2.0 像素”（图 3-2-29），效果如图 3-2-30 所示。

图 3-2-29　调节高斯模糊

图 3-2-30　调整后的效果

（15）选择“滤镜”—“滤镜库”，在“滤镜库”对话框中选择“画笔描边”—“喷溅”，设置“喷色半径”为“5”，“平滑度”为“10”（图 3-2-31），效果如图 3-2-32 所示。

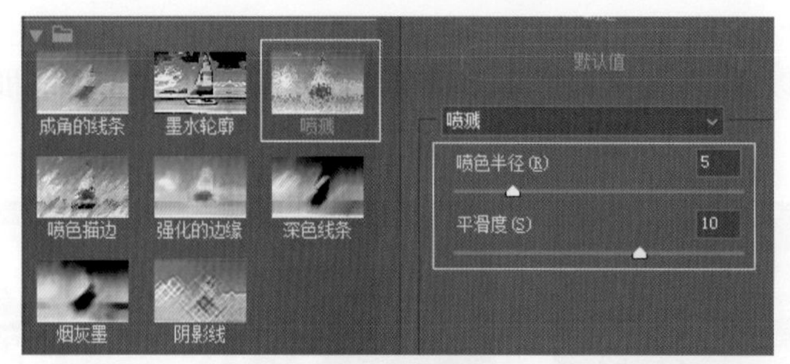

图 3-2-31　调节喷溅

图 3-2-32　晕染效果

（16）选择“滤镜”—“滤镜库”，在“滤镜库”对话框中选择“纹理”—“纹理化”，设置“缩放”为“60%”，“凸现”为“3”（图 3-2-33），效果如图 3-2-34 所示。

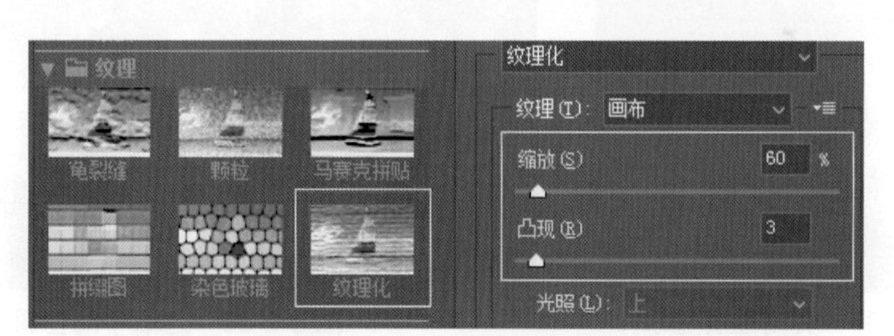

图 3-2-33　调节纹理化

图 3-2-34　画布效果

（17）将 图层“混合模式”调为“叠加”，“不透明度”调为“50%”（图 3-2-35），效果如图 3-2-36 所示，也可以将“背景拷贝”“背景拷贝 2”“背景拷贝 3”图层随机叠放，得到不同的水墨效果。

图 3-2-35 调节图层混合模式

图 3-2-36 水墨效果

（18）将“背景拷贝”“背景拷贝 2”“背景拷贝 3”图层的显示关闭（图 3-2-37），使用工具栏中的“魔棒工具”选取“背景”图层中的中间色调（图 3-2-38）。

图 3-2-37 关闭图层显示

图 3-2-38 选取中间色调

（19）点击“图层”— “新建”— “通过拷贝的图层”命令（图 3-2-39），复制出“图层 1”或按快捷键 Ctrl+J，将“图层 1”放置于“背景拷贝 3”图层上面（图 3-2-40）。

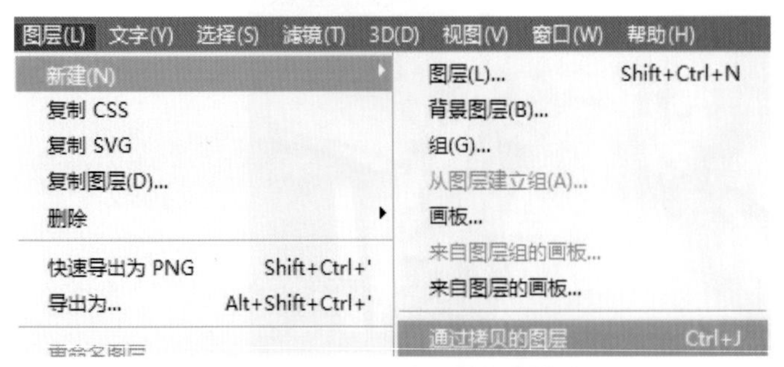

图 3-2-39 通过拷贝的图层命令

图 3-2-40 完成图层复制

（20）将“背景拷贝”“背景拷贝 2”“背景拷贝 3”图层的显示打开，将“图层 1”的图层“混合模式”调为“颜色”，“不透明度”调为“30%”（图 3-2-41），得到带有颜色的水墨效果（图 3-2-42）。

图 3-2-41　调节图层 1 的图层混合模式

图 3-2-42　带有颜色的水墨效果

（21）选择“直排文字工具”，输入文字“正是江南好风景 落花时节又逢春”，将其放置于图像中间，设置文字“大小”为“60 点”，“行距”为“72 点”（字体选择软件自带的字体即可）（图 3-2-43），选择文字图层，单击鼠标右键，在弹出的菜单中选择“栅格化文字”命令（图 3-2-44）。

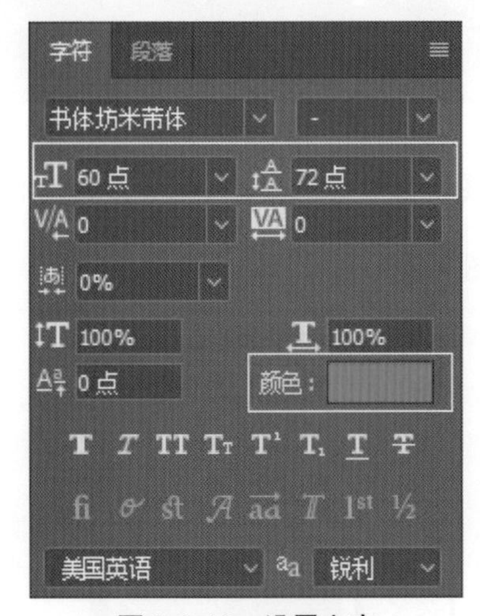

图 3-2-43　设置文字

图 3-2-44　栅格化文字命令

（22）选择“滤镜”—“滤镜库”，在“滤镜库”对话框中选择“艺术效果”—“海绵”（图 3-2-45），设置“画笔大小”为“10”，“清晰度”为“25”，“平滑度”为“15”（图 3-2-46），得到晕染效果。

图 3-2-45　海绵效果

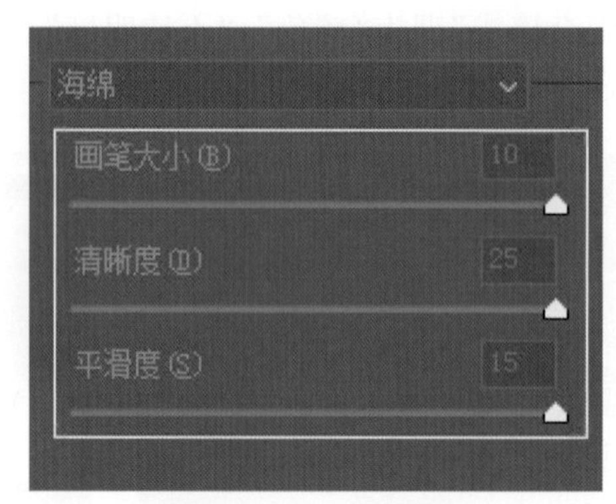

图 3-2-46　调节海绵

（23）点击“图层”面板下方的“添加图层样式”图标 fx ，在其下拉菜单中选择“内发光”，调节“不透明度”为“35%”（图 3-2-47），再选择“投影”，调节“距离”为“13 像素”，“扩展”为“10%”，“大小”为“9 像素”（图 3-2-48）。

图 3-2-47　调节内发光

图 3-2-48　调节投影

（24）将“印章”素材（导入软件后，将默认显示为“图层 2”）导入文档（图 3-2-49），使用工具栏中的“魔棒工具”删除“印章”素材的背景（图 3-2-50）。

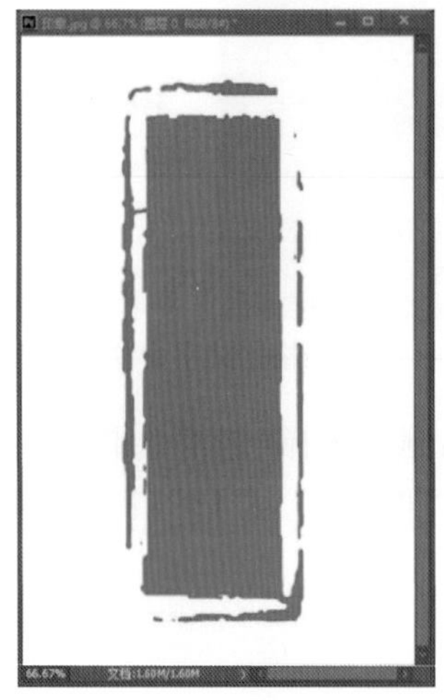

图 3-2-49　“印章”素材

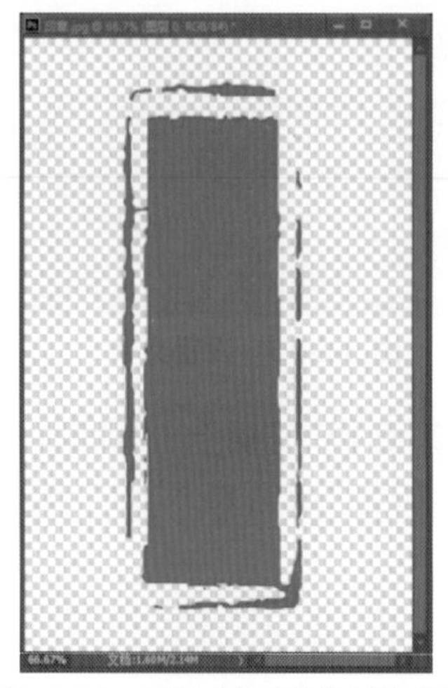

图 3-2-50　删除“印章”素材的背景

（25）将“印章”素材图层（图层 2）放置于文字图层上面（图 3-2-51），调节“印章”素材的大小比例（图 3-2-52）。

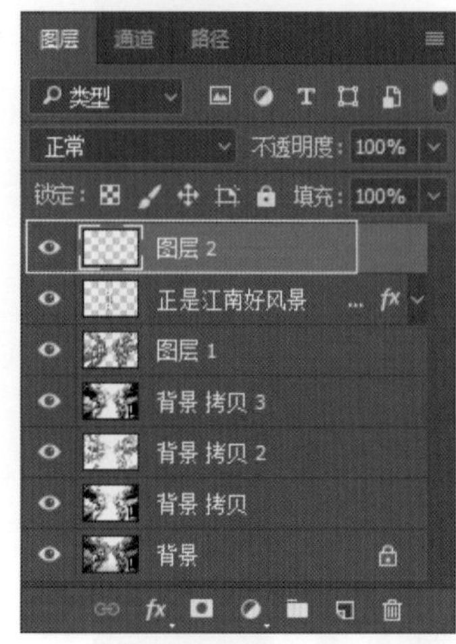

图 3-2-51　“印章”素材图层

图 3-2-52　调节“印章”素材的大小比例

（26）选择文字图层，单击鼠标右键，在弹出的菜单中选择“拷贝图层样式”命令（图 3-2-53），再选择“印章”素材图层，单击鼠标右键，在弹出的菜单中选择“粘贴图层样式”命令（图 3-2-54）。

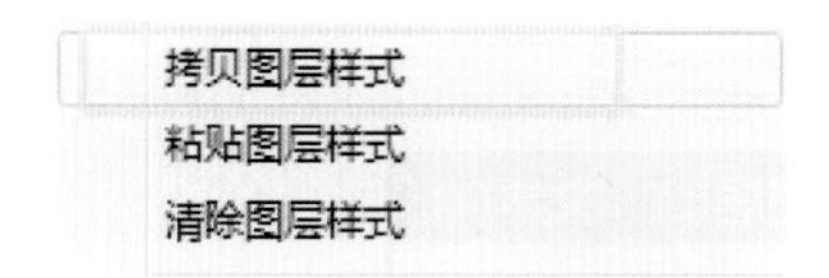

图 3-2-53　拷贝图层样式命令

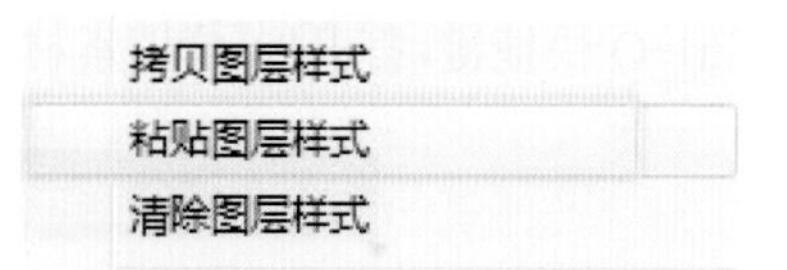

图 3-2-54　粘贴图层样式命令

（27）选择“直排文字工具”![IT]，输入文字“江南水乡”，将其放置于“印章”素材图层上面，设置文字“大小”为“20 点”，“行距”为“72 点”（字体选择软件自带的字体即可），“颜色”为“#ffffff”（图 3-2-55），将“印章”素材图层的“不透明度”调为“66%”（图 3-2-56），最终效果如图 3-2-57 所示。

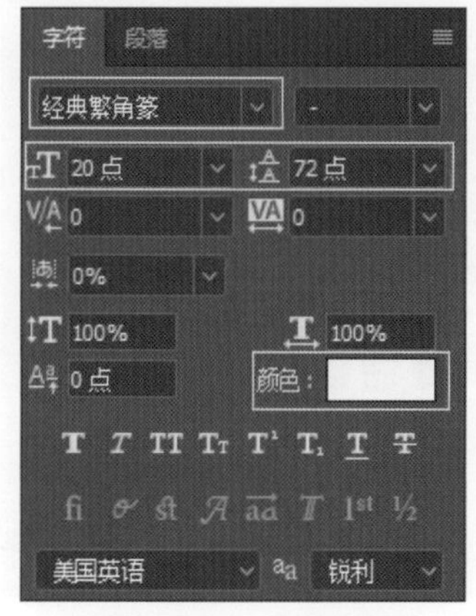

图 3-2-55　设置文字

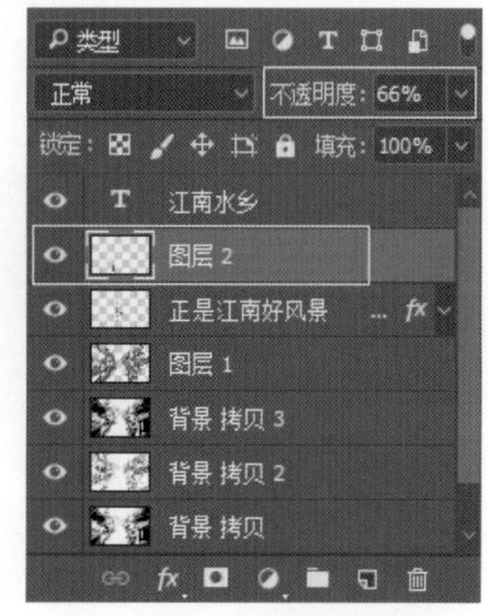

图 3-2-56　调节不透明度

图 3-2-57 最终效果

3. 生成漫画效果图

（1）打开 Photoshop 软件，点击菜单栏中“文件”下拉菜单中的“打开”命令（图 3-3-1）或按 Ctrl+O 快捷键，打开“山间”素材（图 3-3-2）。

文件(F) 编辑(E) 图像(I) 图层(L) 文字(Y)
新建(N)... Ctrl+N
打开(O)... Ctrl+O

图 3-3-1 打开命令

图 3-3-2 “山间”素材

（2）将“背景”图层拖至“创建新图层”图标处进行复制（图 3-3-3），得到“背景拷贝”图层（图 3-3-4）。

图 3-3-3　复制背景图层

图 3-3-4　完成图层复制

（3）选择“滤镜”—“滤镜库”（图 3-3-5），在“滤镜库”对话框中选择“艺术效果”—“壁画”（图 3-3-6）。

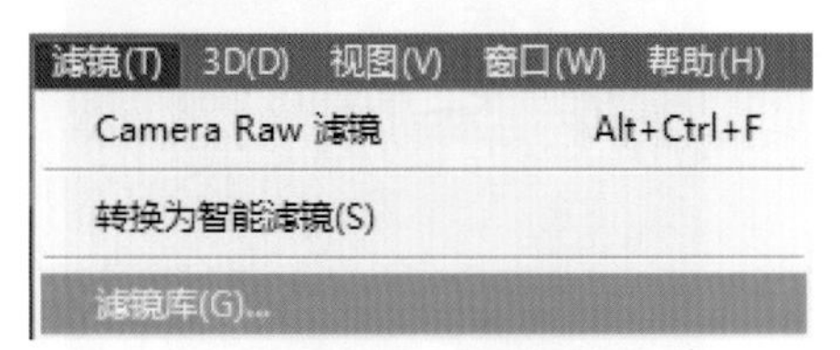

图 3-3-5　滤镜库

图 3-3-6　壁画效果

（4）选择“绘画涂抹”，设置“画笔大小”为“3”，“锐化程度”为“1”（图 3-3-7），效果如图 3-3-8 所示。

图 3-3-7　调绘画涂抹

图 3-3-8　调整后的效果

（5）使用工具栏中的“多边形套索工具”，选中火车、桥梁、山峰（图 3-3-9），在菜单栏中点击“选择”—“修改”—“羽化”命令（图 3-3-10）或按快捷键 Shift+F6。

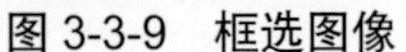

图 3-3-9 框选图像

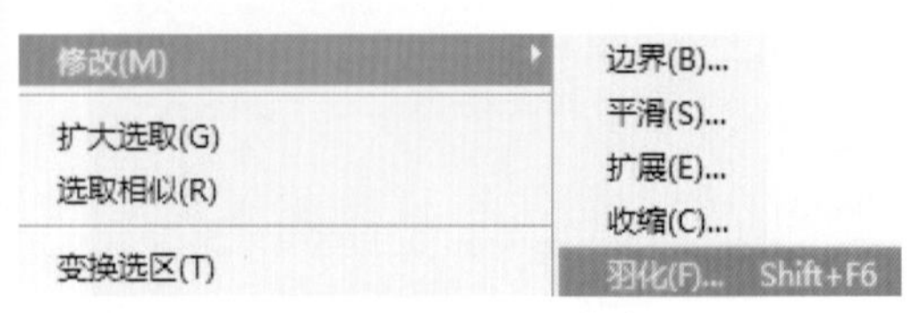

图 3-3-10 羽化命令

（6）将“羽化半径”设置为“5 像素”（图 3-3-11），点击“图层”面板下方的“添加图层蒙版”图标（图 3-3-12）。

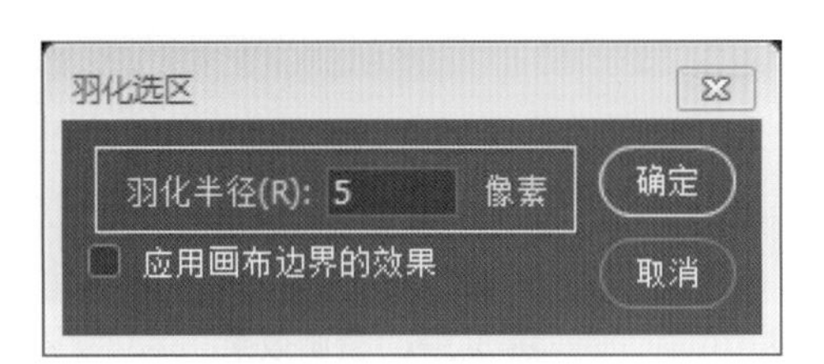

图 3-3-11 调节羽化半径

图 3-3-12 添加图层蒙版

（7）将“背景”图层拖至“创建新图层”图标处进行复制，得到“背景拷贝 2”图层（图 3-3-13），选择“壁画”中的“绘画涂抹”，设置“画笔大小”为“4”，“锐化程度”为“2”（图 3-3-14）。

图 3-3-13 完成图层复制

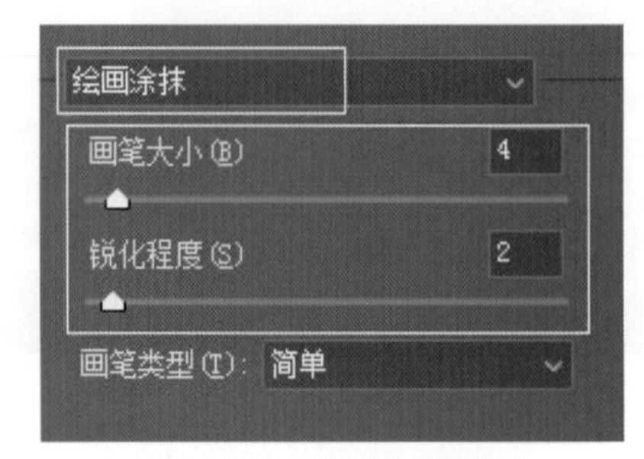

图 3-3-14 调节绘画涂抹

（8）选择“背景拷贝 2”图层与“背景”图层（图 3-3-15），按快捷键 Shift+Ctrl+Alt+E 盖印图层，生成“图层 1”（图 3-3-16）。

图 3-3-15　选择两个图层

图 3-3-16　生成图层 1

（9）选择“滤镜”— “Camera Raw 滤镜”（图 3-3-17），在弹出的“Camera Raw”对话框中，将“基本”中的“曝光”调为“+1.00”，“对比度”调为“+18”，“阴影”调为“+69”，“黑色”调为“+45”，“清晰度”调为“+34”，“自然饱和度”调为“+59”（图 3-3-18）。

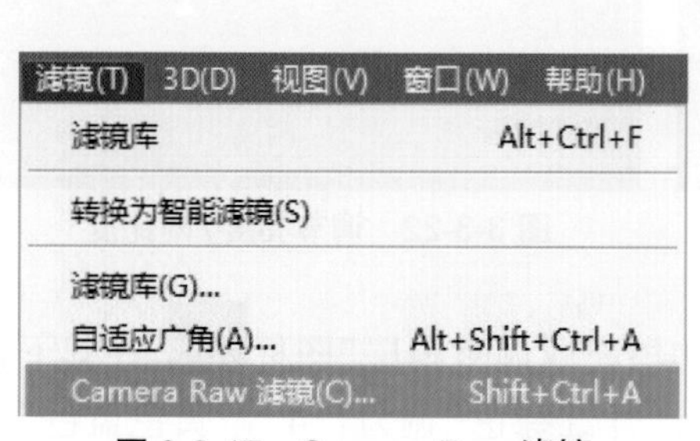

图 3-3-17　Camera Raw 滤镜

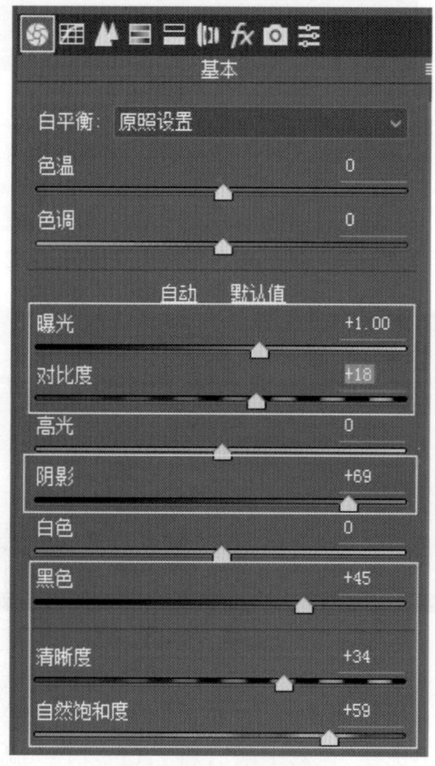

图 3-3-18　调节基本

（10）选择“细节”，将“数量”调为“25”，“蒙版”调为“100”（图 3-3-19），选择“HSL/

灰度”，将“黄色”调为“+25”，“绿色”调为“+25”，“浅绿色”调为“+50”，“紫色”调为“-45”（图 3-3-20）。

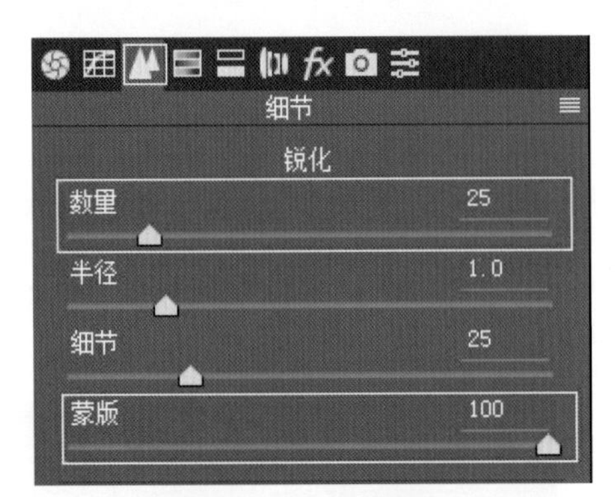

图 3-3-19 调节细节

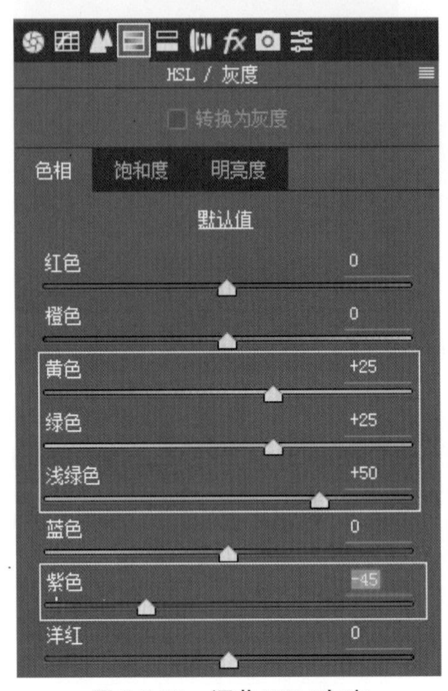

图 3-3-20 调节 HSL/ 灰度

（11）将“天空”素材导入文档（图 3-3-21），“天空”素材有些暗，点击“图层”面板下方的“创建新的填充或调整图层”图标，在其下拉菜单中选择“亮度 / 对比度”，调节“亮度”为“82”，“对比度”为“18”（图 3-3-22）。

图 3-3-21 “天空”素材

图 3-3-22 调节亮度 / 对比度

（12）再次点击“图层”面板下方的“创建新的填充或调整图层”图标，在其下拉菜单中选择“色彩平衡”，将“青色红色”调为“-26”，“洋红绿色”调为“-4”，“黄色蓝色”调为“+20”（图 3-3-23），选择所有图层，按快捷键 Shift+Ctrl+Alt+E 盖印图层，生成“图层 2”，效果如图 3-3-24 所示。

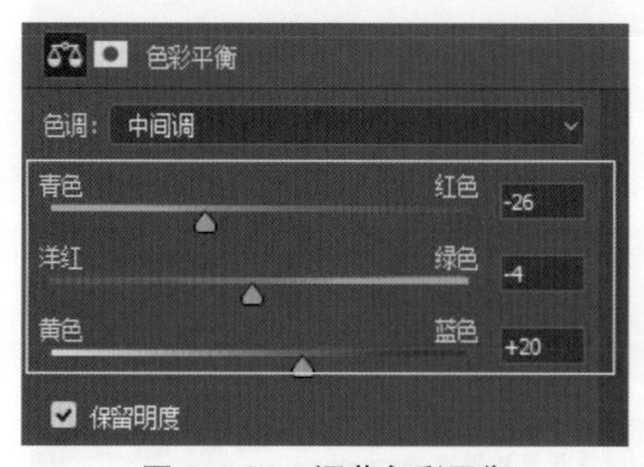

图 3-3-23　调节色彩平衡

图 3-3-24　调整后的效果

（13）使用工具栏中的“魔棒工具”选择“图层 1”中的天空图像（图 3-3-25），再将“图层 2”拖至“图层 1”上面，调节“图层 2”的大小比例，使其与“图层 1”相适应（图 3-3-26）。

图 3-3-25　选择天空图像

图 3-3-26　拖入天空

（14）点击“选择”—“反选”命令（图 3-3-27）或按快捷键 Shift+Ctrl+I，点击“选择”—“修改”—“羽化”命令或按快捷键 Shift+F6，将“羽化半径”设置为“5 像素”（图 3-3-28）。

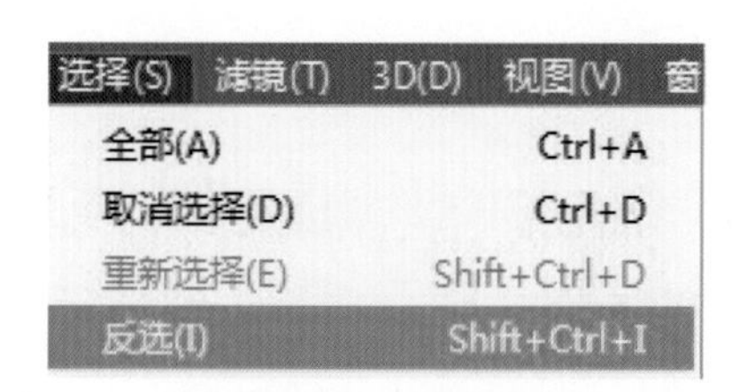

图 3-3-27　反选命令

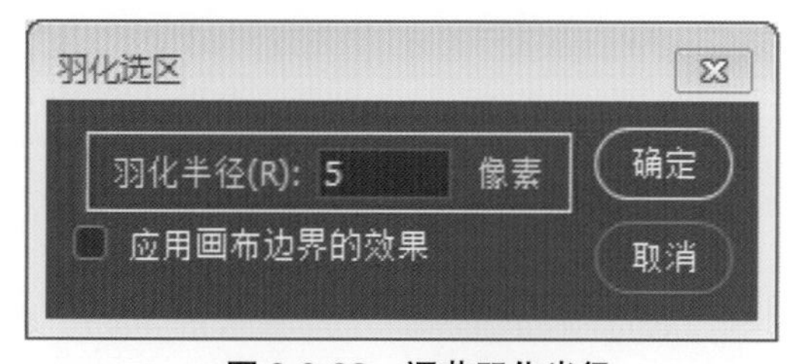

图 3-3-28　调节羽化半径

（15）点击“图层”面板下方的“创建新的填充或调整图层”图标，在其下拉菜单中选择“曲线”，将“输入”调为“101”，“输出”调为“125”（图 3-3-29），最终效果如图 3-3-30 所示。

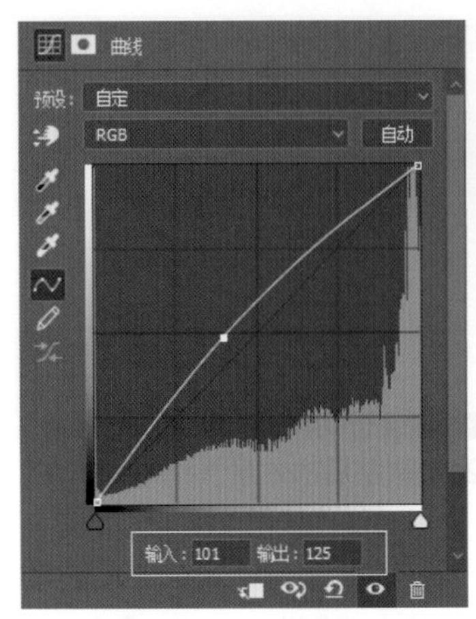

图 3-3-29 曲线面板

图 3-3-30 最终效果

结合本项目所学知识，完成资料包实训文档中的项目练习。然后用手机或摄影设备拍照，再参考各种手绘技法的效果，将拍摄的图像转换为手绘效果图，将生成的手绘效果图与原图进行对比，使两者在色彩、明暗、饱和度等要素上尽量一致，力求完美。

项目四　图形创意设计

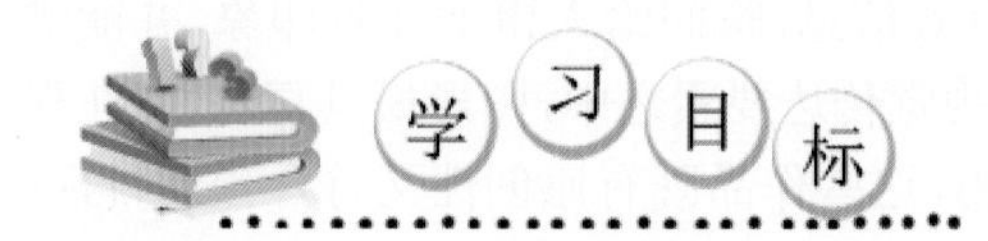

简单来说，创意设计由创意与设计两部分构成，是将创造性的思想、理念以设计的方式予以延伸、呈现与诠释的过程或结果。顾名思义，图形创意设计，即用视觉艺术的语言对图像或图案进行创意与设计。作为一种视觉语言，图形具有艺术价值和人文特征，能对人类心灵产生影响力和冲击力。

在本项目中，通过图形创意设计，学习创意与设计相关知识；增进对于图形符号的认识与了解；通过合理运用 Photoshop 的操作命令，制作出既有商业价值又有艺术价值的图形创意设计作品。在任务实施过程中，要实现如下学习目标：

- 了解图形的起源与发展；
- 了解图形创意设计的意义；
- 掌握 Photoshop 的图形创意设计制作。

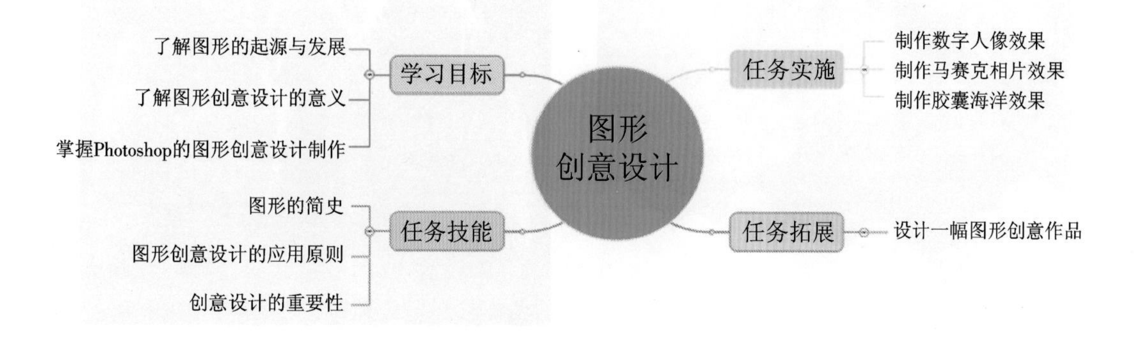

【情境导入】

图形创意设计要以人为本，在社会生活中，图形创意设计随处可见，与人们的生活息息相关。图形是人类传承文化，影响他人的最有效手段之一，而图形创意设计追求一种“形有尽而意无穷”的境界，旨在创造出能够快速传递有效信息，瞬间给人留下深刻印象，并能触发丰富联想的一种效果。在文字、图形、色彩三大视觉传达要素之中，图形最具直观性，在视觉传达中起主导作用；创意是一种创造作品的能力，这些作品既有原创性又符合预期目标；设计就是专业设计人员从事的创造性活动，并且都有“最终成果”，如产品设计、服装设计、发型设计等。今天，图形创意设计已成为吸引注意力与辅助认知的最佳手段之一，因为图形具有符号性、形象性、共通性的特征，能够不受语言、文字、文化等限制，能够超越地域和种族的界限，所以图形创意设计作品能够成为现代社会中人们交流思想、传播信息的重要载体。

学生从设计规划到搜集素材再到作品打磨，在这一过程中培养学生的观察能力和审美能力；培养学生在实践中运用文化建设元素、作品创新性元素的能力。

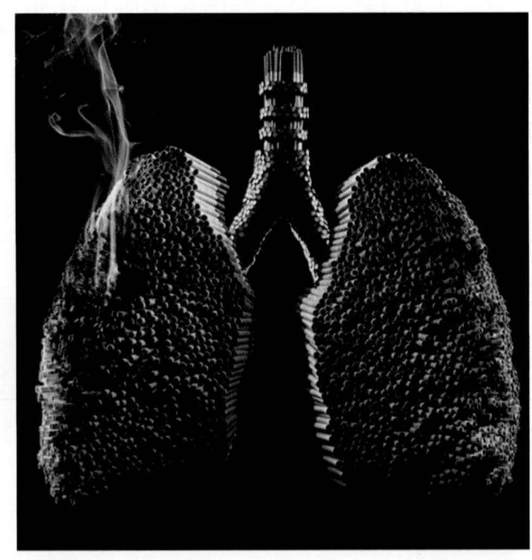

图形创意设计欣赏

技能点 1　图形的简史

当人类还处在原始社会时，就通过绘制图形的方式，记录生活、表达情感，可以说图形是人类的视觉感知对象，与人类社会的发展息息相关。在西班牙阿尔塔米拉洞窟中，人们发现了距今约有 15000 年的旧石器时代的壁画《受伤的野牛》，这也证明了图形与人类的发展是紧密相连的。在当时，图形并非用于欣赏，而是一种沟通交流的载体，是最原始意义上的图形。随着人类社会的发展，图形也逐渐丰富起来，早期人类使用的象形文字，就是一种非常简练的、具有标志化特征的图形符号，担负着人类记录、传递、交流信息的重任。造纸技术与印刷技术的出现与发展，对图形发展起着推波助澜的作用。纸张使图形的记录与传递变得更方便，使其得以完整保存，传播范围迅速扩大。印刷则使图形的传播效率快速提升。纸张与印刷的出现，在图形发展的历史长河中留下了厚重的一笔。在欧洲文艺复兴时期，人文主义精神得以解放，传统艺术形式得到发展，特别是 19 世纪的欧洲产业革命，又涌现出了多种艺术形式，摄影摄像的发明，电影电视的出现都对图形形式的丰富产生了巨大作用。现代计算机技术的飞速发展，各种图形设计软件的开发，传统艺术技艺的不断更新，都使得图形创意设计得到了前所未有的爆炸式发展。思想的碰撞产生出风格迥异的图形设计，成为图形创意设计无穷的活力和取之不竭的灵感源泉。网络的普及使图形在地球上不停传递，遍及世界每一个角落，使人类生活在各式各样的图形符号中。随着以数字传播为主的大众传播时代的到来，图形也成为一门真正的世界性语言。

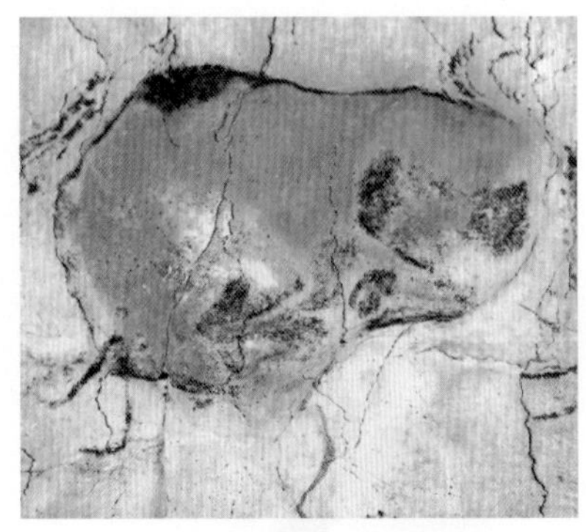

旧石器时代壁画欣赏

技能点 2 图形创意设计的应用原则

1. 抓住重点

图形创意设计要抓住产品的信息点，并使用艺术化的表现手法去呈现这些信息点，将图形创意设计与设计的主题连接起来，以此引起大众的共鸣，获得大众对图形创意设计的认同感。

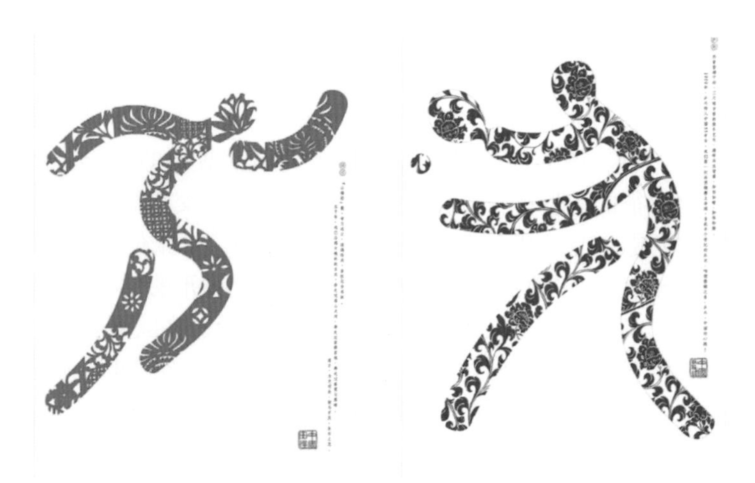

图形创意设计欣赏

2. 表达简洁

图形创意设计需要在有限的设计空间中，直观、形象地展现创意设计意图。通常受众没有太多时间和耐心去品味、解读每一个图形的创新点，所以简洁表达图形创意设计意图是一个重要原则。

图形创意设计欣赏

3. 激发兴趣

人们之所以会注意一个图形，一定是因为这个图形让人们觉得新鲜奇特、有意思。因此，图形创意设计者要进行有趣味性的创意设计，使得图形创意设计更有可观性，以便吸引受众的目光，激发大众对于产品信息的一种认同。

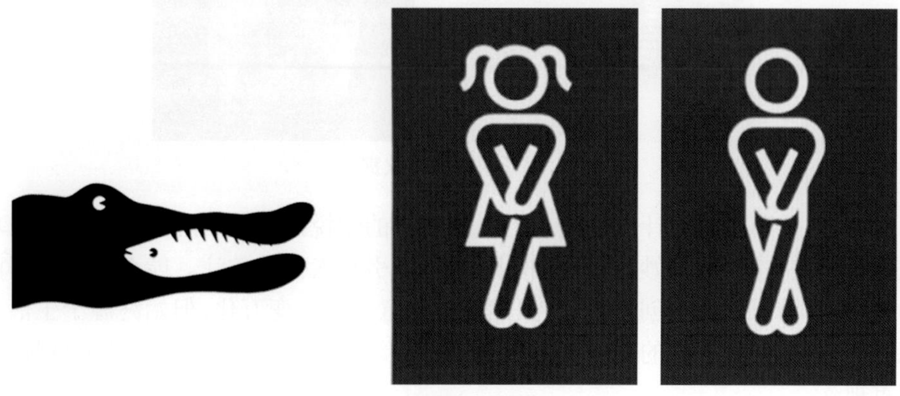

图形创意设计欣赏

4. 传递情感

图形创意设计也是一种信息的载体，只有表达一定的情感才会让人记忆深刻。设计者可以采用文字叙述中的拟人、比喻、暗示等手法，使图形创意设计具有情感并能清晰传递信息。只有这样，大众才会对接收到的信息产生兴趣。

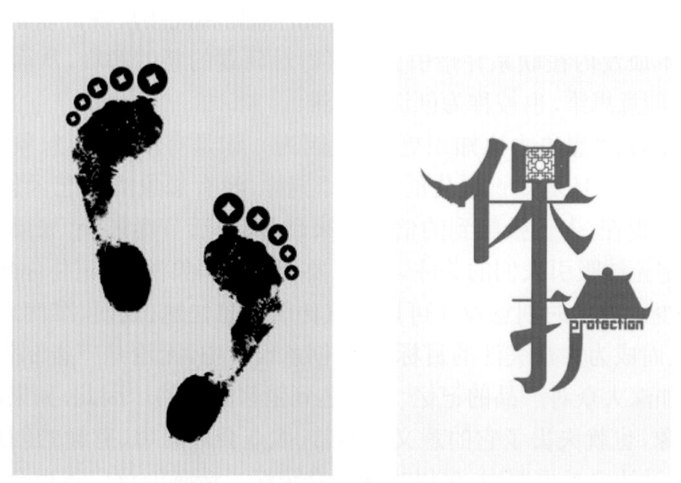

图形创意设计欣赏

5. 产生关联

所谓关联，就是让人们有所联想，使大众产生共鸣。大多时候，创意设计的思路都来自生活，但高于生活。生活中随处可见的东西经过艺术加工后成为一件作品，能够轻松引发大众共鸣，因为其更具亲和力。

 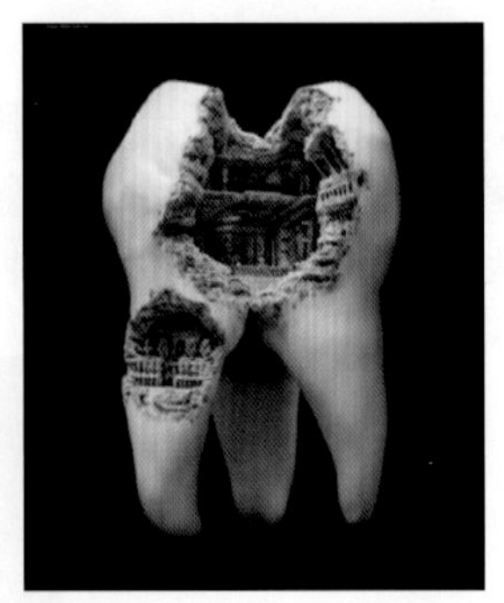

图形创意设计欣赏

总而言之，图形创意设计就是给人们以感观上的愉悦，使其印象深刻。因此，成功的图形创意设计都是在充分、巧妙、合理地利用图形，以引起人们的关注。能否在短时间内抓住人们的关注点，重点就在于创意设计，虽然图形创意设计千变万化，但始终源于生活。信息时代，我们一直被各种各样的视觉图形所包围，图形创意设计的应用必将越来越频繁，越来越受到重视。

技能点 3 创意设计的重要性

思维是人脑对客观事物本质属性和内在联系的概括和间接反映。以新颖独特的思维活动揭示客观事物本质及内在联系并指引人去获得对问题的新的解释，从而产生前所未有的思维成果，被称为创意思维，也被称为创造性思维。

有人曾这样说过："想象力比知识更重要，因为知识是有限的，而想象力概括着世界上的一切，推动着进步，并且是知识进化的源泉。"同样，没有想象力的艺术创作，也不可能有生命力和感染力。现在，人们接触到的信息越来越多，生活节奏加快，如果信息内容枯燥无味、毫无新意，必定无法吸引人们的关注。而想要使大众印象深刻，记住你想宣传的内容，优秀的创意必不可少。成功的创意设计可以使宣传的信息快速、及时、准确地进入大众眼帘，吸引他们注意，从而成为大众关注的目标。 在创意设计中，无论是广告制作还是网店美工，其主要目的就是加深大众对产品的记忆，从而达到销售的目的。因此，如果创意设计不能给人留下深刻的印象，也就失去了它的意义。通常，大众会对温馨、有趣的创意设计产生情感上的共鸣，这样的设计更具说服力，可以加深大众记忆。情感创意广告也会成为大众茶余饭后热议的对象，从而不断扩大传播效果，使其得到更多的关注与认可，最终实现销售的目的。

创作是以一定的世界观为指导，运用一定的创作方法，通过对现实生活的观察、体验，研究、分析、选择、加工、提炼生活素材，塑造艺术形象，创作艺术作品的创造性活动。总之，创意设计对任何一种创作都具有适用性。创意思维是创意设计的源泉，培养创意思维的根本目的就在于开启新的认知，学习用另一种角度看待事物，最终目的是能成为一名设计师，而非工匠，这两者间的区别即是否具有创意思维。

在不断发展的今天，创意产业迎来了新的发展机遇，社会对设计人才的强烈需求前所未有，这也是创意设计不断走进大众视线的原因，因此我们需要了解创意设计的重要性并在不断的前进中将创意设计的思维进行到底。

通过下面的操作过程，进行图形创意设计。

1. 制作数字人像效果

（1）打开 Photoshop 软件，点击菜单栏中“文件”下拉菜单中的“打开”命令（图 4-1-1）或按 Ctrl+O 快捷键，打开“肖像”素材（图 4-1-2）。

图 4-1-1　打开命令

图 4-1-2　“肖像”素材

（2）将“背景”图层拖至“创建新图层”图标处进行复制（图 4-1-3），出现“背景拷贝”图层（图 4-1-4）。

图 4-1-3　复制背景图层

图 4-1-4　完成图层复制

（3）点击“图层”面板下方的“创建新的填充或调整图层”图标，在其下拉菜单中点击“阈值”命令，得到“阈值 1”（图 4-1-5），将“阈值色阶”调为“110”（图 4-1-6）。

图 4-1-5 得到阈值 1

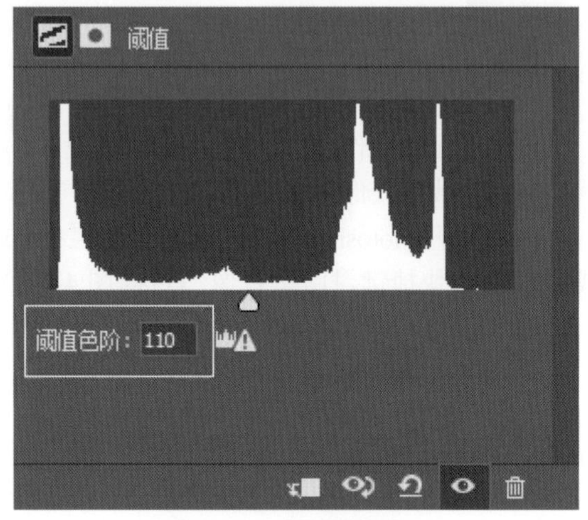

图 4-1-6 调节阈值色阶

（4）选择“背景拷贝”与“阈值 1”图层（图 4-1-7），按快捷键 Shift+Ctrl+Alt+E 盖印图层，得到“图层 1”（图 4-1-8）。

图 4-1-7 选择两个图层

图 4-1-8 得到图层 1

（5）点击“选择”— “色彩范围”命令（图 4-1-9），弹出“色彩范围”对话框（图 4-1-10）。

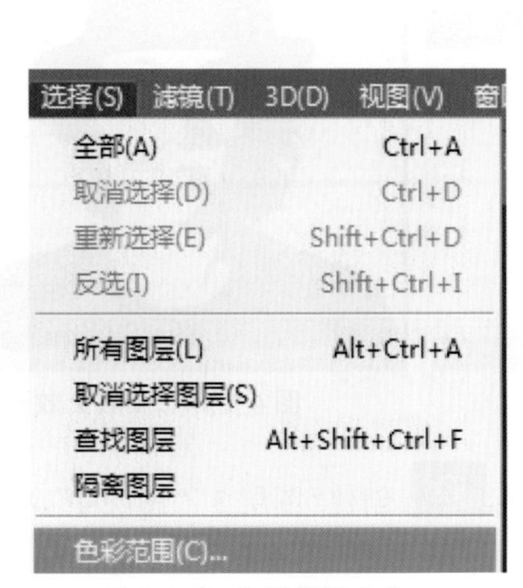

图 4-1-9　色彩范围命令

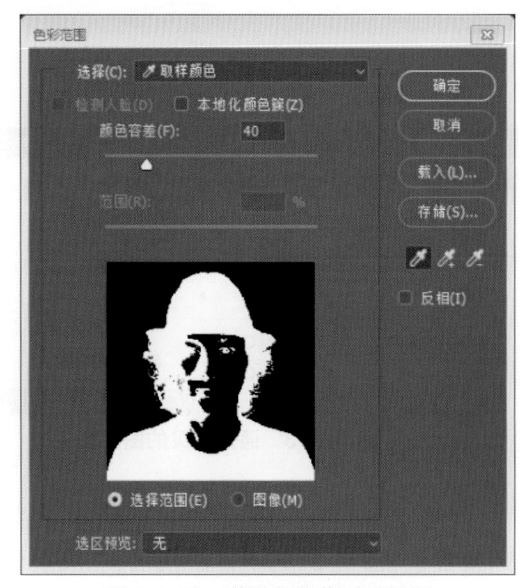

图 4-1-10　弹出色彩范围对话框

（6）在“色彩范围”对话框中，设置“选择”为“阴影”（图 4-1-11），得到选区效果（图 4-1-12）。

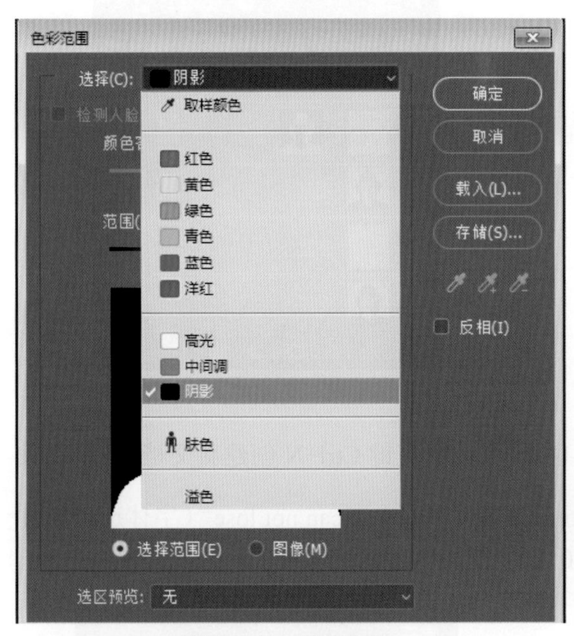

图 4-1-11　选择阴影

图 4-1-12　选区效果

（7）点击“图层”— “新建”— “通过拷贝的图层”命令（图 4-1-13），得到“图层 2”去除白色背景的效果（图 4-1-14）。

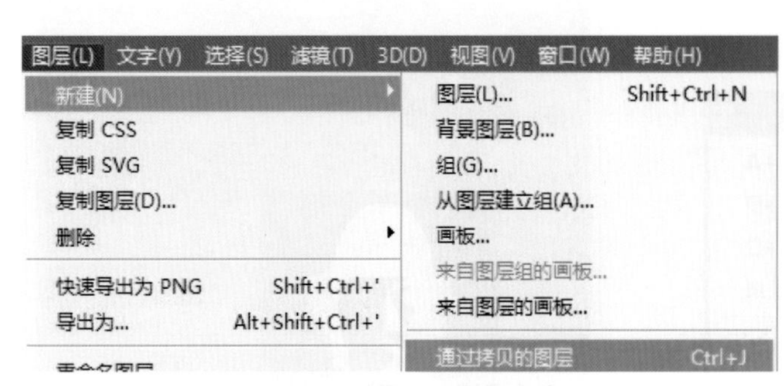

图 4-1-13 通过拷贝的图层命令

图 4-1-14 图层 2 效果

（8）点击“图层”面板下方的“创建新图层”图标，创建“图层 3”“图层 4”，将“图层 3”放置于“图层 2”的下方，“图层 4” 放置于“图层 2”的上方（图 4-1-15），为“图层 3”填充颜色“#ffffff”。选择“图层 4”，按住 Ctrl 键用鼠标点击“图层 2”，然后点击“图层”面板下方的“添加图层蒙版”图标，将“图层 2”填加为“图层 4”的蒙版（图 4-1-16）。

图 4-1-15 调整图层位置

图 4-1-16 为图层 4 添加蒙版

（9）点击“文件”— “新建”命令（图 4-1-17）或按快捷键 Ctrl+N 创建新文档，使用工具栏中的“横排文字工具”，创建文字“You can cry， But you can not lose”（字体选择软件自带的字体即可），将文字“大小”设置为“60 点”（图 4-1-18）。

图 4-1-17 新建文档

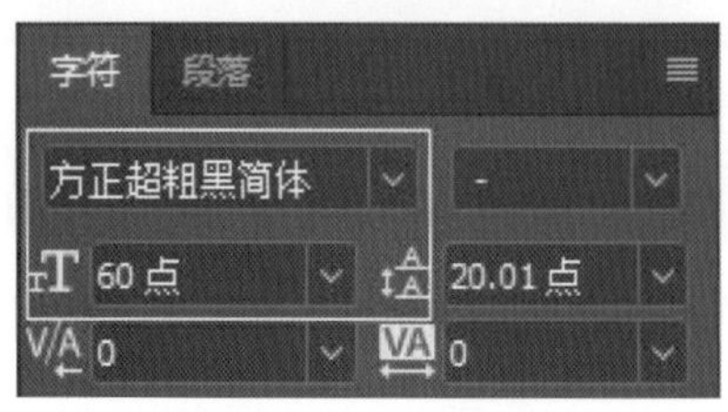

图 4-1-18 调节字符

（10）在菜单栏中选择“编辑”，在其下拉菜单中选择“定义画笔预设”命令（图 4-1-19），将新的笔刷命名为“样本画笔 1”（图 4-1-20）。

图 4-1-19　定义画笔预设命令

图 4-1-20　命名笔刷

（11）切换到“画笔设置”面板，出现“画笔设置”选项（图 4-1-21），勾选“形状动态”，将“大小抖动”调为“100%”，“最小直径”调为“30%”，勾选“平滑”（图 4-1-22）。

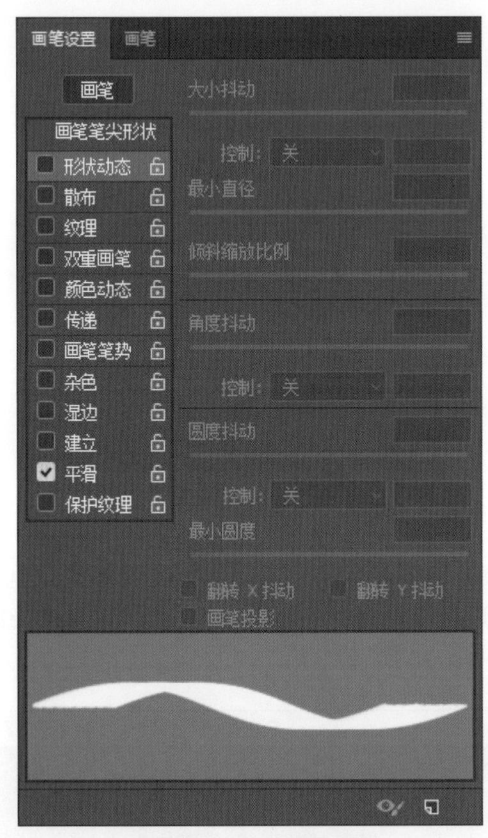

图 4-1-21　画笔设置面板

图 4-1-22　调节画笔设置

（12）为了方便观察，将“图层 2”的“不透明度”调为“60%”（图 4-1-23），选择“图层 4”的“图层缩览图”进行文字制作（图 4-1-24）。

（13）使用笔刷进行绘制，在绘制过程中需要耐心绘制，尽量让字体错落有致（也可按“[”或“]”键改变字体大小），绘制越自然，最终效果就会越好，绘制完成后，关闭“图层 2”的显示（图 4-1-25），效果如图 4-1-26 所示。

图 4-1-23 调节不透明度

图 4-1-24 选择图层缩览图

图 4-1-25 关闭显示

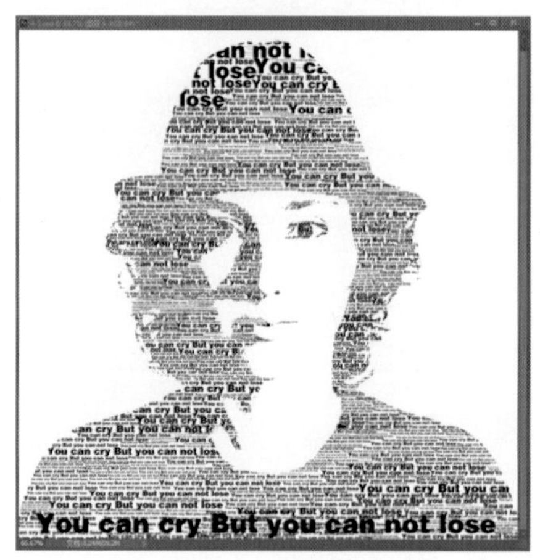

图 4-1-26 绘制后的效果

（14）点击“图层”面板下方的“创建新的填充或调整图层”图标，在其下拉菜单中选择“渐变映射”（图 4-1-27），点击色带，将出现两个色标，分别将颜色设置为“#2622e1”（图 4-1-28）与“#eccc99”（图 4-1-29），效果如图 4-1-30 所示。

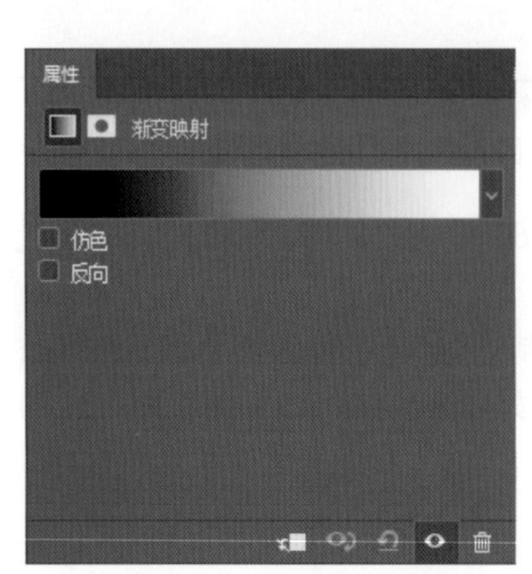

图 4-1-27 渐变映射面板

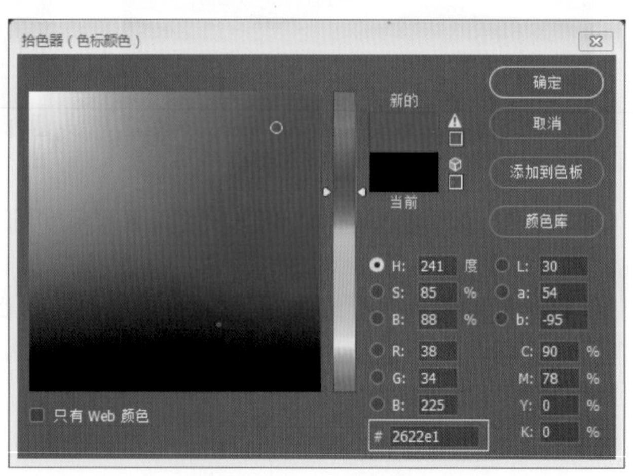

图 4-1-28 调节颜色 a

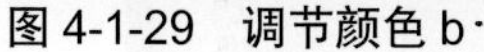

图 4-1-29　调节颜色 b·

图 4-1-30　调整后的效果

（15）点击“图层”面板下方的“创建新的填充或调整图层”图标，在其下拉菜单中选择“照片滤镜”，调节“滤镜”为“加温滤镜（85）”，“浓度”为“50%”（图 4-1-31），效果如图 4-1-32 所示。

图 4-1-31　照片滤镜面板

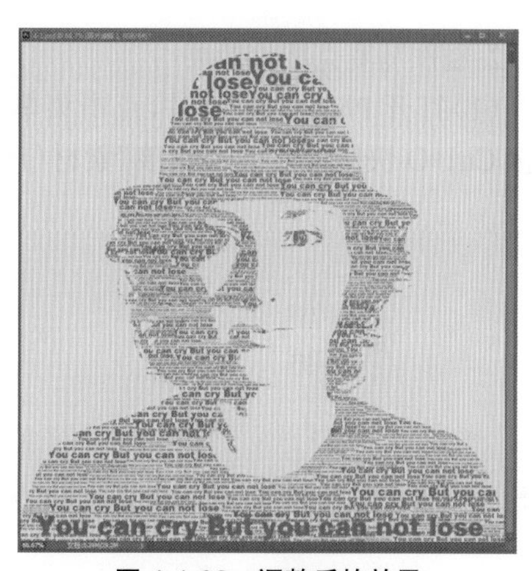

图 4-1-32　调整后的效果

（16）选择“图层 4”，点击“图层”面板下方的“添加图层样式”图标，在其下拉菜单中选择“投影”，调节“不透明度”为“15%”，“距离”为“10 像素”，“扩展”为“30%”，“大小”为“60 像素”（图 4-1-33），最终效果如图 4-1-34 所示。

图 4-1-33　调节投影

图 4-1-34 最终效果

2. 制作马赛克相片效果

（1）打开 Photoshop 软件，点击菜单栏中“文件”下拉菜单中的“打开”命令（图 4-2-1）或按 Ctrl+O 快捷键，打开“女孩”素材（图 4-2-2）。

图 4-2-1 打开命令

图 4-2-2 “女孩”素材

（2）点击“图像”— “图像大小”命令（图 4-2-3）或按快捷键 Ctrl+Alt+I，在弹出的“图像大小”对话框中，将“尺寸”设置为“1200 像素 *1800 像素”（图 4-2-4）。

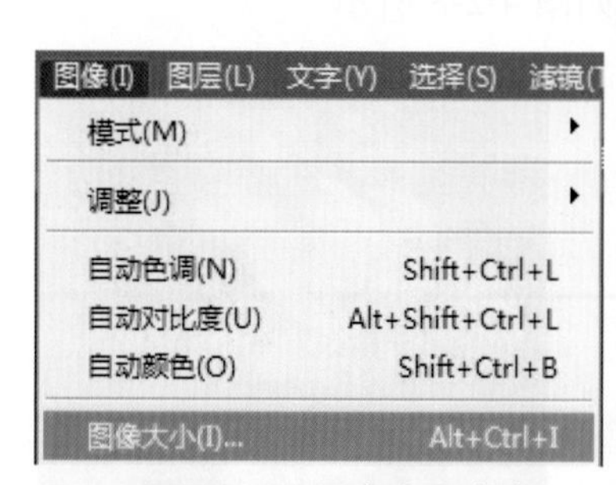

图 4-2-3　图像大小命令

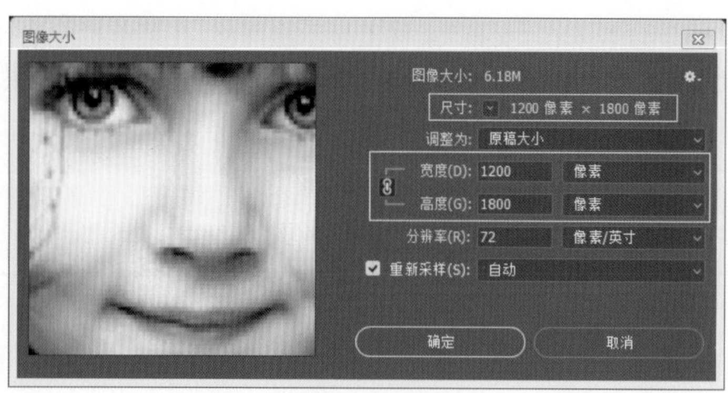

图 4-2-4　调节尺寸

（3）点击“编辑”—“首选项”—“参考线、网格和切片”命令（图 4-2-5）或按快捷键 Ctrl+K，再选择“参考线、网格和切片”，在弹出的“首选项”对话框中，将“网格线间隔”设置为“100 像素”，“子网格”设置为“1”（图 4-2-6）。

图 4-2-5　参考线、网格和切片命令

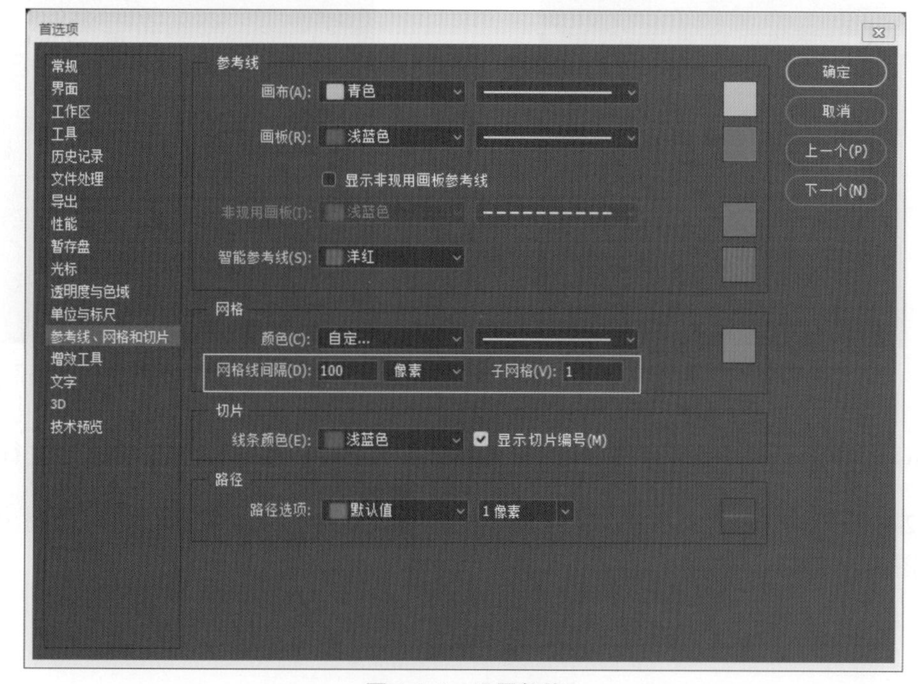

图 4-2-6　设置数值

（4）若未在“女孩”素材上显示出网格，在菜单栏中选择“视图”，在其下拉菜单中点击“显示”— “网格”命令（图 4-2-7），或按快捷键 ctrl+ ‘，效果如图 4-2-8 所示。

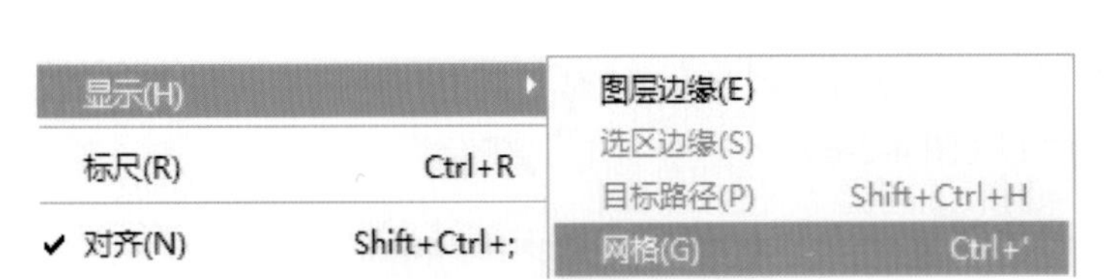

图 4-2-7 网格命令

图 4-2-8 网格效果

（5）点击“图层”面板下方的“创建新图层”图标，得到“图层 1”（图 4-2-9），点击工具栏中的图标，调节“前景色”为“#ffffff”，使用“油漆桶工具”或按 Alt+Delete 快捷键进行颜色填充（图 4-2-10）。

图 4-2-9 创建图层 1

图 4-2-10 填充颜色

（6）选择工具栏中“单行选择工具”，按住 Shift 键在“女孩”素材上进行选择（图 4-2-11），再次选择工具栏中“单列选择工具”，按住 Shift 键在“女孩”素材上进行选择（图 4-2-12）。

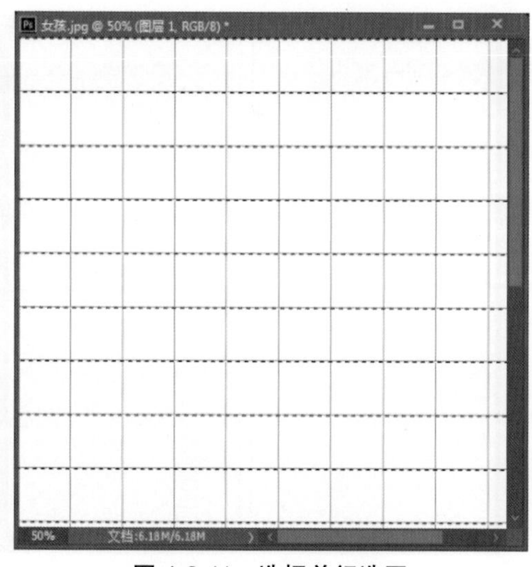

图 4-2-11　选择单行选区

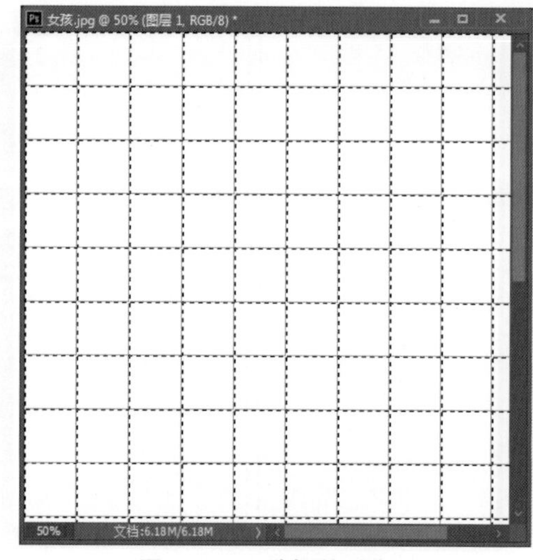

图 4-2-12　选择单列选区

（7）点击 Delete 键将单行单列的选区删除（图 4-2-13），点击“图层”面板下方的“创建新图层”图标，得到“图层 2”（图 4-2-14）。

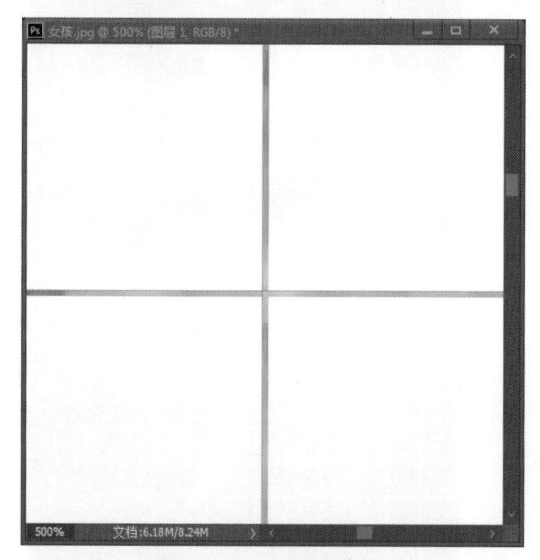

图 4-2-13　删除选区

图 4-2-14　创建图层 2

（8）选择“图层 2”，点击工具栏中的图标，调节“前景色”为“#ffffff”，使用“油漆桶工具”或按 Alt+Delete 快捷键进行颜色填充（图 4-2-15），关闭“背景”与“图层 1”显示，效果如图 4-2-16 所示。

（9）选择“图层 1”，点击“图层”面板下方的“添加图层蒙版”图标（图 4-2-17，若蒙版为白色，点击工具栏中的图标，调节“前景色”为“#000000”，使用“油漆桶工具”或按 Alt+Delete 快捷键进行颜色填充），效果如图 4-2-18 所示。

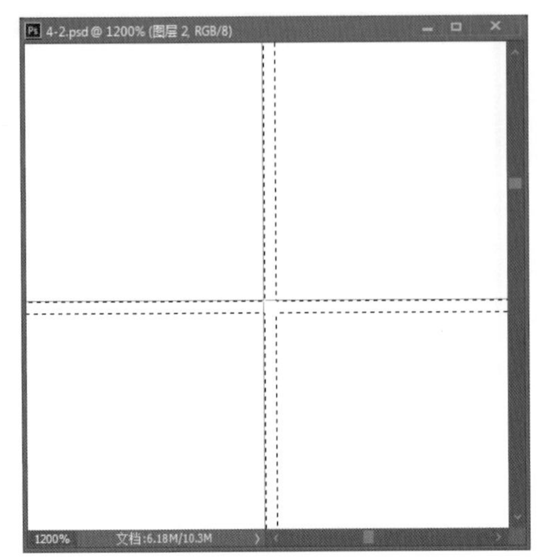

图 4-2-15　填充颜色

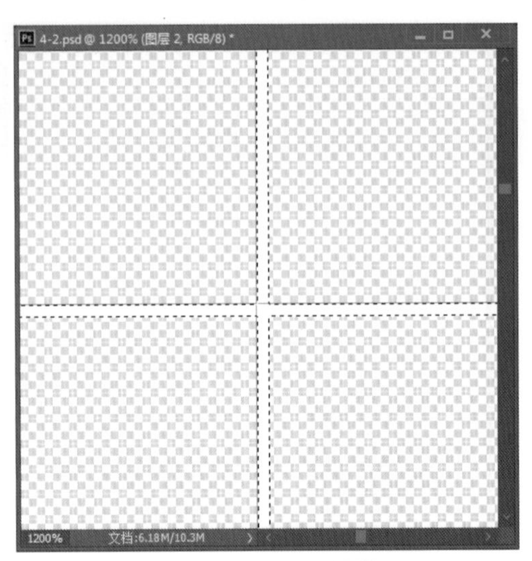

图 4-2-16　调整后的效果

图 4-2-17　添加图层蒙版

图 4-2-18　调整后的效果

（10）选择工具栏中“魔棒工具”，按住 Shift 键，在图像边缘部分随机选择网格，但不要选择素材中心的图像（图 4-2-19），点击工具栏中的图标，调节“前景色”为“#ffffff”，使用“油漆桶工具”或按 Alt+Delete 快捷键在蒙版中进行颜色填充，效果如图 4-2-20 所示（若效果不好，可以再次使用“魔棒工具”进行选择，利用“油漆桶工具”或按 Alt+Delete 快捷键进行颜色填充）。

图 4-2-19　选择选区

图 4-2-20　填充颜色后的效果

（11）点击“图层”面板下方的“创建新的填充或调整图层”图标，在其下拉菜单中选择“色相 / 饱和度”（图 4-2-21），调节“色相”为“220”，“饱和度”为“50”，“明度”为“-10”，勾选“着色”（图 4-2-22）。

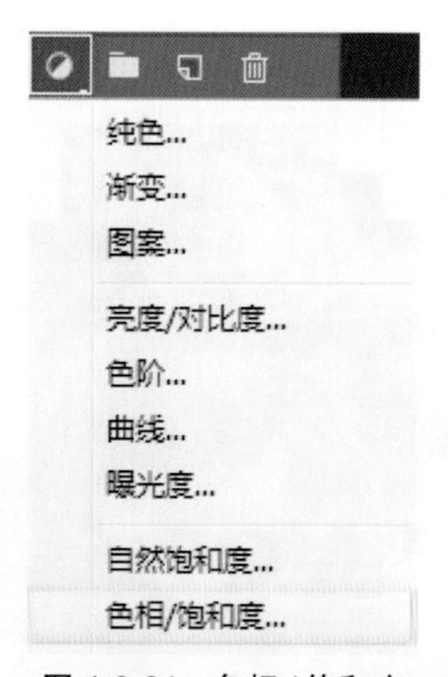

图 4-2-21　色相 / 饱和度

图 4-2-22　调节色相 / 饱和度

（12）此时“女孩”素材的颜色发生变化（图 4-2-23），再选择“色相 / 饱和度 1”图层中的蒙版（图 4-2-24），点击“图像”—“调整”—“反相”命令或按快捷键 Ctrl+I 对蒙版进行颜色反相，“女孩”素材恢复原始颜色。

图 4-2-23 颜色变化

图 4-2-24 选择图层蒙版

（13）选择工具栏中“魔棒工具”，按住 Shift 键，在“图层 1”中对未选择的网格部分进行选择（图 4-2-25），点击工具栏中的图标，调节“前景色”为“#ffffff”，使用“油漆桶工具”或按 Alt+Delete 快捷键，在“色相 / 饱和度 1”蒙版层中进行颜色填充，效果如图 4-2-26 所示。

图 4-2-25 选择选区

图 4-2-26 填充颜色后的效果

（14）选择“图层 1”，点击“图层”面板下方的“创建新的填充或调整图层”图标，在其下拉菜单中选择“色相 / 饱和度”命令（图 4-2-27），调节“色相”为“20”，“饱和度”为“75”，“明度”为“20”，勾选“着色”（图 4-2-28）。

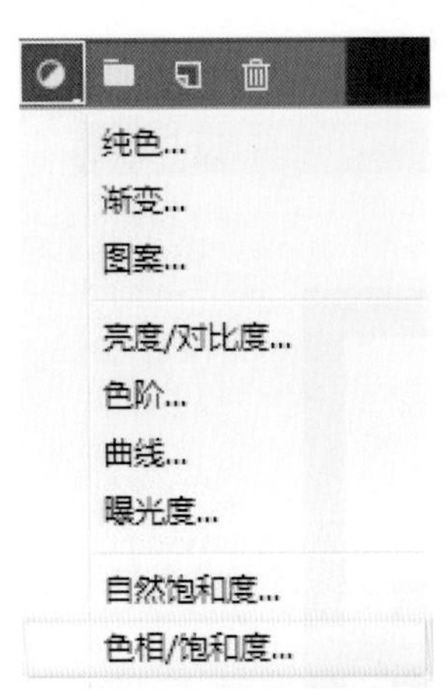

图 4-2-27　色相 / 饱和度命令

图 4-2-28　调节色相 / 饱和度

（15）此时“女孩”素材的颜色再次发生变化（图 4-2-29），选择“色相 / 饱和度 2”层中的蒙版（图 4-2-30），选择“图像”— “调整”— “反相”命令或按快捷键 Ctrl+I 对蒙版进行颜色反相。

图 4-2-29　颜色再次变化

图 4-2-30　选择图层蒙版

（16）选择工具栏中“魔棒工具”，按住 Shift 键，在“图层 1”中对未选择的网格部分进行选择，点击工具栏中的图标  ，调节“前景色”为“#ffffff”，使用“油漆桶工具”  或按 Alt+Delete 快捷键，在“色相 / 饱和度 2”蒙版层中进行颜色填充，选择“视图”— “显示”— “网格”命令（图 4-2-31），最终效果如图 4-2-32 所示。

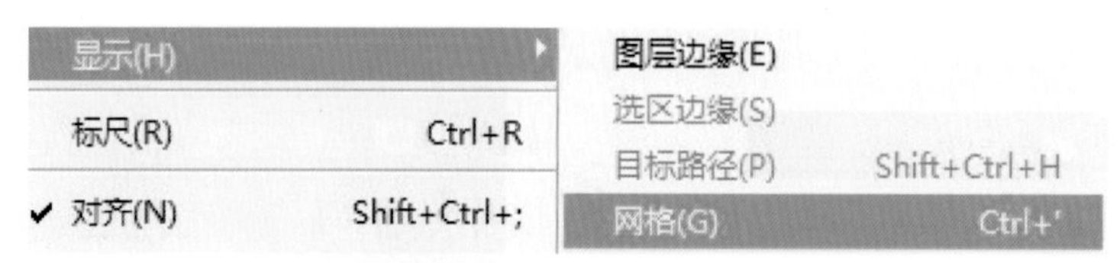

图 4-2-31 网格命令

图 4-2-32 最终效果

3. 制作胶囊海洋效果

（1）打开 Photoshop 软件，点击菜单栏中“文件”下拉菜单中的“打开”命令（图 4-3-1）或按 Ctrl+O 快捷键，打开“胶囊”素材（图 4-3-2）。

文件(F) 编辑(E) 图像(I) 图层(L) 文字(Y)
新建(N)... Ctrl+N
打开(O)... Ctrl+O

图 4-3-1 打开命令

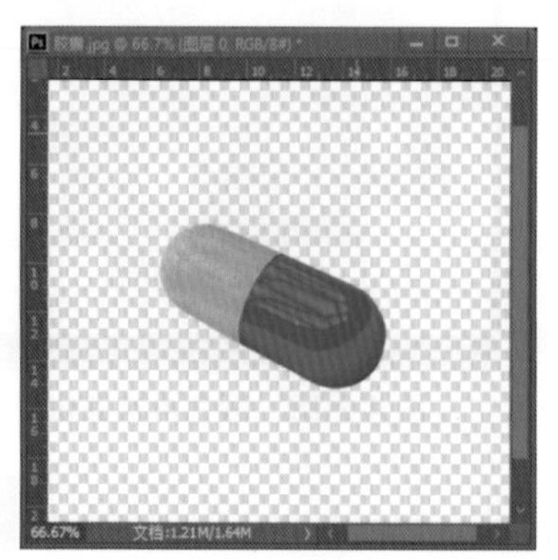

图 4-3-2 “胶囊”素材

（2）使用工具栏中的“钢笔工具”，将“胶囊”素材的橘色部分选中（图 4-3-3），按快捷键 Ctrl+Enter 将路径变为选区（图 4-3-4）。

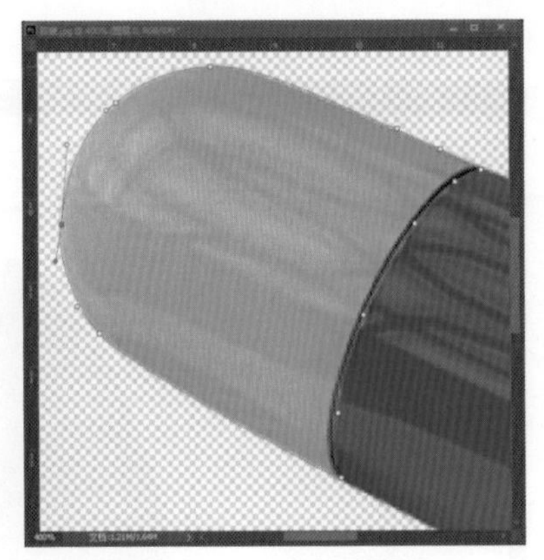
图 4-3-3　选择橘色部分

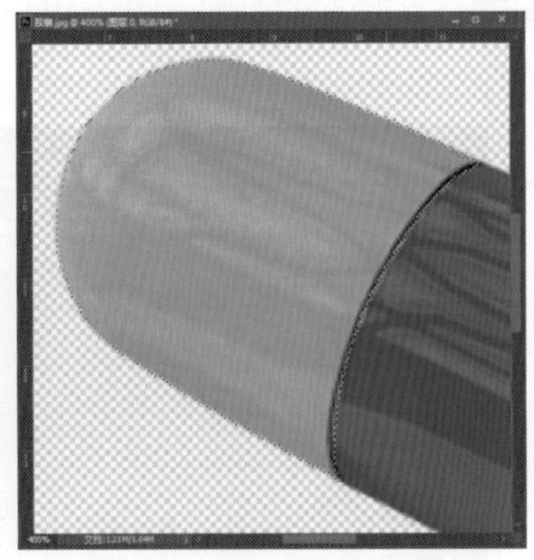
图 4-3-4　将路径变为选区

（3）点击“图层”— “新建”— “通过拷贝的图层”命令（图 4-3-5）或按快捷键 Ctrl+J，“胶囊”素材的橘色部分将会被拷贝到“图层 1”中（图 4-3-6）。

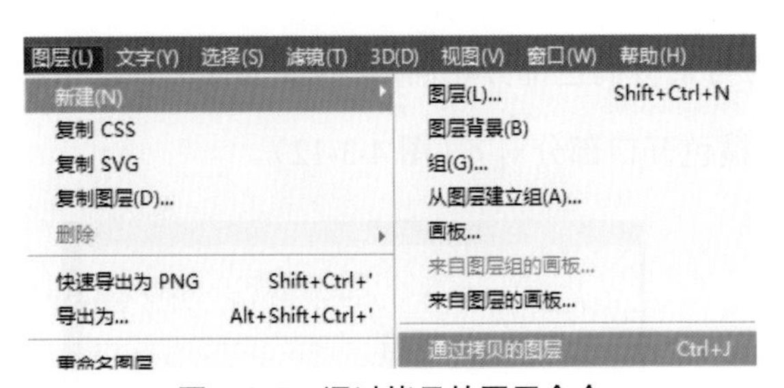

图 4-3-5　通过拷贝的图层命令

图 4-3-6　得到图层 1

（4）将“图层 0”拖至“图层”面板下方的“创建新图层”图标处进行复制，得到“图层 0 拷贝”（图 4-3-7），按住 Ctrl 键点击“图层 1”（图 4-3-8）。

图 4-3-7　得到图层 0 拷贝

图 4-3-8　点击图层 1

（5）选择“图层 0 拷贝”，按 Delete 键将“胶囊”素材橘色部分删除，保留蓝色部分（图 4-3-9），关闭“图层 0”“图层 1”的显示，观察“图层 0 拷贝”，使用工具栏中的“橡皮工具”将多余部分擦除（图 4-3-10）。

图 4-3-9 删除橘色部分

图 4-3-10 擦除多余部分

（6）关闭“图层 0”“图层 0 拷贝”的显示，打开“图层 1”的显示（图 4-3-11），使用工具栏中的“吸管工具”，将“前景色”吸取为与素材橘色部分相同的颜色，选择工具栏中的“椭圆工具”，绘制椭圆形并使其与素材橘色开口部分对齐（图 4-3-12）。

图 4-3-11 显示图层 1

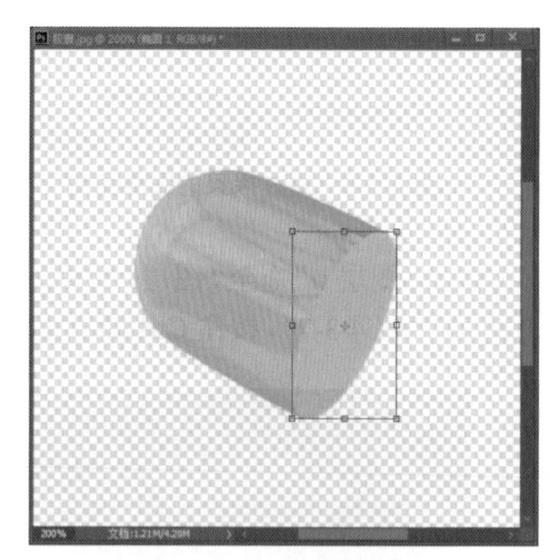

图 4-3-12 绘制椭圆形

（7）将“图层 0 拷贝”拖至“椭圆 1”图层之上，将图层的“不透明度”调为“35%”（图 4-3-13），观察对齐的效果，若效果不理想，点击“编辑”—“自由变换”命令或按快捷键 Ctrl+T，再单击右键选择“变形”，调整对齐的效果（图 4-3-14）。

图 4-3-13　调整图层

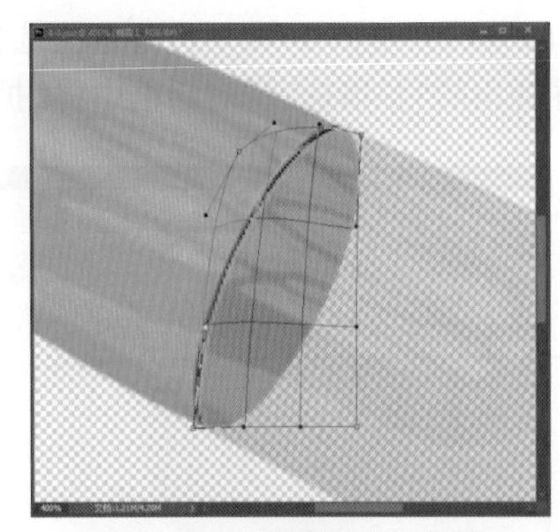
图 4-3-14　调整对齐的效果

（8）调节完成后，点击“图层”面板下方的“创建新的填充或调整图层”图标，在其下拉菜单中选择“曲线”命令，将“输入”调至“130”，“输出”调至“100”（图 4-3-15），将颜色变暗，效果如图 4-3-16 所示，选择“图层”—“创建剪贴蒙版”命令（图 4-3-17），使用工具栏中的“渐变工具”中的“线性渐变”，绘制出的效果如图 4-3-18 所示。

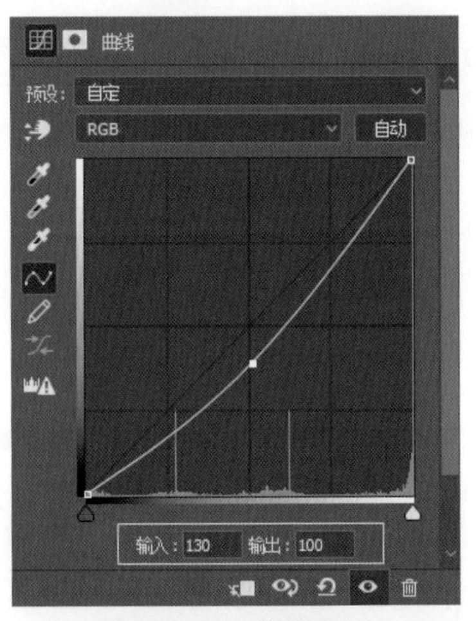

图 4-3-15　曲线面板

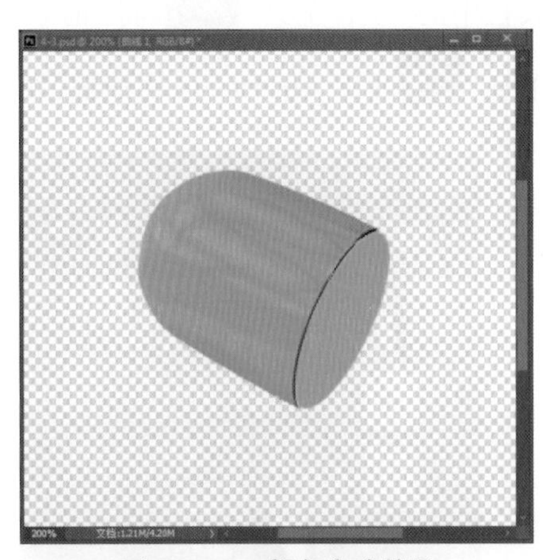
图 4-3-16　颜色变暗效果

图 4-3-17　创建剪贴蒙版

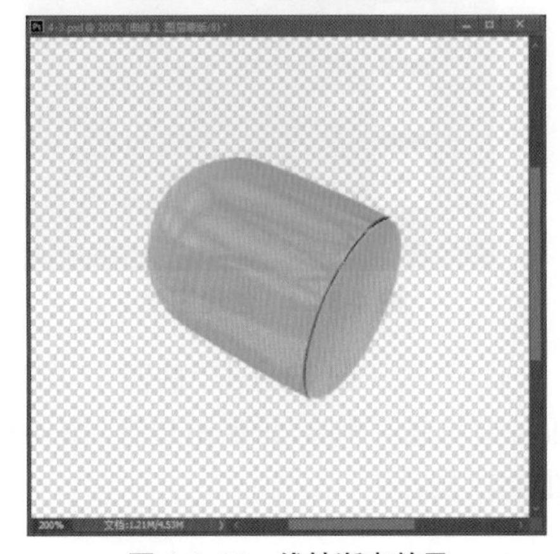
图 4-3-18　线性渐变效果

（9）点击“椭圆 1”图层进行选区选择（图 4-3-19），点击“选择”— “修改”— “扩展”命令，在弹出的“扩展选区”对话框中将“扩展量”调为“3”（图 4-3-20）。

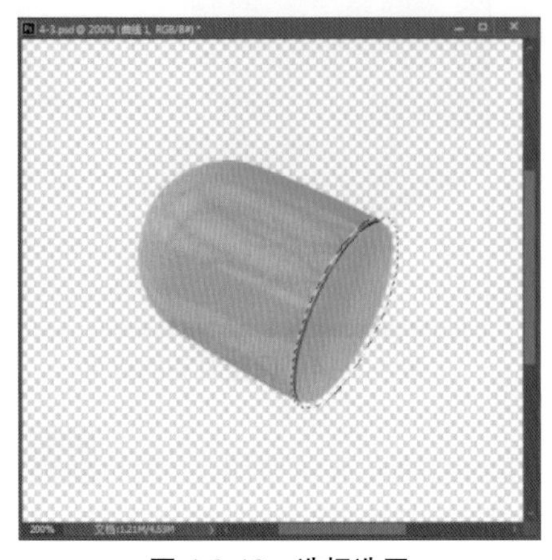

图 4-3-19　选择选区

图 4-3-20　调节扩展量

（10）点击“图层”面板下方的“创建新图层”图标，得到“图层 2”（图 4-3-21），使用工具栏中的“吸管工具”，将“前景色”吸取为与素材橘色部分相同的颜色，使用“油漆桶工具”或按 Alt+Delete 快捷键，在“图层 2”中进行颜色填充（图 4-3-22）。

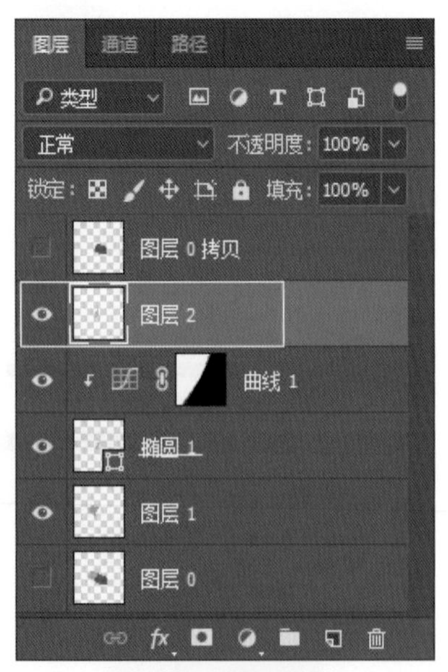

图 4-3-21　创建图层 2

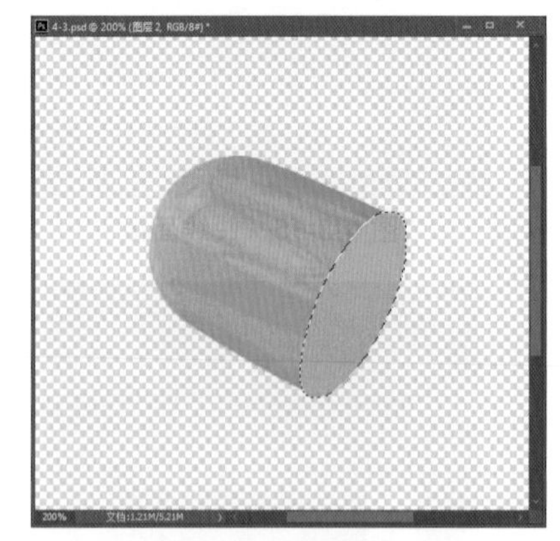

图 4-3-22　填充颜色

（11）按住 Ctrl 键点击“椭圆 1”图层，出现椭圆选区（图 4-3-23），再选择“图层 2”，按 Delete 键将选区删除，只保留边缘（图 4-3-24），若出现缝隙可适当放大或缩小“椭圆 1”层或“图层 2”层。

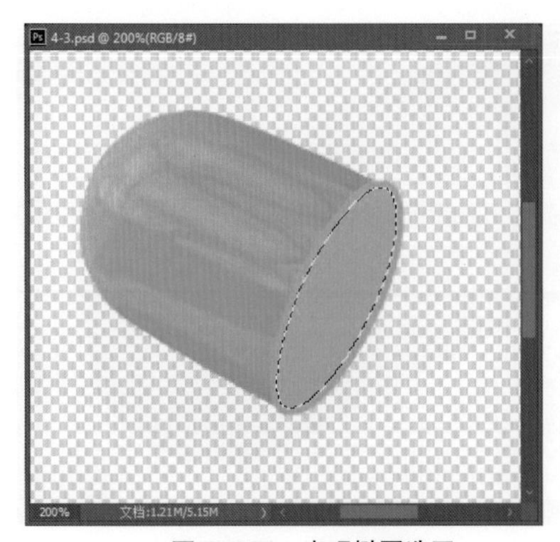

图 4-3-23　出现椭圆选区

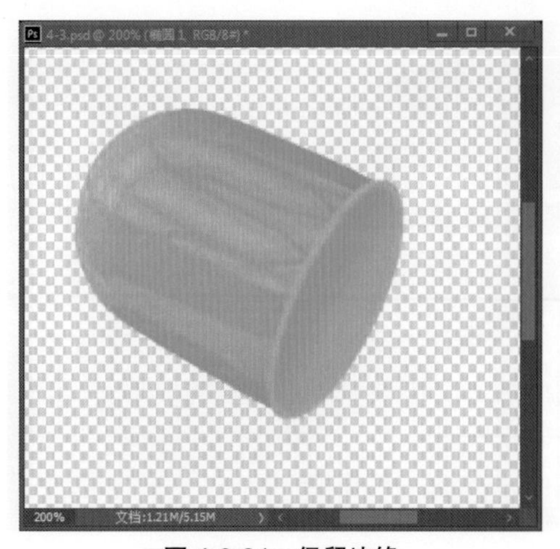

图 4-3-24　保留边缘

（12）调节完成后，点击“图层”面板下方的“创建新的填充或调整图层”图标，在其下拉菜单中选择“曲线”命令，将“输入”调至“115”，“输出”调至“165”（图 4-3-25），再点击“图层”—“创建剪贴蒙版”命令（图 4-3-26）。

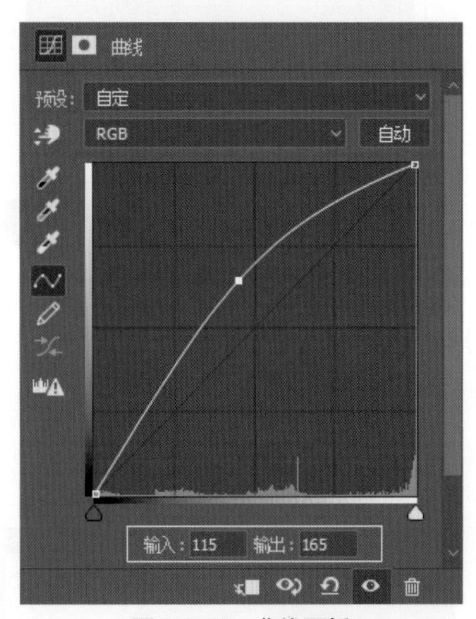

图 4-3-25　曲线面板

图 4-3-26　创建剪贴蒙版

（13）打开“图层 0 拷贝”图层的显示，按住 Ctrl 键点击“图层 0 拷贝”图层选择选区（图 4-3-27），点击“图层”面板下方的“创建新图层”图标，得到“图层 3”，点击工具栏中的图标，调节“前景色”为“#5d8fff”，使用“油漆桶工具”或按 Ctrl+Delete 快捷键进行颜色填充（图 4-3-28）。

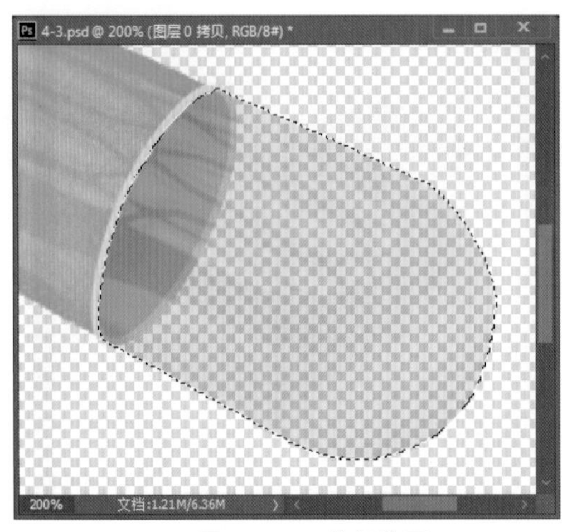

图 4-3-27　选择选区

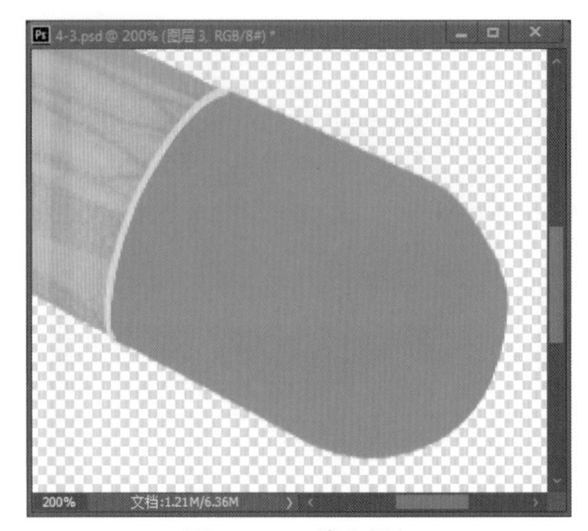

图 4-3-28　填充颜色

（14）点击“选择”— “修改”— “收缩”命令（图 4-3-29），在弹出的“收缩选区”对话框中调整“收缩量”为“3 像素”（图 4-3-30）。

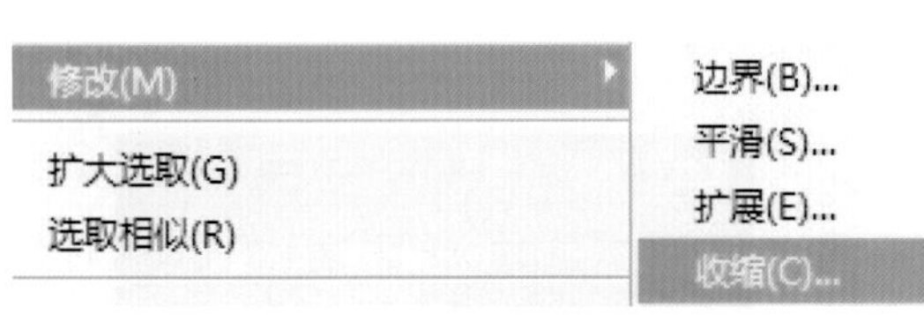

图 4-3-29　收缩命令

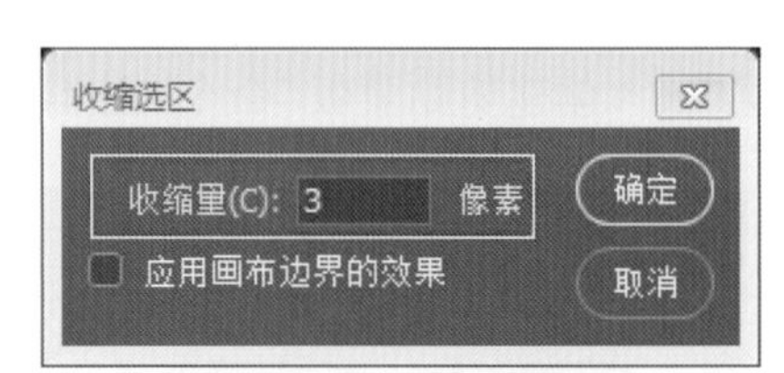

图 4-3-30　调节收缩量

（15）选择“图层 3”，按住 Alt 键点击“图层”面板下方的“添加图层蒙版”图标，双击“蒙版”，在“蒙版”面板中，将“浓度”调为“93%”，“羽化”调为“3.0 像素”（图 4-3-31），点击“图层”面板下方的“创建新图层”图标，得到“图层 4”，并使用工具栏的“画笔工具”绘制出范围（图 4-3-32）。

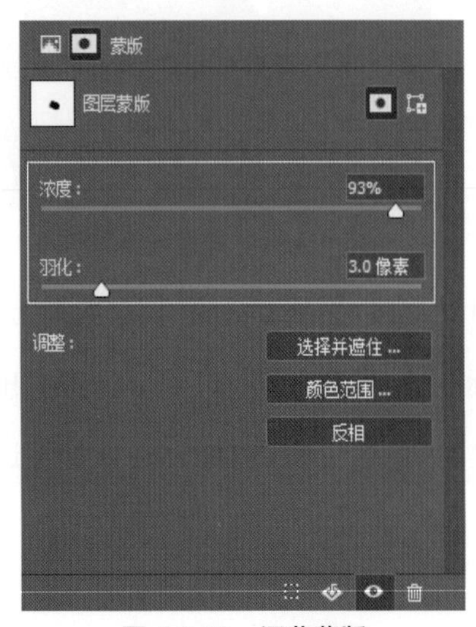

图 4-3-31　调节蒙版

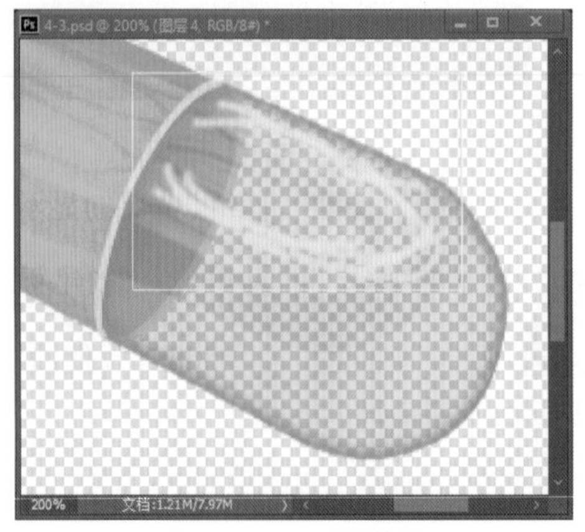

图 4-3-32　绘制范围

（16）将“海浪”素材（导入软件后，默认显示为“图层 5”）导入，按照绘制的范围调整“海浪”素材的大小，按住 Alt 键点击“图层”面板下方的“添加图层蒙版”图标（图 4-3-33），在工具栏中选择“画笔工具”，绘制出海浪，可适当调节海浪位置（图 4-3-34）。

图 4-3-33　添加图层蒙版

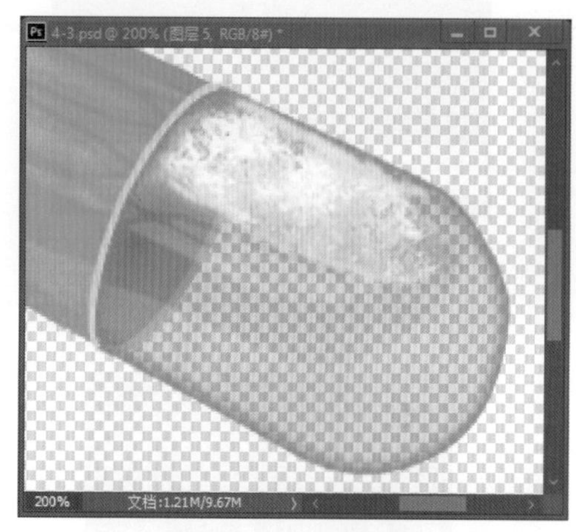

图 4-3-34　绘制海浪

（17）将“海底”素材导入（导入软件后，默认显示为“图层 6”，图 4-3-35），按住 Ctrl 键点击“图层 3”（图 4-3-36）。

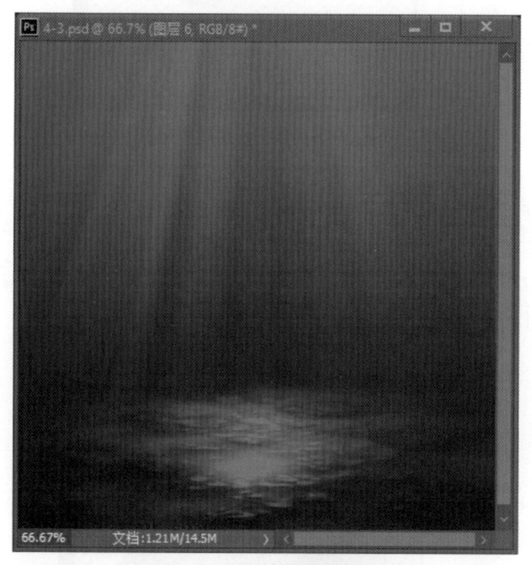

图 4-3-35　海底素材

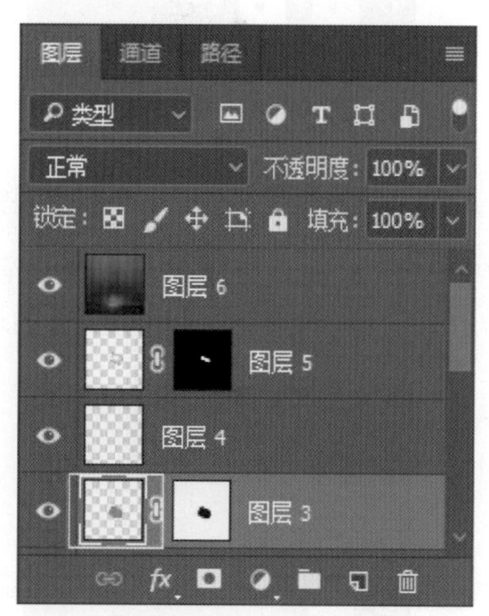

图 4-3-36　点击图层 3

（18）在“海底”素材（图层 6）出现选区后，可按住 Ctrl 键点击选区，进行移动，选择一个合适的海底图案（图 4-3-37），点击“图层”面板下方的“添加图层蒙版”图标（图 4-3-38）。

图 4-3-37 选择海底图案

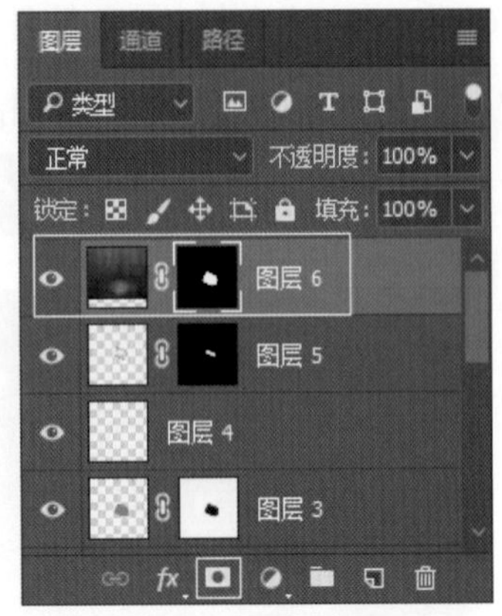

图 4-3-38 添加图层蒙版

（19）选择“图层 6”，将其拖至“图层 5”的下方（图 4-3-39），效果如图 4-3-40 所示。

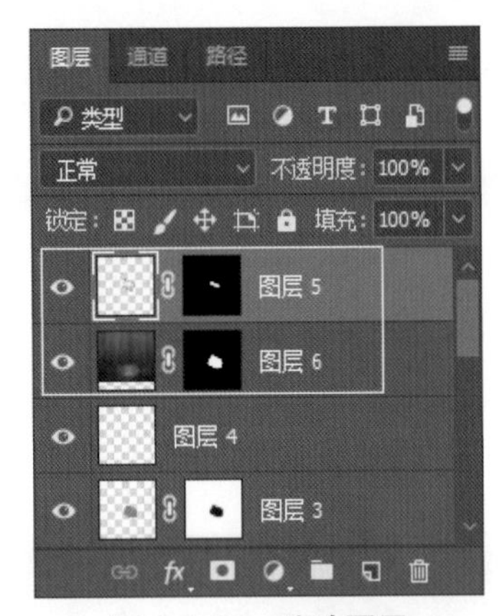

图 4-3-39 移动图层

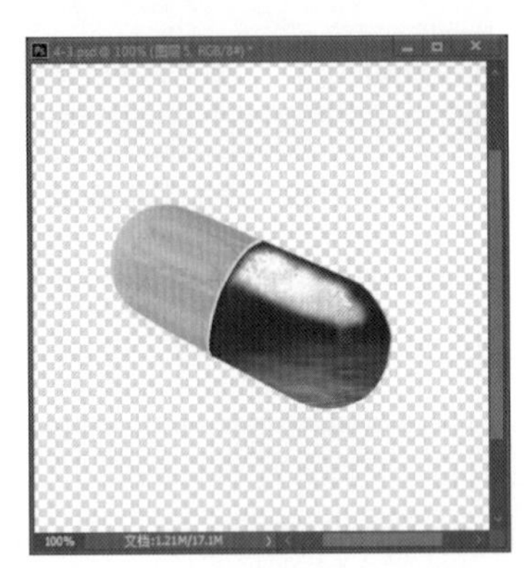

图 4-3-40 调整后的效果

（20）点击“图层”面板下方的“创建新图层”图标，创建“图层 7”（图 4-3-41），在工具栏中选择“画笔工具”，打开“画笔预设”，选择“常规画笔”中的“柔边圆”，将颜色设置为“#ffffff”，对“海浪”素材（图层 5）的边缘进行涂抹，使图像富有层次感（图 4-3-42）。

图 4-3-41 创建图层 7

图 4-3-42 涂抹素材边缘

（21）点击“图层”面板下方的“添加图层蒙版”图标（图 4-3-43），将笔刷“不透明度”调节为“40%”，对“图层 7”的绘制进行修整（图 4-3-44）。

图 4-3-43　添加图层蒙版

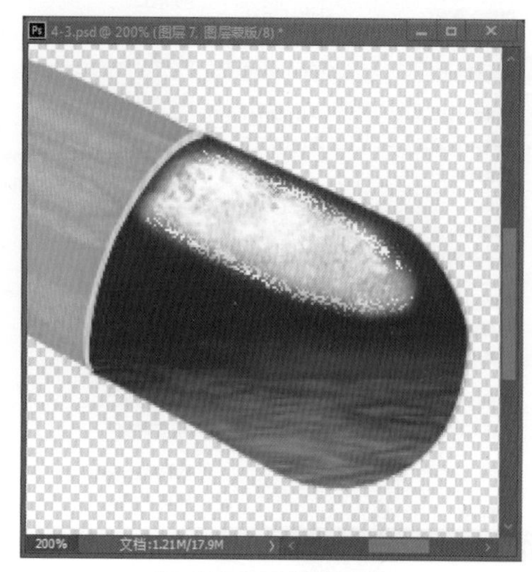

图 4-3-44　修整边缘

（22）将“图层 0 拷贝”拖至“图层 7”的上面（图 4-3-45），再将“图层 0 拷贝”拖至“图层”面板下方的“创建新图层”图标处，复制出“图层 0 拷贝 2”（图 4-3-46）。

图 4-3-45　移动图层 0 拷贝

图 4-3-46　复制图层 0 拷贝 2

（23）关掉“图层 0 拷贝”的显示，点击“图像”—“调整”—“去色”命令（图 4-3-47）或按快捷键 Ctrl+Shift+U，保留高光部分，效果如图 4-3-48 所示。

图 4-3-47 去色命令

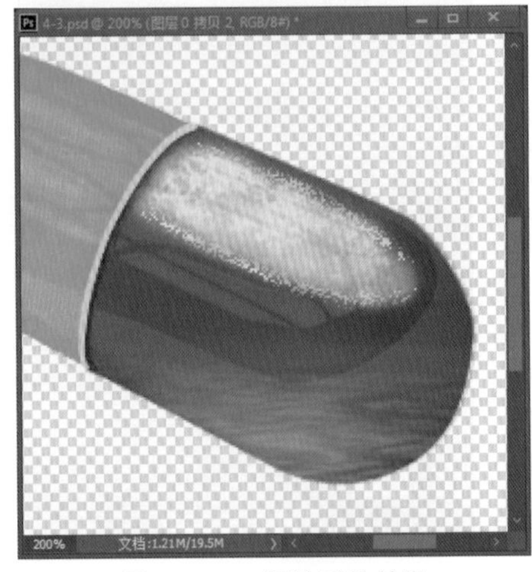

图 4-3-48 调整后的效果

（24）点击“图像”— “调整”— “色阶”命令或按快捷键 Ctrl+L，在弹出的“色阶”对话框中，将“输入色阶”调节为“90，1.00，181”（图 4-3-49），效果如图 4-3-50 所示。

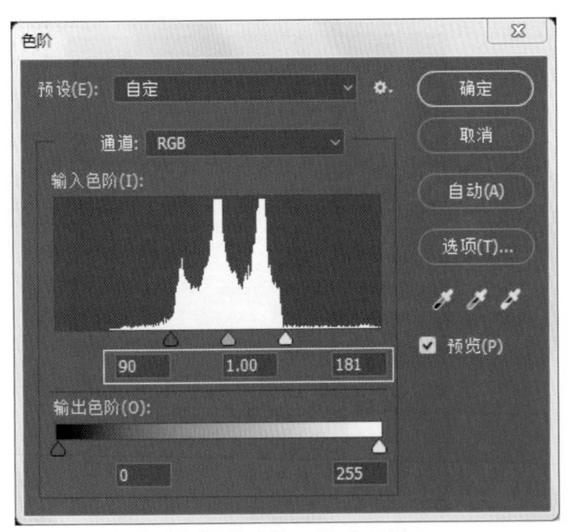

图 4-3-49 调节输入色阶

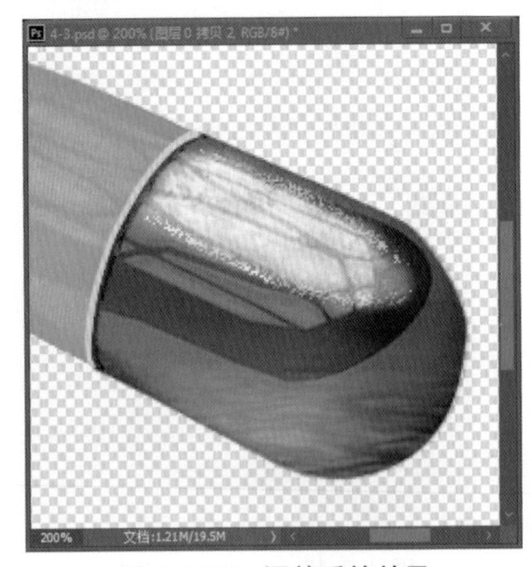

图 4-3-50 调整后的效果

（25）将“图层 0 拷贝 2”的图层“混合模式”调节为“滤色”（图 4-3-51），此时，如有需要可关掉“图层 6”的链接（图 4-3-52），然后对“海底”素材进行调节（图 4-3-53），效果如图 4-3-54 所示。

图 4-3-51　调节图层混合模式

图 4-3-52　关掉链接

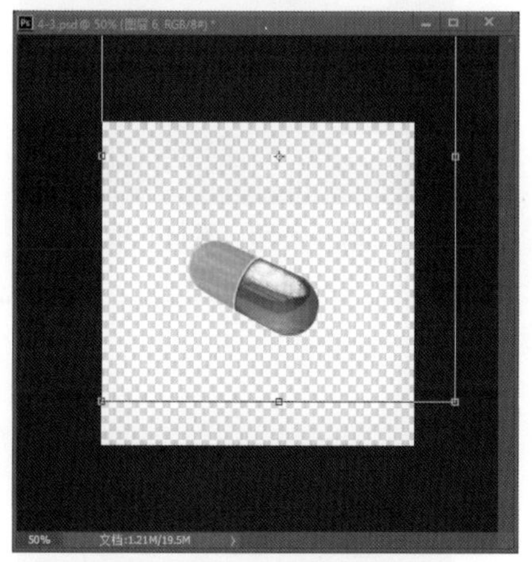
图 4-3-53　调节海底素材

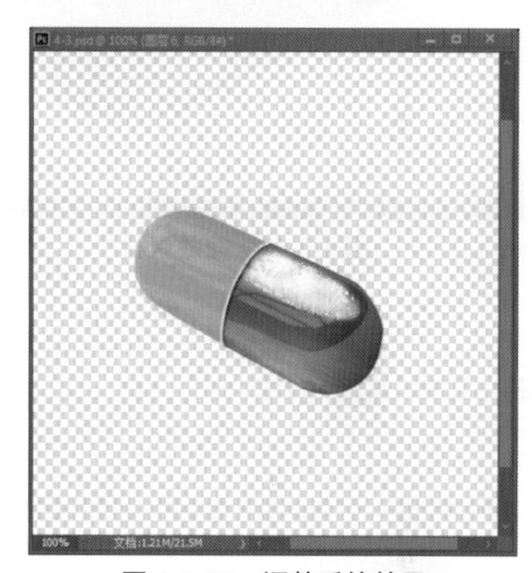
图 4-3-54　调整后的效果

（26）将“鱼 1”素材（导入软件后，默认显示为“图层 8”）导入并将其放置于“图层 6”之上，将其“不透明度”调节为“90%”（图 4-3-55），效果如图 4-3-56 所示。

图 4-3-55　调节图层 8

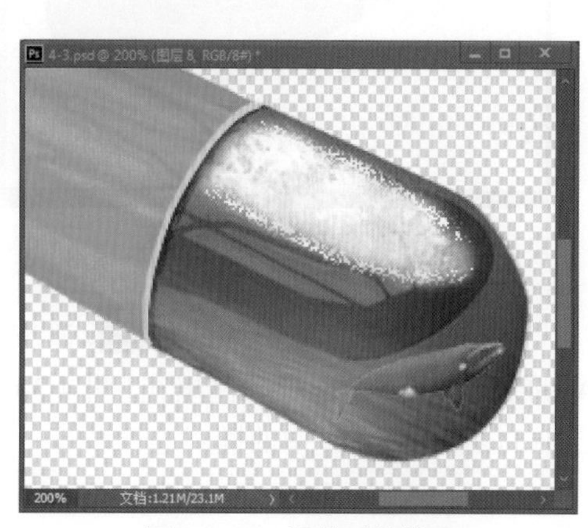
图 4-3-56　调整后的效果

（27）按照（26）的操作步骤，依次将“鱼”和“海星”素材导入并摆放至相应位置（图 4-3-57），点击“图层”面板下方的“创建新组”图标，将这些素材放入“组 1”（图 4-3-58）。

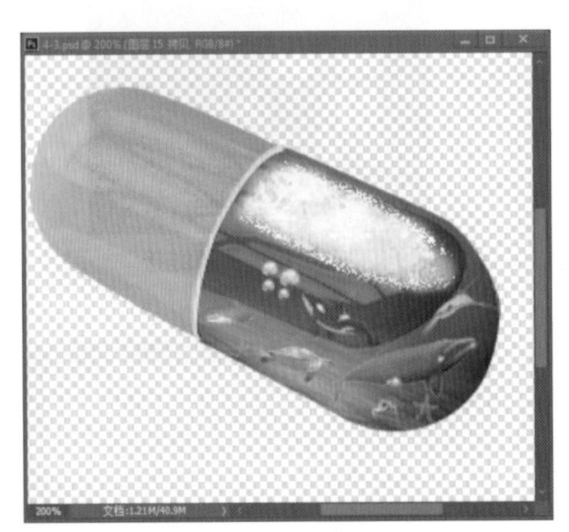

图 4-3-57 摆放素材

图 4-3-58 素材入组

（28）按住 Ctrl 键点击“图层 0”出现选区（图 4-3-59），再点击“图层”面板下方的“创建新图层”图标，创建“图层 16”（图 4-3-60）。

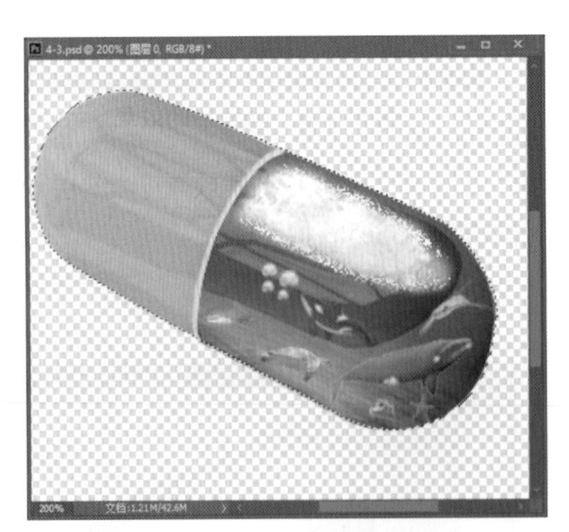

图 4-3-59 出现选区

图 4-3-60 创建图层 16

（29）点击工具栏中的图标，调节颜色为“#000000”，使用“油漆桶工具”或按 Alt+Delete 快捷键进行颜色填充（图 4-3-61），选择“编辑”—“自由变换”命令或按快捷键 Ctrl+T，对“图层 16”中的椭圆进行调节（图 4-3-62）。

图 4-3-61　填充颜色

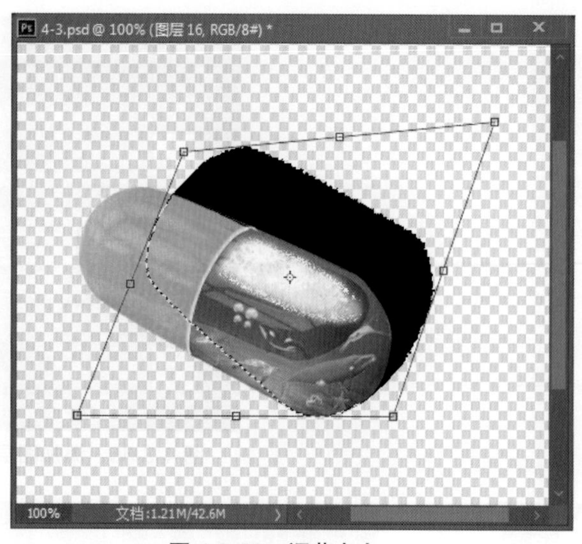

图 4-3-62　调节大小

（30）将“图层 16”的“不透明度”调节为“70%”，点击“滤镜”—“模糊”—“高斯模糊”命令（图 4-3-63），在弹出的“高斯模糊”对话框中将“半径”调为“9.2 像素”（图 4-3-64）。

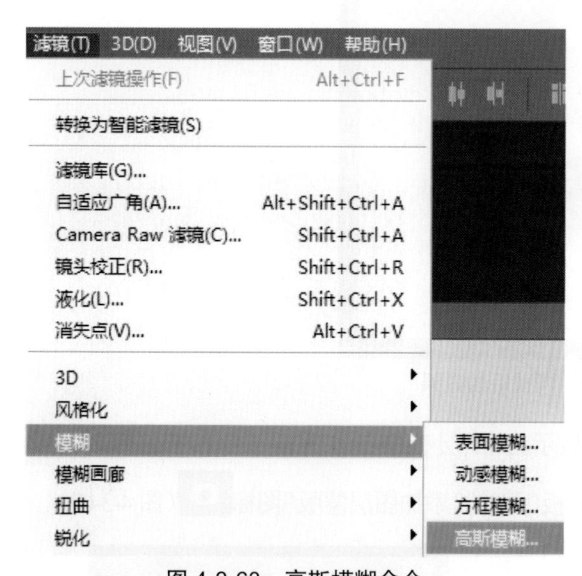

图 4-3-63　高斯模糊命令

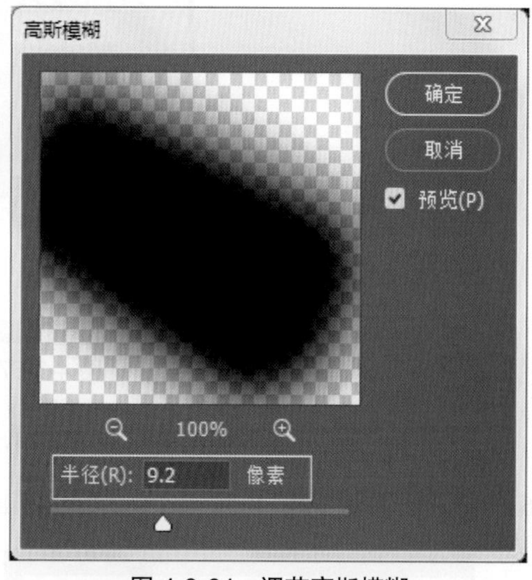

图 4-3-64　调节高斯模糊

（31）点击“图层”面板下方的“添加图层蒙版”图标（图 4-3-65），使用工具栏中“渐变工具”中的“黑色到透明”“线性渐变”，将“不透明度”设置为“30%”（图 4-3-66），对图像进行调节，效果如图 4-3-67 所示。

图 4-3-65　添加图层蒙版

图 4-3-66　调节渐变工具

图 4-3-67　调整后的效果

（32）将“波纹”素材（导入软件后，默认显示为“图层 17”）导入并摆放至相应位置（图 4-3-68），将其放置于“图层 16”之下，点击“图层”面板下方的“添加图层蒙版”图标（图 4-3-69）。

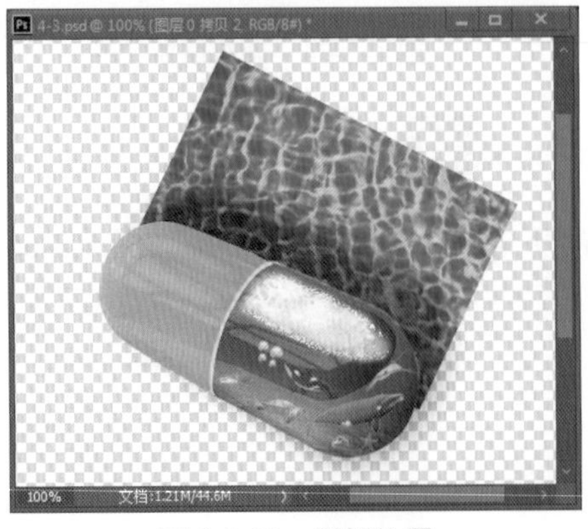
图 4-3-68　摆好位置

图 4-3-69　添加图层蒙版

（33）在工具栏中选择“画笔工具”中的“柔边圆”，点击工具栏中的图标，将颜色设置为“#000000”，进行绘制，将“图层 17”的“不透明度”调节为“30%”（图 4-3-70），将“图层 16”的“不透明度”调节为“25%”，图层“混合模式”调节为“柔光”（图 4-3-71）。

图 4-3-70　调节图层 17

图 4-3-71　调节图层 16

（34）将“图层 16”拖动至“图层”面板下方的“创建新图层”图标处，创建“图层 16 拷贝”，将其图层“混合模式”调节为“正常”，“不透明度”调节为“10%”（图 4-3-72），移动至相应位置，选择“画笔工具”进行修整（图 4-3-73）。

图 4-3-72　调节图层 16 拷贝

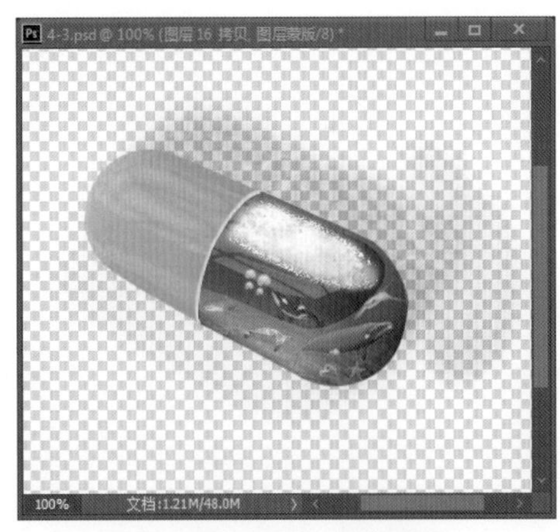

图 4-3-73　修整图层

（35）点击“图层”面板下方的“创建新图层”图标，创建“图层 18”，并将其放置于“图层 17”的下方（图 4-3-74），点击工具栏中的图标，调节颜色为“#ffffff”，使用“油漆桶工具”或按 Alt+Delete 快捷键进行颜色填充，最终效果如图 4-3-75 所示。

图 4-3-74　调整图层 18 的位置

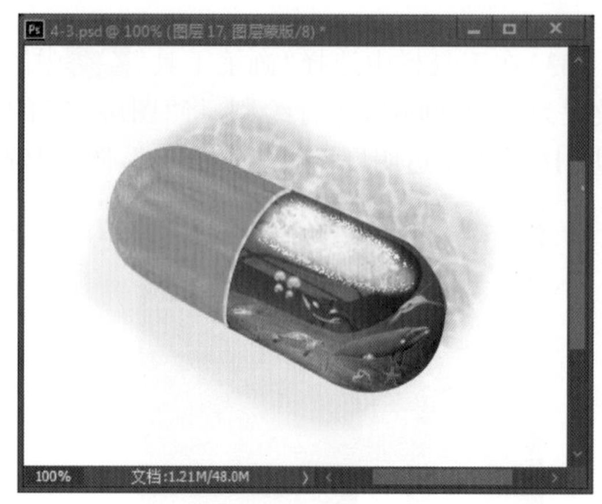

图 4-3-75　最终效果

结合本项目所学知识，完成资料包实训文档中的项目练习。然后在素材网站收集并下载各种素材图案，利用各种操作技法，发挥想象力和图形创意能力，制作出一幅有意思的图像。要求主题明确、色彩鲜明，尽量将“趣味性”与“艺术性”结合，呈现完美效果。

项目五　文字设计

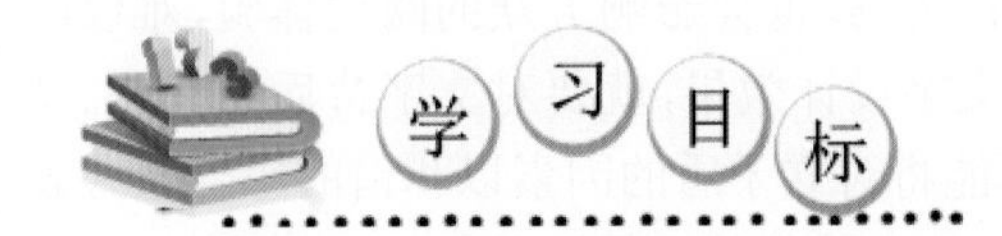

文字在语言学中指书面语等人们意思表达的视觉形式，古代把独体字叫作“文”，把合体字叫作“字”，二者联合起来叫作“文字”。“文字”是记录、交流思想或承载语言的图像或符号，突破口语的时间和空间限制。此外，“文字”也可以指书面语、语言、文章等。文字是人类文化的重要组成部分，而文字设计是指按视觉设计规律对文字进行整体的精心安排，文字排列组合的美观程度直接影响视觉传达效果。文字设计也是人类生产与实践的产物，是随着人类文明的发展而逐步成熟的。

在本项目中，通过文字设计，学习文字设计的相关知识；增进对文字设计的认识与了解；通过使用 Photoshop，制作出既符合视觉审美又体现文化内涵的文字设计作品。在任务实施过程中，要实现如下学习目标：

- 了解文字的历史与演变；
- 了解文字设计的原则与方法；
- 掌握 Photoshop 的文字设计制作。

学习路径

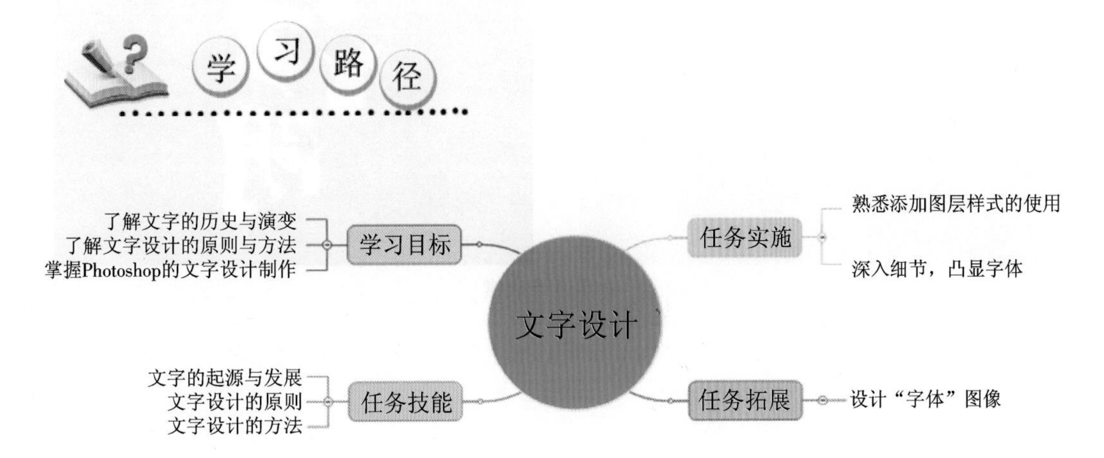

【情境导入】

文字设计的成功或失败，除了体现在字体本身的设计是否美观上以外，还体现在对字体的样式、排列、组合等的运用是否恰当上。若设计作品中文字的样式、排列、组合杂乱无章，不符合大众的视觉审美标准，不但会影响字体设计美感，也会影响大众的阅读体验，难以产生良好的视觉传达效果。所以，要想获得良好的文字设计效果，就要对文字背后的历史、文化有所了解，能够找出不同字体之间的内在联系，能将对立矛盾的因素以和谐的组合形式表现出来，在保留其各自特点的同时，又能形成协调、统一的整体效果。总之，文字作为画面的形象要素，具有传达感情的作用，必须能够给人美的感受。优秀的文字设计会使人心情愉悦，能给人带来良好的阅读体验。

一个小小的设计也可以展示出中国精神和国家形象。学生不仅学到了字体设计的专业知识和技能，更了解了历经磨难的新中国从站起来到富起来到强起来的伟大飞跃，我们要高扬理念旗帜，努力求知，努力成为堪当民族复兴重任的时代新人。

文字设计欣赏

技能点 1　文字的起源与发展

中国的文字是世界上最古老的文字之一，也是至今仍为全球华人使用的文字（古埃及的圣书文字和两河流域的楔形文字比中国文字的历史还要悠久，但是未能延续至今）。中国文字的发展大致是以夏朝为起源的，殷商时代是甲骨文的成熟期，春秋战国时期盛行金文，秦朝统一全国后推行小篆，进入汉唐以后，中国文字的发展脱离古文字，进入隶书、楷书盛行的阶段，到宋朝时期，印刷字体被广泛运用，此时文字已经有几千年的历史，这些文字的更替并没有明显的划分界限，而是并行或交叉出现的。

甲骨文是我们目前所发现的最早的中国文字，是殷商时代刻在龟甲或兽骨上的文字，其内容多为占卜之辞。

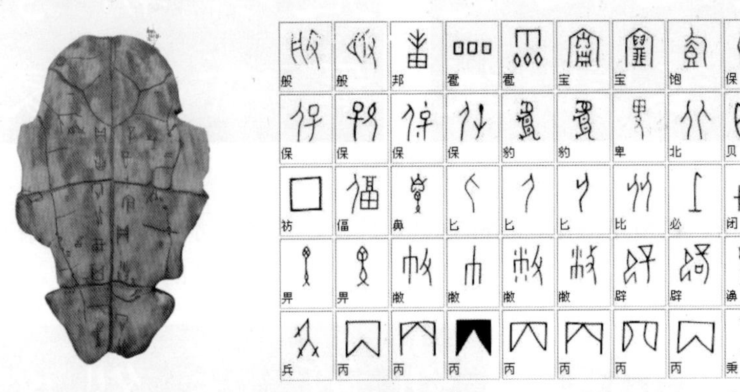

甲骨文欣赏

金文又称钟鼎文和铭文，是铸刻在青铜器上的文字。它从商朝后期出现，至西周时发展起来。据统计，金文大约有单字 3000 多个，其中 2000 字已被人们辨识。金文的形体和结构同甲骨文非常相近。

金文欣赏

小篆是秦始皇统一六国后，规定的在全国范围内使用的统一标准字形与书写字体。

小篆欣赏

隶书最早是下层人使用的一种字体，在民间盛行。随着发展，隶书逐渐成熟，占据了主要地位，在汉朝时，其成为在全国范围内使用的正式书写字体，至今留下的许多名碑就是用隶书篆刻的。

隶书欣赏

楷书也叫“正书”。楷是规矩、整齐的意思，是说这种字体可作为模范，当作标准字体来使用。楷书是由隶书演变而来的，已有近 2000 年的历史，是汉字的标准字体。

楷书欣赏

行书是介于楷书和草书之间的一种字体，大概在魏晋时代开始在民间流行了。行书没有严格的书写规则，写得规矩一点接近楷书的，被称为“行楷”，写得草书味道比较浓厚的，被称为“行草”。行书写起来比楷书快，又不像草书那样难以辨认，因此有很高的实用价值。

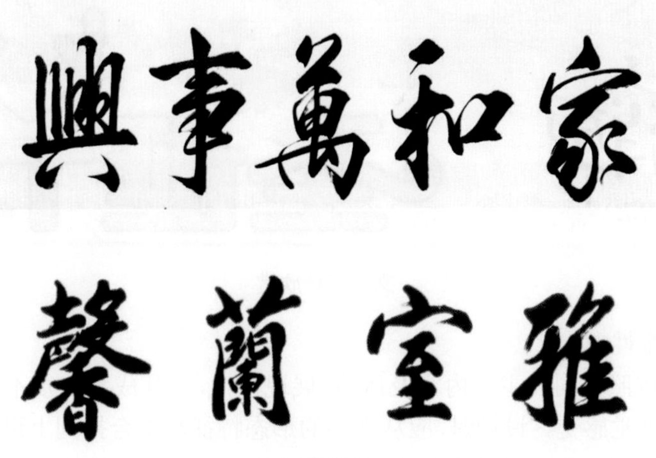

行书欣赏

技能点 2　文字设计的原则

1. 方便大众阅读

文字的主要功能是向大众清晰、准确地传递信息，所以文字设计应避免繁杂零乱，给人混乱的视觉印象；要服务主题，与内容一致，不能产生冲突，破坏文字的主题；要从全局考虑文字设计在整体画面中的位置，绝不可以有视觉上的冲突，否则画面会产生主次不分的效果，很容易引起视觉顺序的混乱，招致大众的反感，甚至厌恶。特别是商品的文字设计，更应注意每个标题、每个字的使用，因为每个品牌都有其含义，文字设计的作用就是将其准确无误地传达给大众。

文字设计欣赏

2. 产生视觉美感

文字设计作为画面的形象要素之一，具有传递感情的功能，因此，首先它必须在视觉上具有美感，才会给大众带来美的享受。优秀的文字设计会拥有巧妙的文字组合排列，能使人感到愉快，给人留下美好的印象，从而使其获得良好的视觉体验。大众用视觉感官衡量事物的美丑，其已经成为衡量文字设计好坏的第一标准。文字设计是对笔画、结构及整体的设计。文字是由横、竖、点和圆弧等线条组合而成的，在结构的安排和线条的搭配上，强调节奏与韵律、表现力和感染力。将内容准确、清晰地传递给大众是文字设计的重要内容。优秀的文字设计可以让人过目不忘，既能传递信息，又能给人以视觉上的美感。

文字设计欣赏

3. 体现创造个性

文字设计要按照不同的主题内容及风格，展现个性，使其成为与众不同的字体形式，给人以别开生面的视觉感受。设计时，应从文字的形态特征与组合排列上进行思考，需要反复修改、对比，才能最终定稿。设计出的文字无论是从外观形态还是从整体布局上看，都能使大众获得审美愉悦。

文字设计欣赏

4. 统一文字风格

文字设计最重要的原则是必须对字体作出统一的形态规范。只有具备了统一性，文字设计才能获得大众的认可和关注。笔画的粗细是文字设计的另一个重要因素，也是文字在统一与变化中产生美感的必要条件，笔画的粗细是有一定的规格和比例的，比如同一字内和不同字间的相同笔画的粗细、形式应该统一，不能损失文字整体的均衡性，否则在视觉上会让人感到不舒服。还有一点值得注意的是对文字笔画空隙的把握，设计者要对笔画的空间做均衡的分配，文字才能具有统一感。

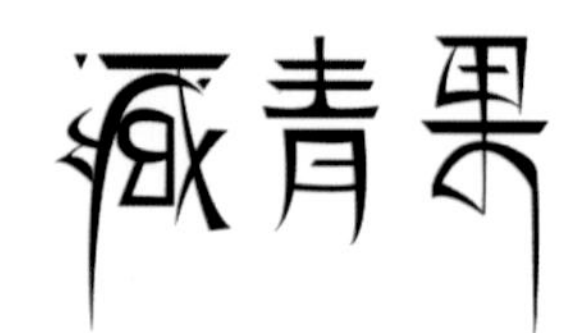

文字设计欣赏

技能点 3　文字设计的方法

1. 塑造笔形

汉字的笔形是一种可变元素，塑造不同的笔形风格也是文字设计的一种重要手段。创造出一种新型的字体，塑造笔形是关键。笔形是塑造文字形状的基本要素，在笔形的创造中要敢于发挥想象、进行创新设计。

塑造笔形设计欣赏

2. 变换结构

结构是构成文字的基础，文字特色的形成，要靠结构来解决。在文字设计中，变换结构是体现设计创意的主要手法。 变换结构是要基于文字现有结构规律，通过创意性的变化创造出各种新的结构。

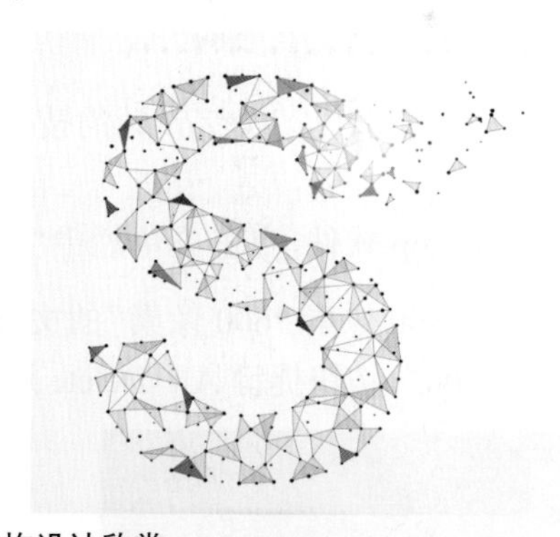

变换结构设计欣赏

3. 变换重组

这里说的变换重组是相对笔形而言的，无论中文还是外文，字体的笔形充分表露着个性特征。例如，在任意两个文字上画一条参考线，以参考线为基准，发挥想象进行变换重组，也许会形成一种新的笔形风格，再如宋体是以一套宋体的笔形构成的，通过各种变换重组手法的处理，能形成新的宋体字形。

变换重组设计欣赏

4. 黑白对比

黑白对比就像印章中的阳文、阴文，是字体创意与表现的重要因素。字体笔画构成的实体部分被称作黑区，与笔画相依的虚体部分被称作白区，黑白两色的分界主要体现在实体笔画与虚体非笔画间的交界处，从黑白两色的区域着手进行创意设计，将会给字体带来全然不同的感觉，同时彰显出个性。

才下眉頭，却上心頭。

黑白对比设计欣赏

通过下面的操作过程，学习文字设计的技巧。下面通过四个案例进行讲解。

1. 案例一

（1）打开 Photoshop 软件，点击菜单栏中“文件”下拉菜单中的“新建”命令，在“新建文档”对话框中，创建“800 像素 *600 像素”的文件（图 5-1-1），点击工具栏中的图标，调节“前景色”为“#000000”，按快捷键 Alt+Delete 进行颜色填充（图 5-1-2）。

图 5-1-1　新建文件

图 5-1-2　填充颜色

（2）在工具栏中选择“横排文字工具”，创建文字“青春如火”（图 5-1-3），点击工具栏中的图标，可切换“字符”和“段落”面板，在“字符”面板中，将字体调节为“叶根友非主流手写”（也可根据软件自带字体自行设置），将“大小”设置为“150 点”（图 5-1-4）。

图 5-1-3　创建文字

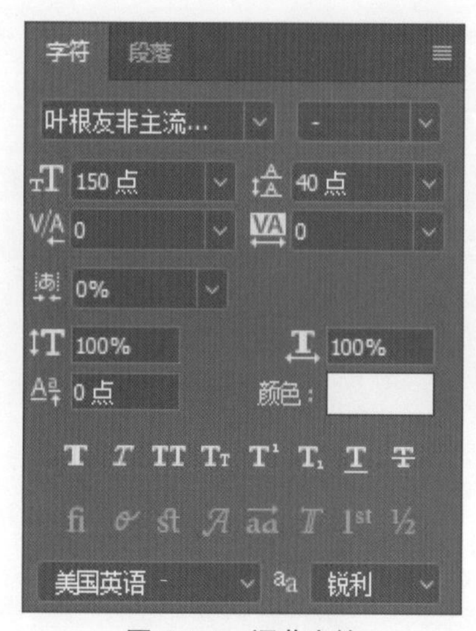

图 5-1-4　调节字符

（3）选择“青春如火”图层，按快捷键 Ctrl+J 进行复制，得到“青春如火拷贝”图层（图 5-1-5），将“青春如火”图层的显示关闭（图 5-1-6）。

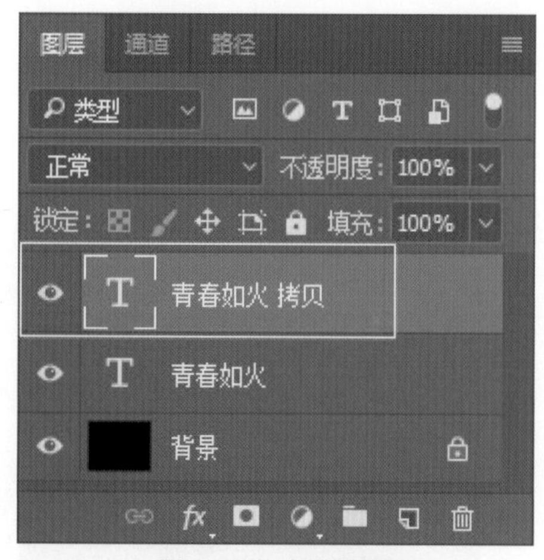

图 5-1-5　复制图层

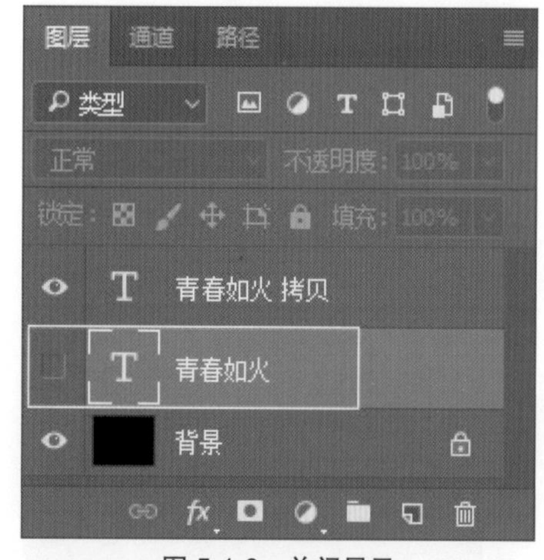

图 5-1-6　关闭显示

（4）选择“青春如火拷贝”图层，点击“图层”面板下方的“添加图层样式”图标，在其下拉菜单中选择“斜面和浮雕”，将“样式”调节为“浮雕效果”，“深度”调节为“150%”，“大小”调节为“60 像素”，“软化”调节为“2 像素”，“光泽等高线”调节为“环形—双”，“高光不透明度”调节为“100%”，“阴影不透明度”调节为“100%”。再选择“纹理”，将“图案”调节为“云彩”，“缩放”调节为“300%”，“深度”调节为“+1000%”（图 5-1-7），按快捷键 Ctrl+J 对“青春如火拷贝”图层进行复制，得到“青春如火拷贝 2”图层，将其“不透明度”调节为“50%”（图 5-1-8）。

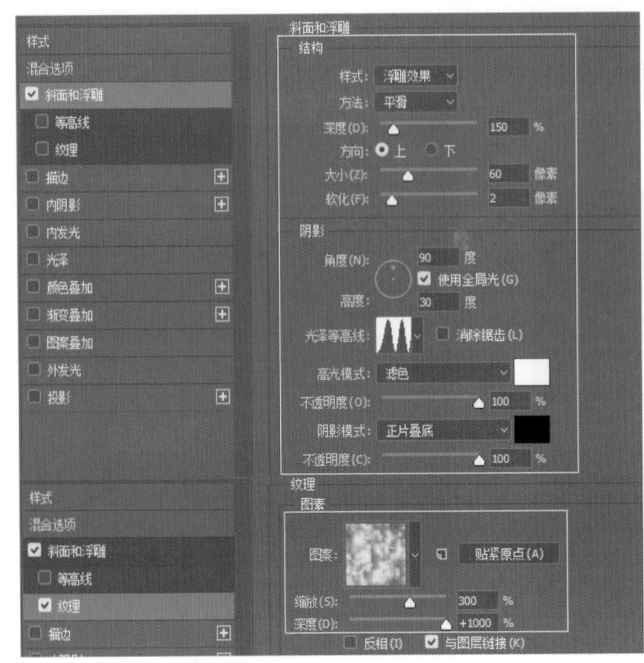

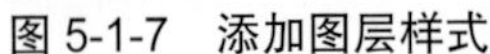
图 5-1-7 添加图层样式

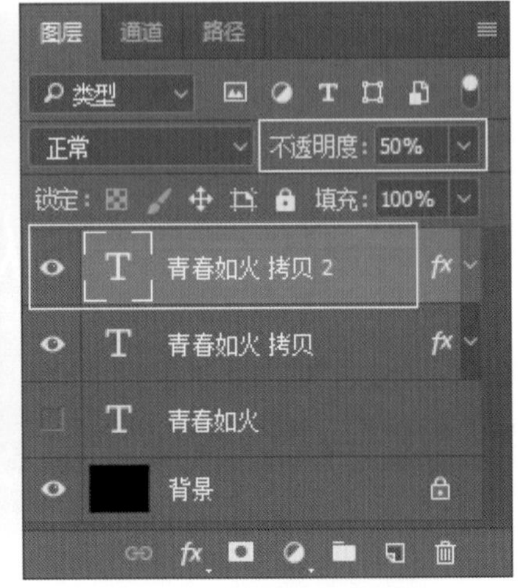

图 5-1-8 复制并设置图层

（5）选择“青春如火”图层，按快捷键 Ctrl+J 进行复制，得到“青春如火拷贝 3”（图 5-1-9），将其置顶同时打开显示（图 5-1-10）。

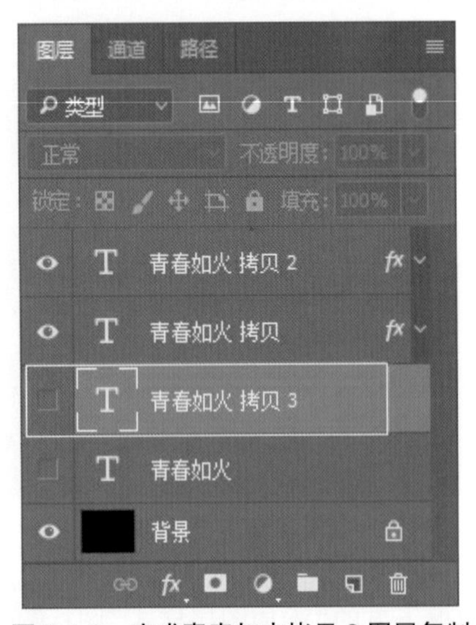

图 5-1-9 完成青春如火拷贝 3 图层复制

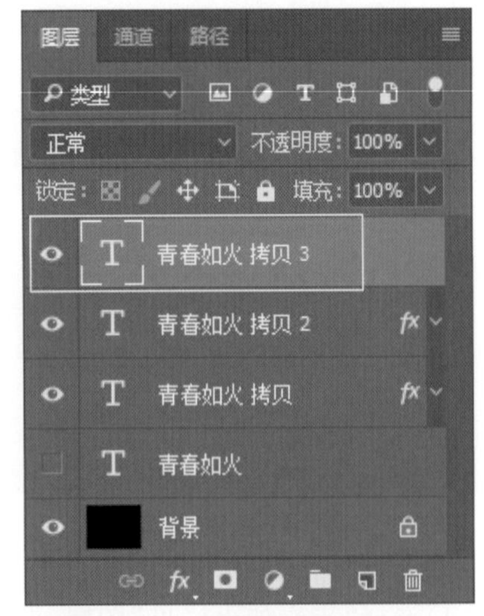

图 5-1-10 置顶图层并打开显示

（6）点击“图层”面板下方的“添加图层样式”图标 fx，在其下拉菜单中选择“内阴影”，将“混合模式”调节为“线性加深”，“颜色”调节为“#000000”，“不透明度”调节为“20%”，“角度”调节为“−90 度”，不勾选“使用全局光”，“距离”调节为“4 像素”，“阻塞”调节为“0%”，

“大小”调节为“0 像素”（图 5-1-11）。点击“添加图层样式”图标，在其下拉菜单中选择“内发光”，将“混合模式”调节为“颜色减淡”，“不透明度”调节为“60%”，“颜色”调节为“#fdfdfd”，“阻塞”调节为“0%”，“大小”调节为“3 像素”（图 5-1-12）。

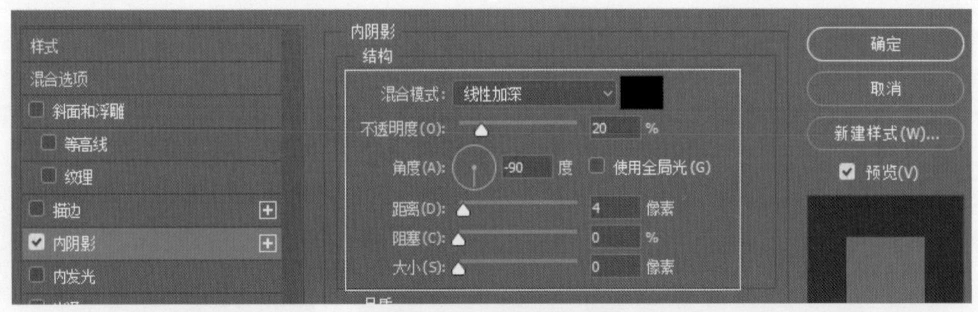

图 5-1-11　调节内阴影

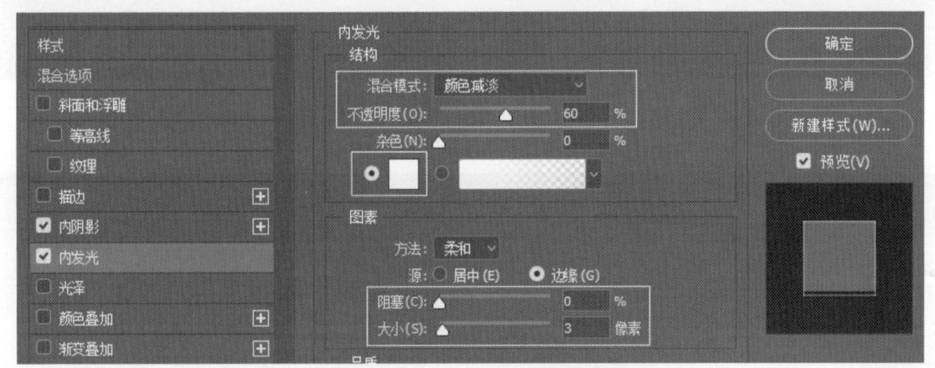

图 5-1-12　调节内发光

（7）点击“图层”面板下方的“添加图层样式”图标，在其下拉菜单中选择“斜面和浮雕”，将“方法”调节为“雕刻清晰”，“深度”调节为“250%”，“大小”调节为“3 像素”，“软化”调节为“0 像素”，“角度”调节为“135 度”，“高度”调节为“20 度”，“（高光模式）颜色”调节为“#fdfdfd”，“（高光模式）不透明度”调节为“75%”，“（阴影模式）颜色”调节为“#5b5b5b”，“（阴影模式）不透明度”调节为“65%”（图 5-1-13）。点击“添加图层样式”图标，在其下拉菜单中选择“光泽”，将“混合模式”调节为“颜色减淡”，“颜色”调节为“#fefefe”，“不透明度”调节为“20%”，“角度”调节为“90 度”，“距离”调节为“20 像素”，“大小”调节为“30 像素”，“等高线”调节为“环形”（图 5-1-14）。

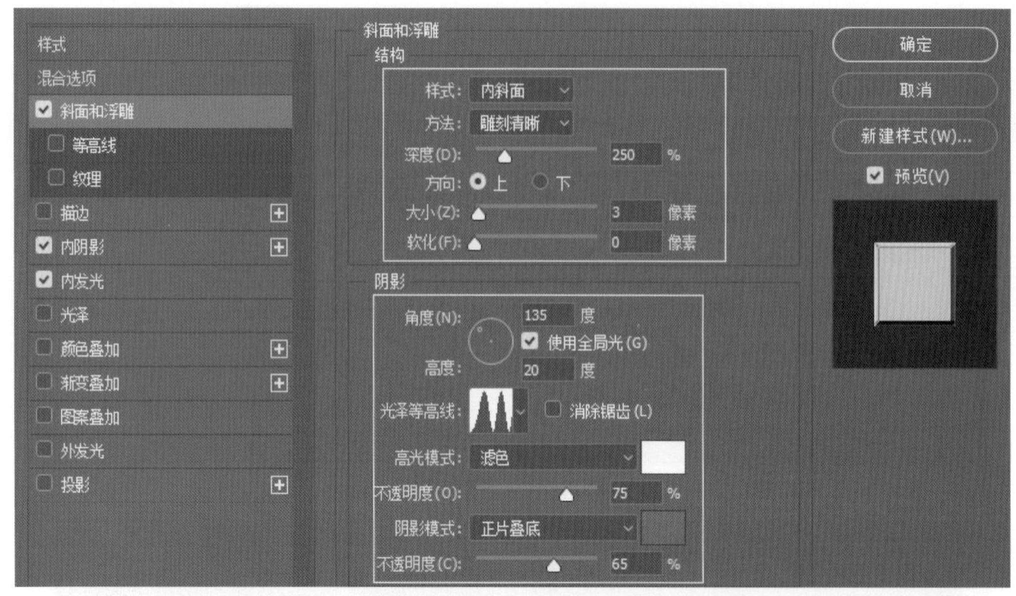

图 5-1-13 调节斜面和浮雕

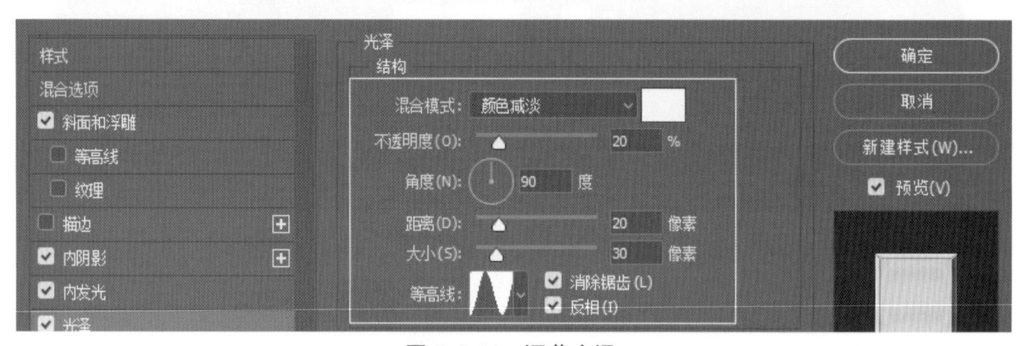

图 5-1-14 调节光泽

（8）点击“添加图层样式”图标 fx 中的“颜色叠加”，将“混合模式”调节为“变亮”，“颜色”调节为“#f3d209”，“不透明度”调节为“70%”（图 5-1-15）。再选择“图案叠加”，将“图案”选择为“云彩”（图 5-1-16）。

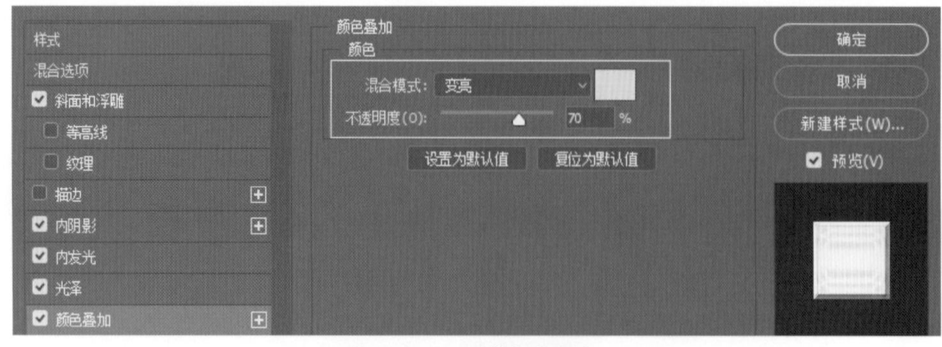

图 5-1-15 调节颜色叠加

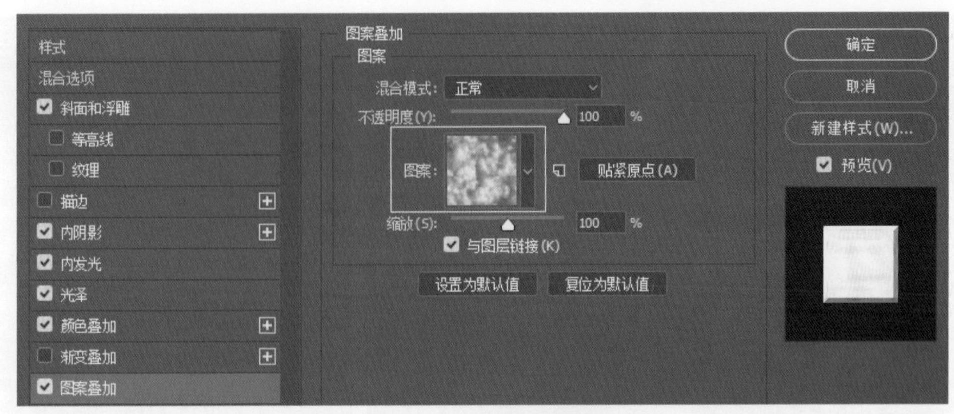

图 5-1-16　调节图案叠加

（9）选择“青春如火”图层，按快捷键 Ctrl+J 进行复制，得到“青春如火拷贝 4”图层，将其置顶同时打开显示（图 5-1-17）。点击“图层”面板下方的“添加图层样式”图标，在其下拉菜单中选择“内阴影”，将“混合模式”调节为“柔光”，“颜色”调节为“#040404”，“角度”调节为“135 度”，“不透明度”调节为“100%”，“距离”调节为“12 像素”，“阻塞”调节为“0%”，“大小”调节为“9 像素”（图 5-1-18）。

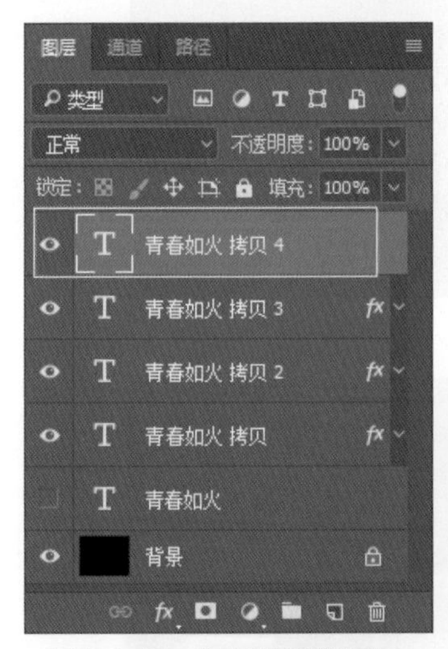

图 5-1-17　复制并调整图层

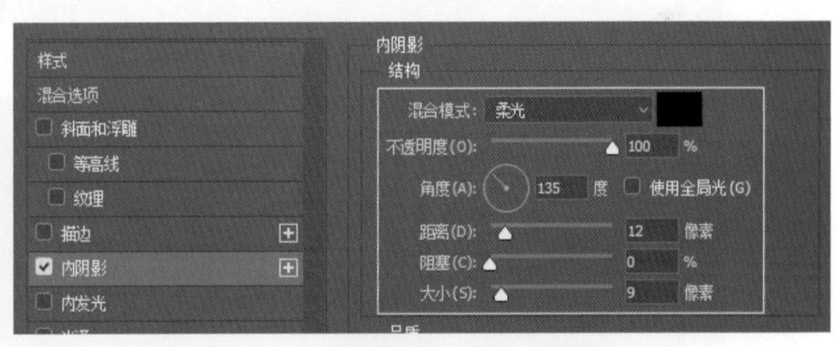

图 5-1-18　调节内阴影

（10）点击“图层”面板下方的“添加图层样式”图标，在其下拉菜单中选择“斜面和浮雕”，将“样式”调节为“内斜面”，“方法”调节为“平滑”，“深度”调节为“123%”，“大小”调节为“7 像素”，“角度”调节为“90 度”，不勾选“使用全局光”，“（高光模式）颜色”调节为“#fefad5”，“（高光模式）不透明度”调节为“100%”，“（阴影）不透明度”调节为“0%”（图 5-1-19），单击“光泽等高线”后的矩形框，对“光泽等高线”进行自定义调节（图 5-1-20）。

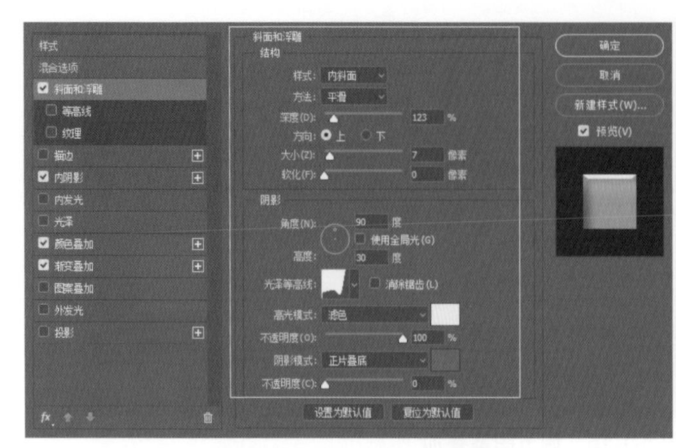

图 5-1-19　调节斜面和浮雕

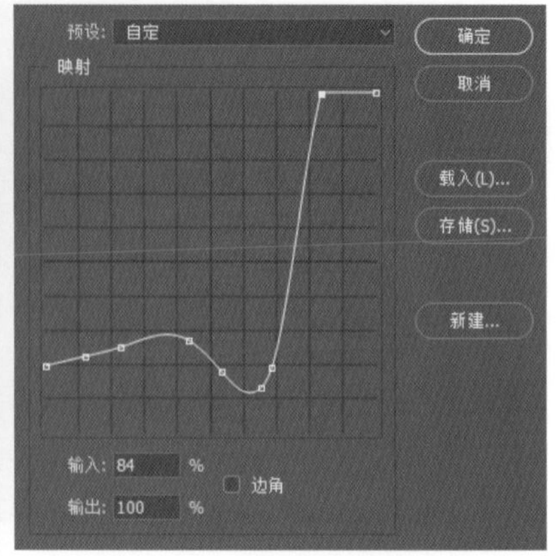

图 5-1-20　自定义调节等高线

（11）再选择“颜色叠加”，将“混合模式”调节为“点光”，“颜色”调节为“#ffffff”，“不透明度”调节为“30%”（图 5-1-21）。选择“渐变叠加”，将“渐变”颜色调节为“#000000 至 #e99f00”，“缩放”调节为“150%”（图 5-1-22）。

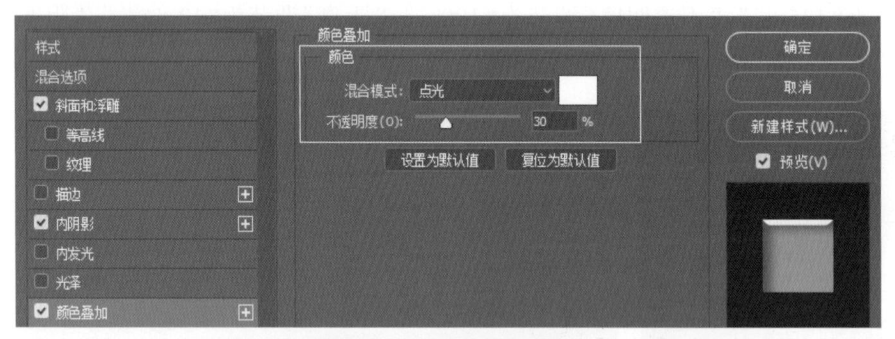

图 5-1-21　调节颜色叠加

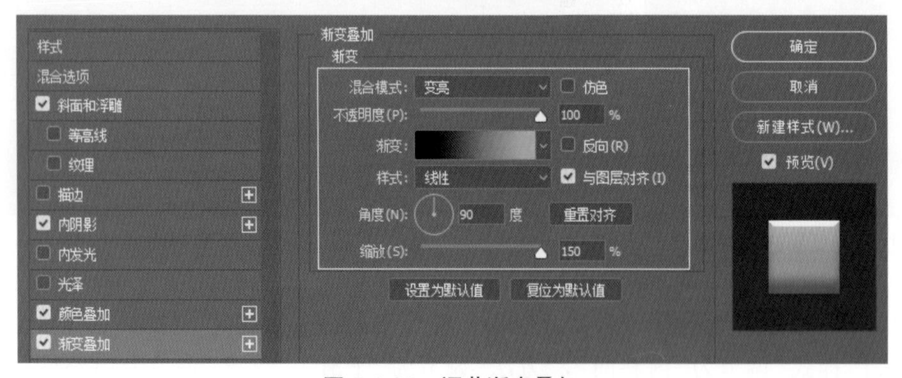

图 5-1-22　调节渐变叠加

（12）点击“图层”面板下方的“添加图层样式”图标 fx ，在其下拉菜单中选择“描边”，将“大小”调节为“2 像素”，“填充类型”调节为“渐变”，“渐变”颜色调节为“#151320 至 #a2a2a2”，“样式”调节为“迸发状”（图 5-1-23）。将“青春如火拷贝 4”图层的“填充”调节为“0%”。选择“青春如火”图层，按快捷键 Ctrl+J 进行复制，得到“青春如火拷贝 5”图层，将其置顶同时打开显示（图 5-1-24）。

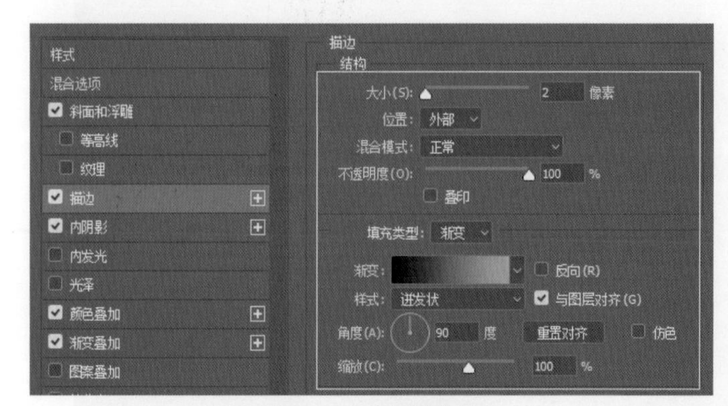

图 5-1-23　调节描边

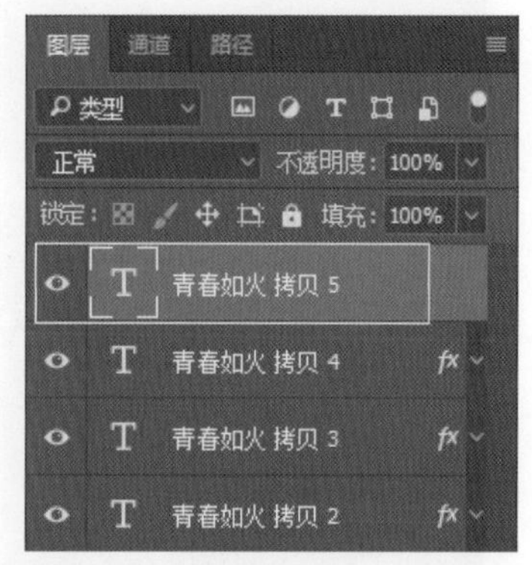

图 5-1-24　置顶图层并打开图层显示

（13）点击“图层”面板下方的“添加图层样式”图标 fx ，在其下拉菜单中选择“投影”，将“混合模式”调节为“强光”，“颜色”调节“#ffffff”，“不透明度”调节为“70%”，“角度”调节为“90 度”，不勾选“使用全局光”，“距离”调节为“0 像素”，“扩展”调节为“0%”，“大小”调节为“10 像素”（图 5-1-25）。再勾选“外发光”，将“混合模式”调节为“线性光”，“不透明度”调节为“70%”，“颜色”调节为“#fd7400”，“扩展”调节为“0 像素”，“大小”调节为“75 像素”，“等高线”调节为“锥形”，“范围”调节为“100%”（图 5-1-26）。

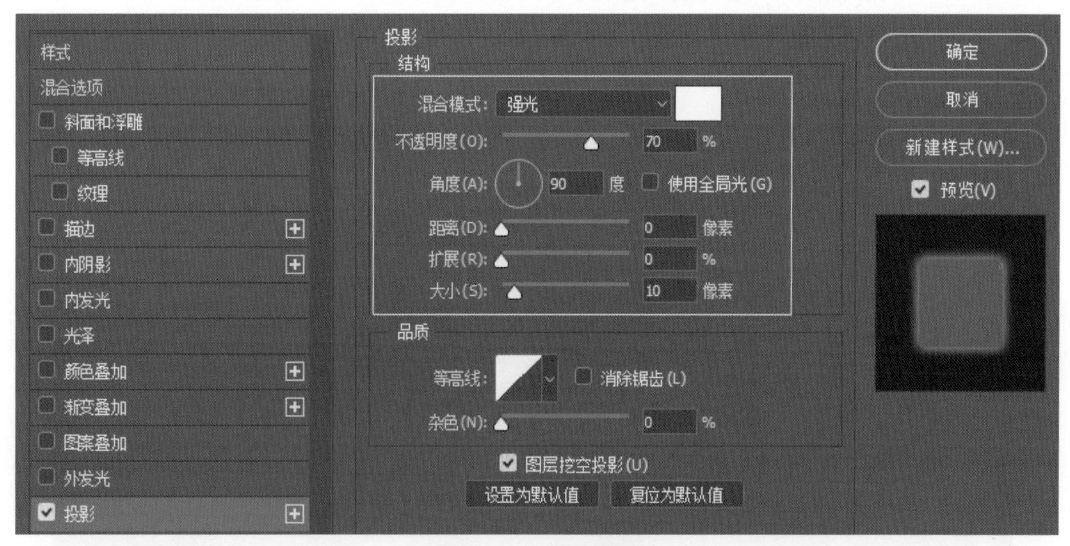

图 5-1-25　调节投影

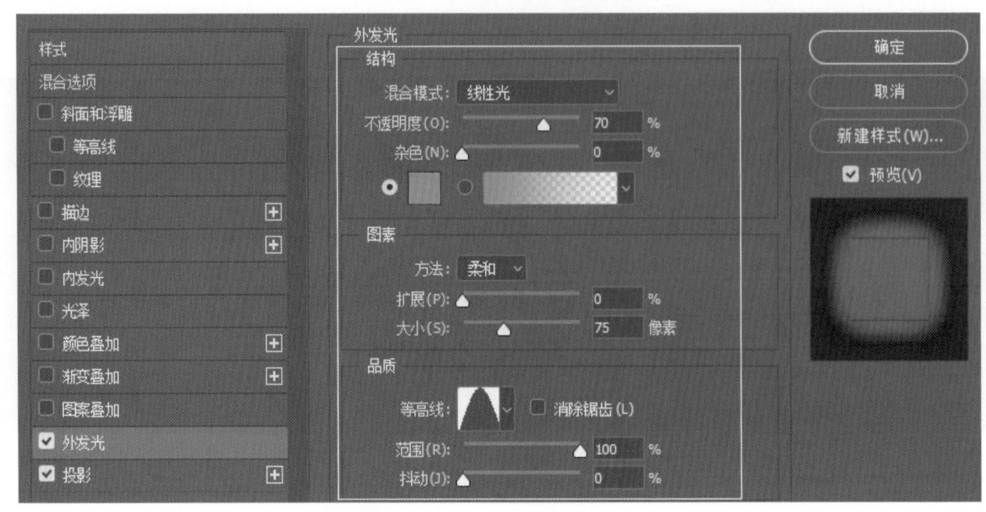

图 5-1-26　调节外发光

（14）点击“添加图层样式”fx 中的“斜面和浮雕”，将“样式”调节为“外斜面”，“深度”调节为“400%”，“大小”调节为“40 像素”，“软化”调节为“10 像素”，“角度”调节为“60 度”，“高度”调节为“30 度”，“光泽等高线”调节为“环形—双”，“（高光模式）颜色”调节为“#ffa001”，“（高光模式）不透明度”调节为“65%”，“（阴影模式）颜色”调节为“#901e04”“（阴影模式）不透明度”调节为“100%”（图 5-1-27）。勾选“纹理”，将“图案”调节为“云彩”，“缩放”调节为“250%”，“深度”调节为“5%”（图 5-1-28）。将“青春如火拷贝 5”图层的“填充”调节为“0%”。

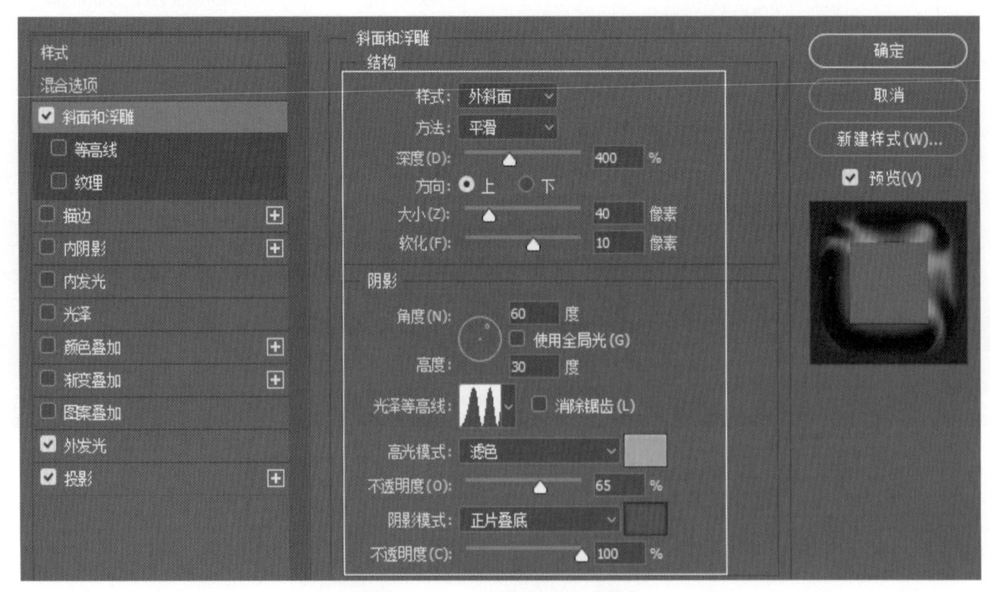

图 5-1-27　调节斜面和浮雕

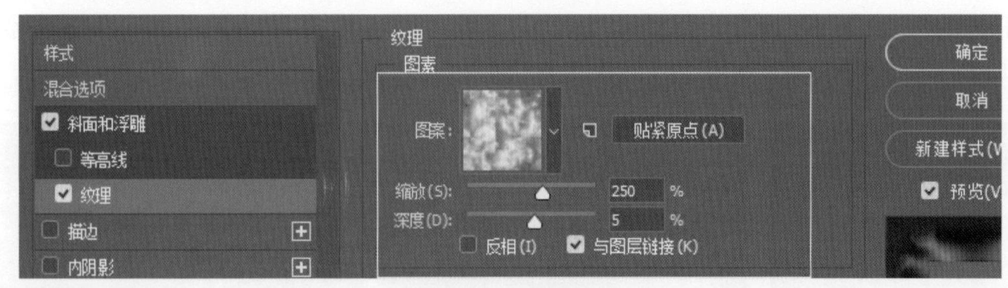

图 5-1-28　调节纹理

（15）选择“青春如火”图层，按快捷键 Ctrl+J 进行复制，得到“青春如火拷贝 6”，将其置顶同时打开显示。点击“图层”面板下方的“添加图层样式”图标 fx，在其下拉菜单中选择“斜面和浮雕”，将“样式”调节为“内斜面”，“深度”调节为“450%”，“大小”调节为“8 像素”，“软化”调节为“3 像素”，“角度”调节为“135 度”，“高度”调节为“30 度”，“光泽等高线”调节为“画圆步骤”，勾选“消除锯齿”，“（高光模式）颜色”调节为“#fbfadb”，“（高光模式）不透明度”调节为“90%”，“（阴影模式）颜色”调节为“#d43e19”，“（阴影模式）不透明度”调节为“35%”（图 5-1-29）。勾选“等高线”，将“等高线”调节为“环形”，勾选“消除锯齿”，将“范围”调节为“100%”（图 5-1-30）。将“青春如火拷贝 6”图层的“填充”调节为“0%”。

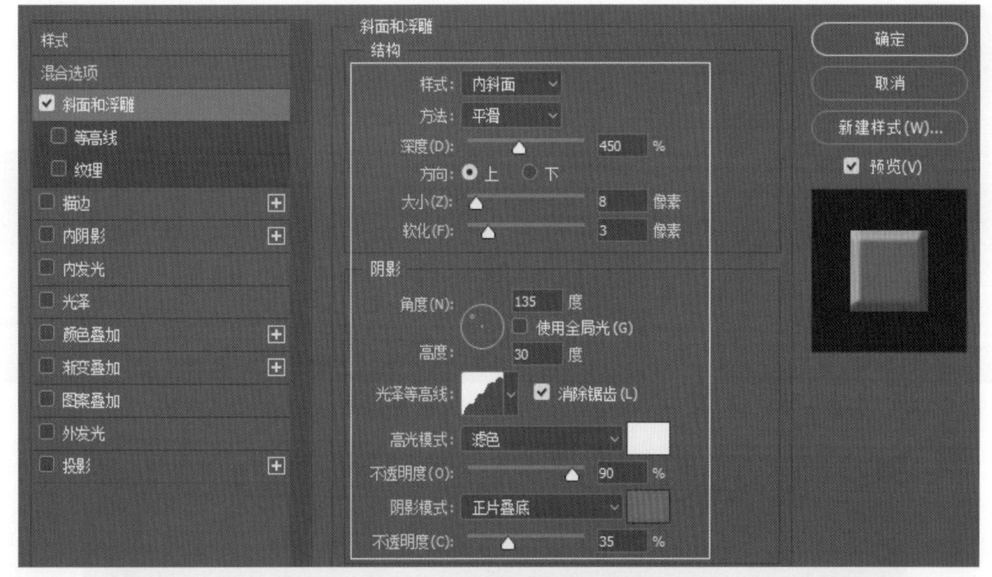

图 5-1-29　调节斜面和浮雕

图 5-1-30　调节等高线

（16）选择“青春如火拷贝 6”图层，按快捷键 Ctrl+J 进行复制，得到“青春如火拷贝 7”（图 5-1-31）。点击“图层”面板下方的“添加图层样式”图标 fx，在其下拉菜单中选择“斜面和浮雕”，将“深度”调节为“350%”，“大小”调节为“15 像素”，“软化”调节为“5 像素”，“（高光模式）颜色”调节为“#ffffff”（图 5-1-32）。

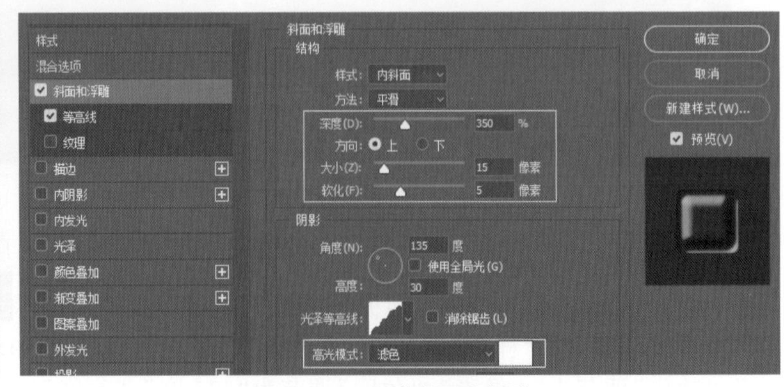

图 5-1-31 完成图层复制　　图 5-1-32 调节斜面和浮雕

（17）选择“青春如火拷贝 7”图层，按快捷键 Ctrl+J 进行复制，得到“青春如火拷贝 8”（图 5-1-33）。将“斜面和浮雕”中的“深度”调节为“700%”，“大小”调节为“10 像素”（图 5-1-34）。最终效果如图 5-1-35 所示。

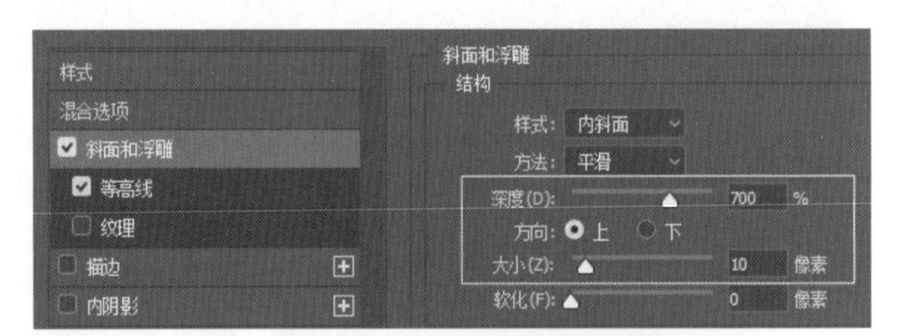

图 5-1-33 完成图层复制　　图 5-1-34 调节斜面和浮雕

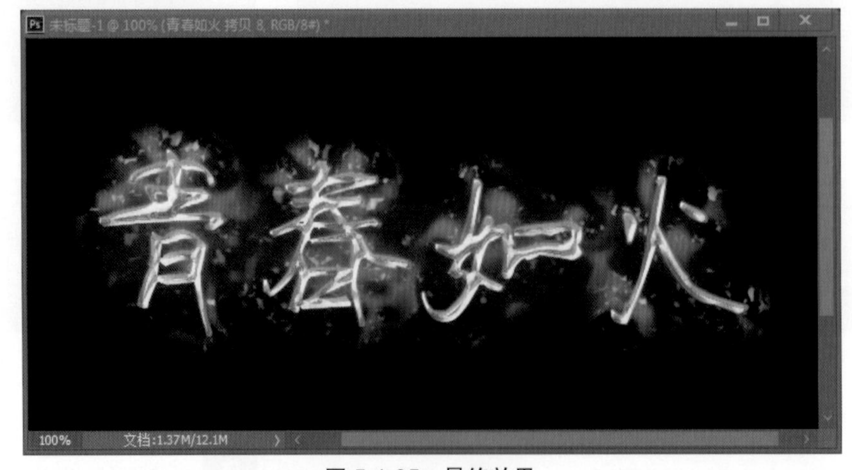

图 5-1-35 最终效果

2. 案例二

（1）在 Photoshop 软件中，按 Ctrl+O 快捷键，打开“光斑”素材（图 5-2-1），点击“图层”面板下方的“创建新图层”图标，创建“图层 1”（图 5-2-2）。

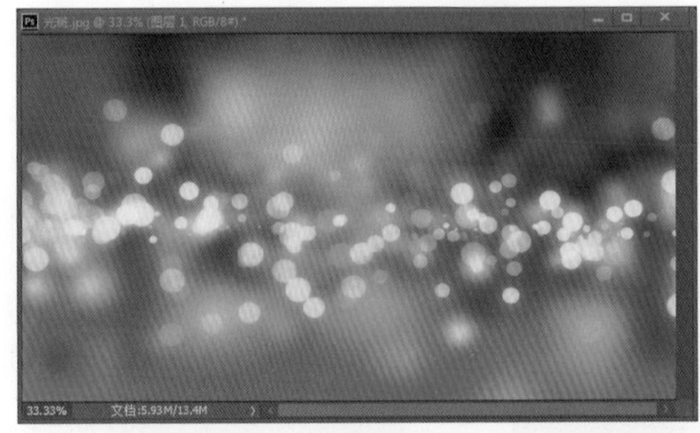

图 5-2-1　打开“光斑”素材

图 5-2-2　创建图层 1

（2）将“背景”层解锁（解锁后“背景”图层默认显示为“图层 0”），调至“图层 1”之上（图 5-2-3），选择“图层 1”，点击工具栏中的图标，调节“前景色”为“#272727”，按快捷键 Ctrl+Delete 进行颜色填充（图 5-2-4）。

图 5-2-3　解锁并调整背景图层

图 5-2-4　填充颜色

（3）在“图层”面板中，将“图层 0”的“混合模式”调节为“叠加”（图 5-2-5）。选择“图层 1”，点击“图像”—“调整”—“曲线”命令或按快捷键 Ctrl+M，通过曲线调节“图层 1”的颜色，直至得到理想效果（图 5-2-6）。

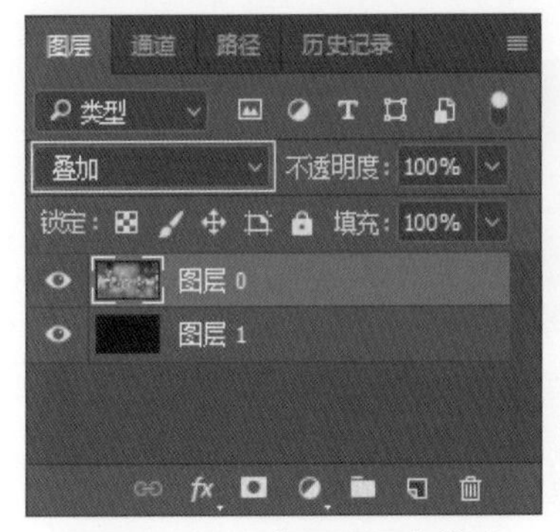

图 5-2-5　调节图层混合模式

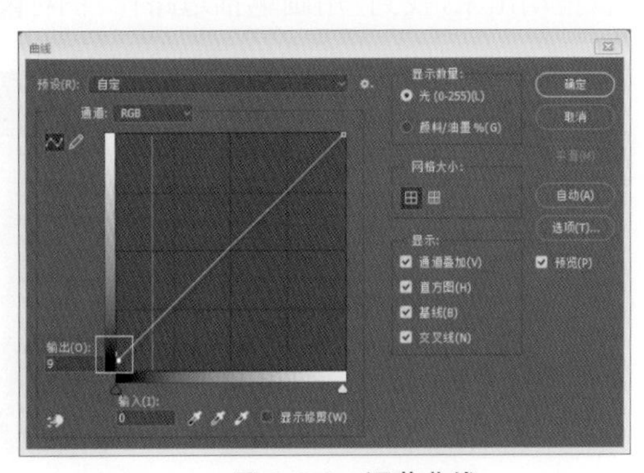

图 5-2-6　调节曲线

（4）在工具栏中选择“横排文字工具”，创建文字“Photoshop”（图 5-2-7），点击工具栏中的图标，可切换“字符”和“段落”面板，在“字符”面板中，将字体调节“Adobe 黑体 Std”（也可根据软件自带的字体自行设置），“大小”调节为“320 点”，“颜色”设置为“#000000”（图 5-2-8）。

图 5-2-7 创建文字

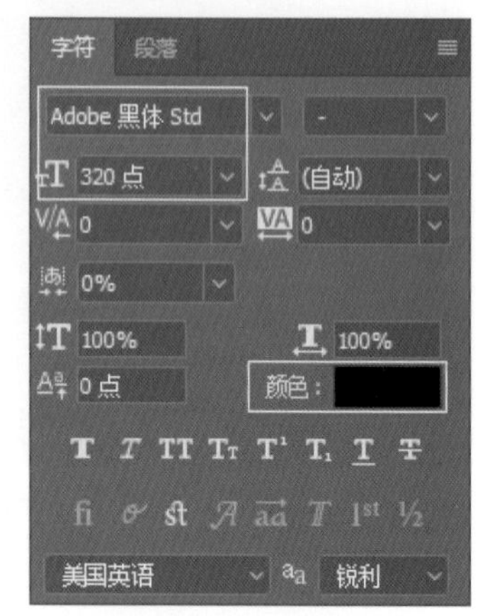

图 5-2-8 调节字符

（5）选择文字图层单击右键，在弹出的下拉菜单中选择“创建工作路径”命令（图 5-2-9），在文字的边缘显示路径（图 5-2-10）。

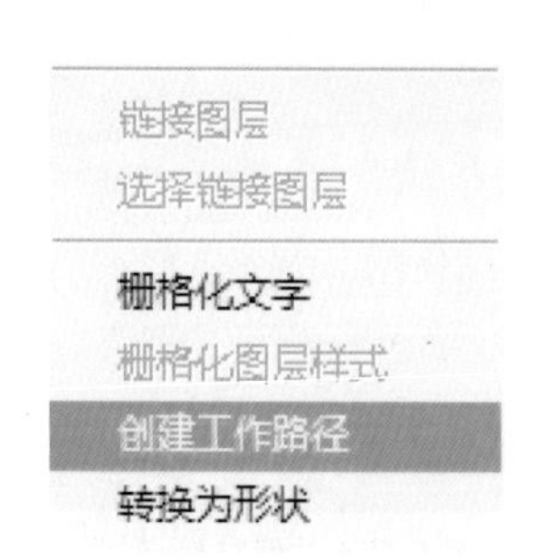

图 5-2-9 创建工作路径命令

图 5-2-10 显示路径

（6）点击“图层”面板下方的“创建新图层”图标，创建“图层 2”（图 5-2-11），将“路径”面板拖动出来，找到“用画笔描边路径”图标（图 5-2-12）。

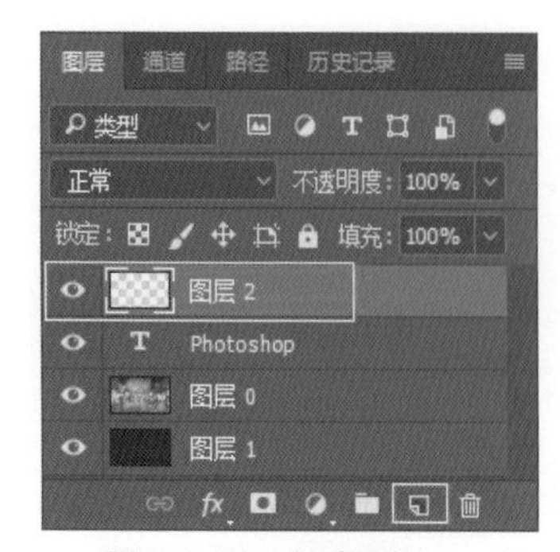

图 5-2-11 创建图层 2

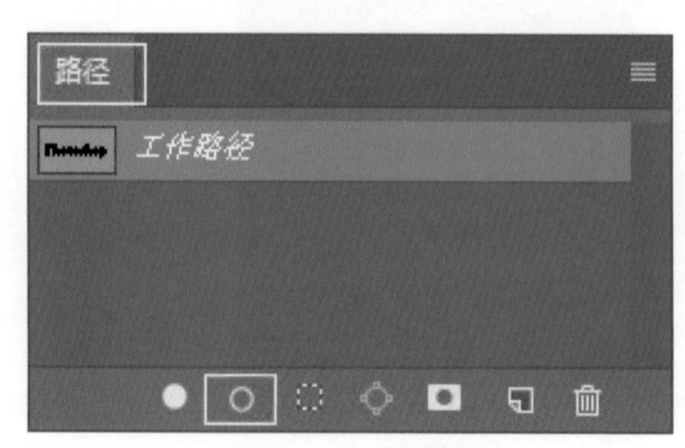

图 5-2-12 路径面板

（7）点击“画笔设置”，得到选项（图 5-2-13），选择“画笔笔尖形状”，将“间距”调节为“100%”（图 5-2-14）。

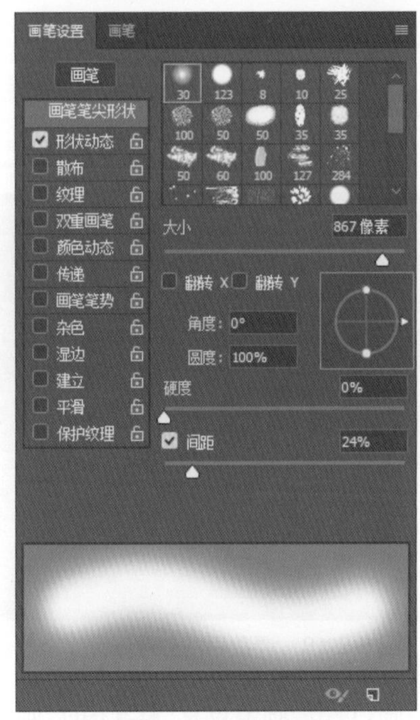

图 5-2-13　画笔设置面板

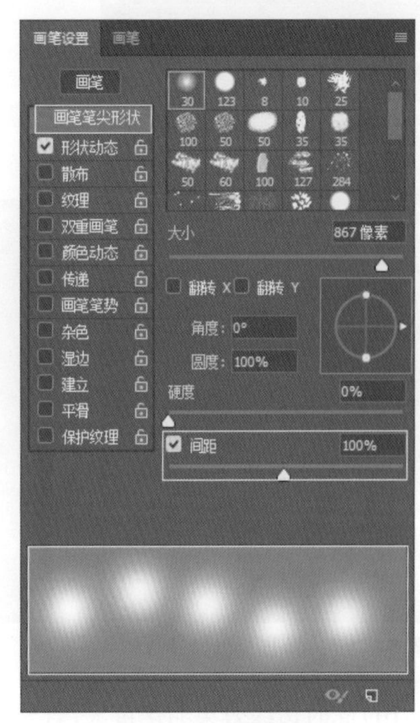

图 5-2-14　调节间距

（8）点击工具栏中的图标，调节“前景色”为“#ffffff”，在“画笔”面板中，将画笔“大小”调节为“40 像素”（图 5-2-15）。点击“路径”面板中的“用画笔描边路径”图标，进行测试，效果如图 5-2-16 所示。

图 5-2-15　调节画笔大小

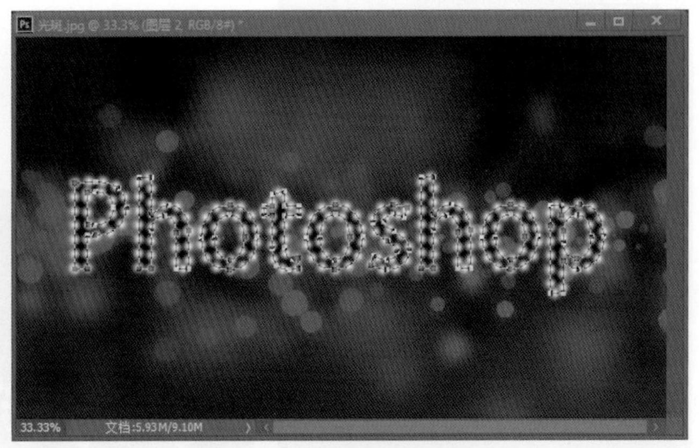

图 5-2-16　调整后的效果

（9）若效果理想，点击“编辑”—“后退一步”命令或按快捷键“Alt+Ctrl+Z”，选择“画笔设置”中的“形状动态”，将“大小抖动”调节为“100%”（图 5-2-17）。点击“路径”面板中“用画笔描边路径”图标，进行测试，效果如图 5-2-18 所示。

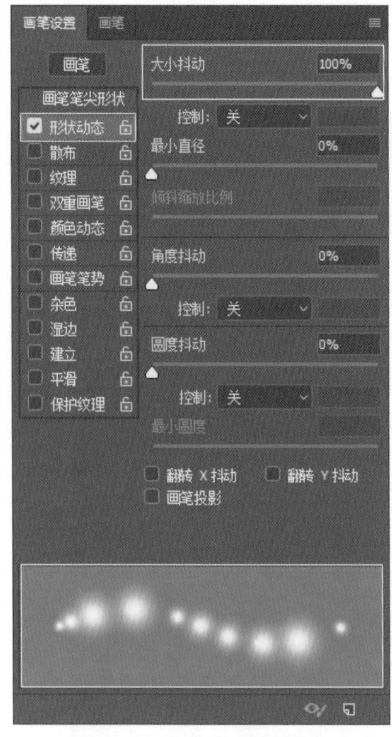

图 5-2-17 调节大小抖动

图 5-2-18 调整后的效果

（10）此时边缘效果羽化过大，若要将边缘变得清晰，点击“画笔设置”中的“画笔笔尖形状”，将“硬度”数值调大至“100%”（图 5-2-19），删除之前的效果。点击“路径”面板中“用画笔描边路径”图标，进行测试，画笔的边缘效果变得清晰（图 5-2-20）。

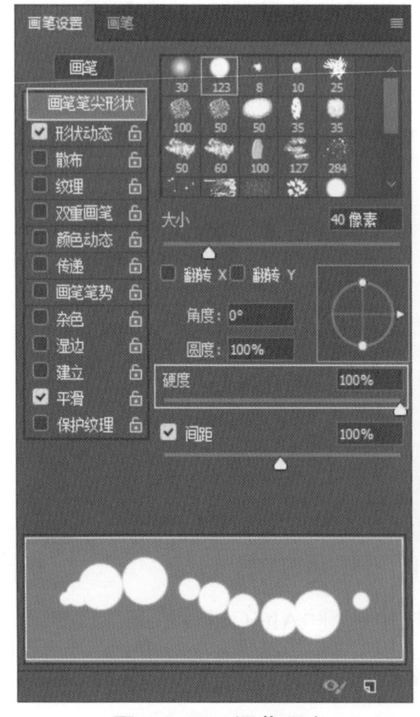

图 5-2-19 调节硬度

图 5-2-20 画笔边缘效果变清晰

（11）再在“画笔设置”面板中勾选“传递”，将“不透明度抖动”调为“100%”，将画笔变为虚实结合的效果（图 5-2-21），删除之前的效果。点击“路径”面板中“用画笔描边路径”图标，进行测试，画笔出现虚实结合效果（图 5-2-22）。

图 5-2-21　勾选传递

图 5-2-22　虚实结合效果

（12）点击工具栏中的图标，调节“前景色”为“#e765e2”，“背景色”为“#488ed5”（此时颜色若为“黑”“白”“灰”将不会出现色彩过渡）。选择“画笔设置”中的“颜色动态”，勾选“应用每笔尖”，将“前景 / 背景抖动”调为“100%”（图 5-2-23），删除之前的效果。点击“路径”面板中“用画笔描边路径”图标，进行测试，画笔出现色彩过渡效果（图 5-2-24）。

（13）再在“画笔设置”面板中选择“散布”，勾选“两轴”，将“散布”调为“50%”（图 5-2-25），删除之前的效果。点击“路径”面板中“用画笔描边路径”图标，进行测试，画笔出现散布效果（图 5-2-26）。

（14）此时，若想增加笔刷的数量，点击“画笔设置”面板中的“画笔笔尖形状”，将“间距”调为“50”（图 5-2-27，调节“散步”中的“数量”也可增加笔刷的数量，但是效果过于生硬，不宜使用），删除之前的效果。点击“路径”面板中“用画笔描边路径”图标，进行测试，画笔数量增加（图 5-2-28）。

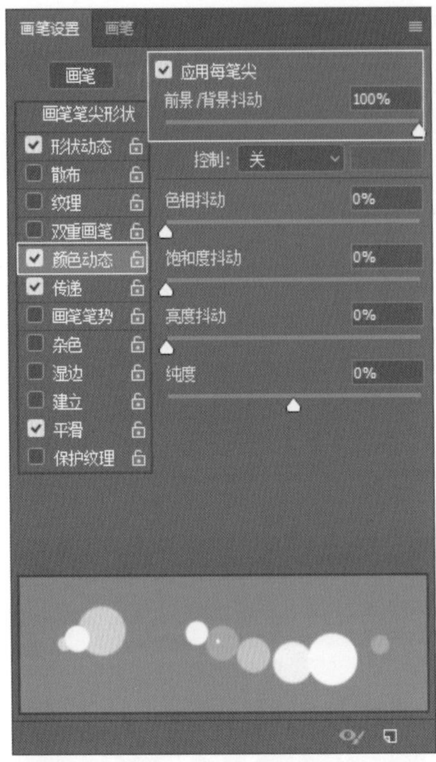

图 5-2-23　调节颜色动态

图 5-2-24　色彩过渡效果

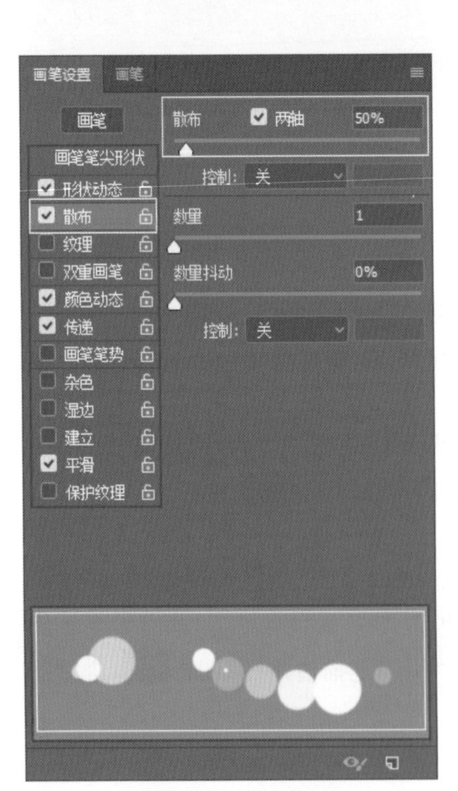

图 5-2-25　调节散布

图 5-2-26　散布效果

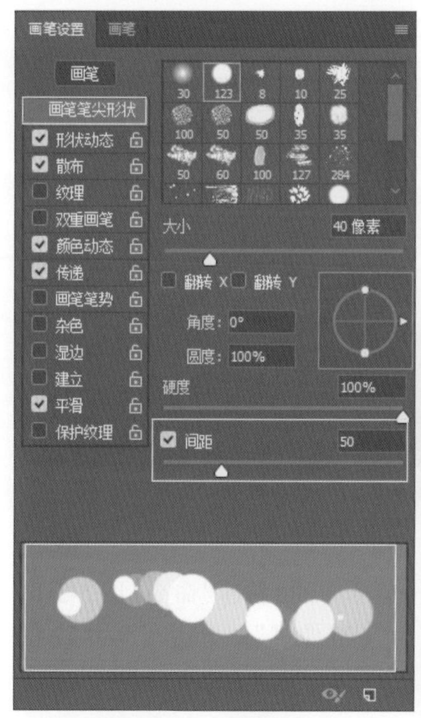

图 5-2-27　调节间距

图 5-2-28　画笔数量增加后的效果

（15）选择文字图层，将“不透明度”调为“40%”（图 5-2-29）。选择“图层 2”，点击“图层”面板下方的“添加图层样式”图标，在其下拉菜单中选择“内发光”，将“不透明度”调为“75%”，“颜色”调为“#f4f3bd”，“源”选择“居中”，“大小”调为“7 像素”（图 5-2-30）。

图 5-2-29　选择并调整文字图层

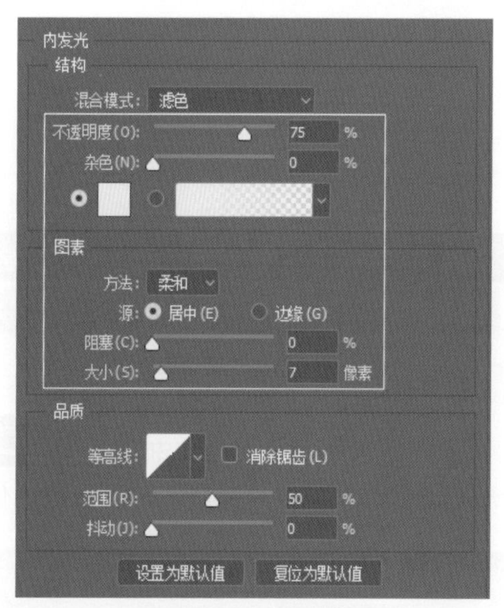

图 5-2-30　调节内发光

（16）点击“滤镜”—“模糊”—“高斯模糊”命令，在弹出的“高斯模糊”对话框中，将

“半径”调为“0.5 像素”（图 5-2-31），最终效果如图 5-2-32 所示。

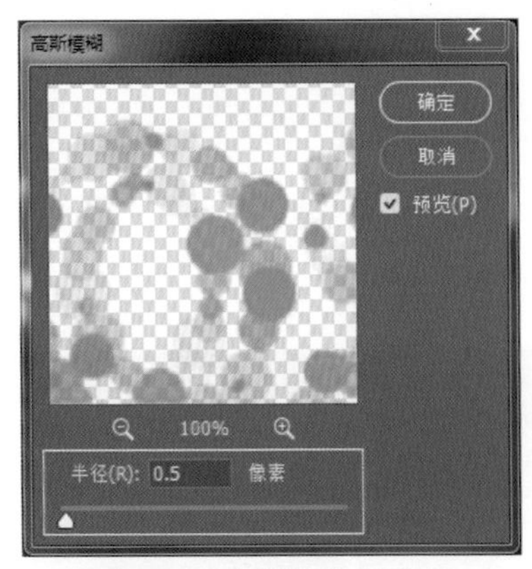

图 5-2-31 调节高斯模糊

图 5-2-32 最终效果

3. 案例三

（1）打开 Photoshop 软件，点击菜单栏中“文件”下拉菜单中的“新建”命令（图 5-3-1）或按 Ctrl+N 快捷键，创建“宽度”为“900 像素”，“高度”为“600 像素”，“分辨率”为“72 像素 / 英寸”，“背景内容”为“白色”的文档（图 5-3-2）。

图 5-3-1 新建命令

图 5-3-2 创建文档

（2）使用工具栏中的“渐变工具”的“径向渐变”，设置颜色从“#dbe0ee”色到“#144d86”色的渐变过渡（图 5-3-3），对图像进行绘制，效果如图 5-3-4 所示。

图 5-3-3 调节渐变工具

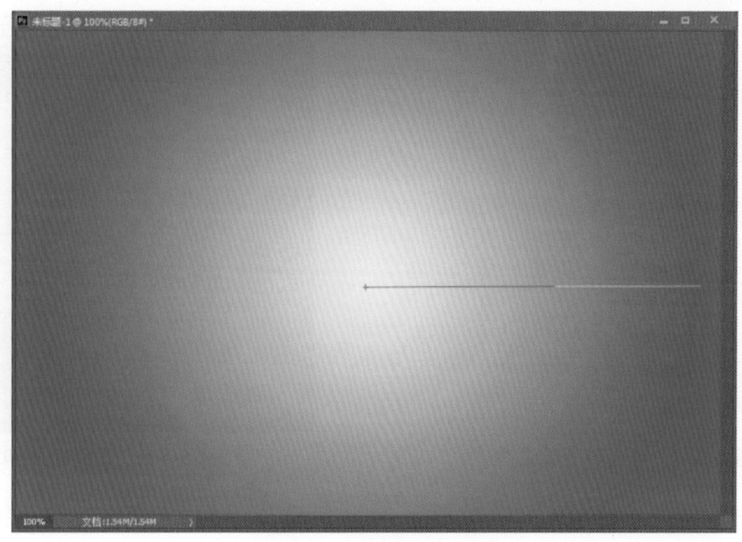

图 5-3-4　调整后的效果

（3）在工具栏中选择“横排文字工具”，创建文字“黄金之城”（图 5-3-5），点击工具栏中的图标，可切换“字符”和“段落”面板，在“字符”面板中，将字体调节为“方正超粗黑简体”（也可根据软件自带的字体自行设置），“大小”调节为“150 点”（图 5-3-6）。

图 5-3-5　创建文字

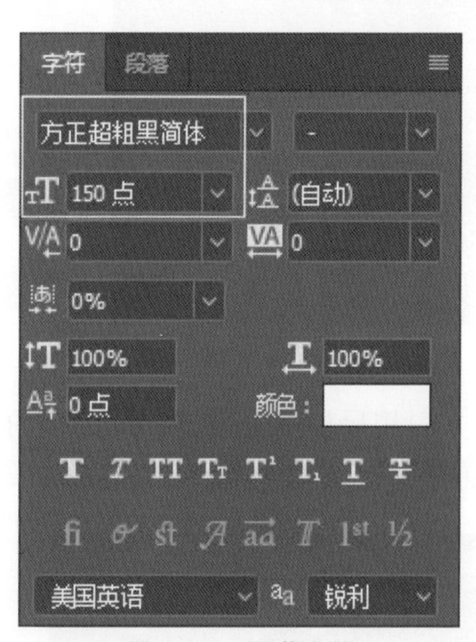

图 5-3-6　调节字符

（4）点击“图层”面板下方的“添加图层样式”图标，在其下拉菜单中选择“斜面和浮雕”命令（图 5-3-7），在弹出的“图层样式”对话框中，将“样式”调节为“内斜面”，“方法”调节为“平滑”，“大小”调节为“10 像素”，“角度”调节为“130 度”，“高度”调节为“35 度”（图 5-3-8）。

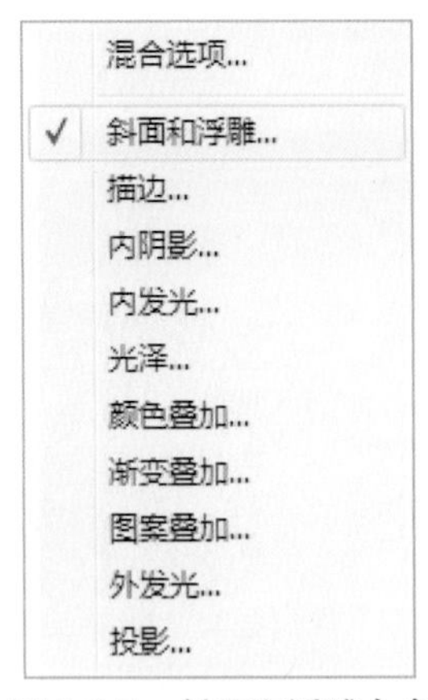

图 5-3-7　斜面和浮雕命令

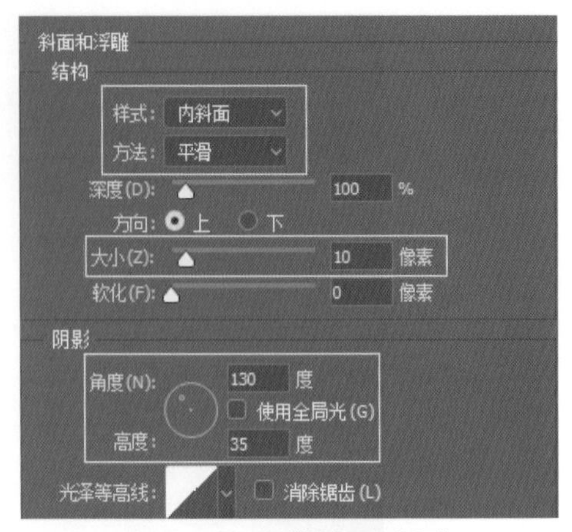

图 5-3-8　调节斜面和浮雕

（5）打开“纹理”素材（图 5-3-9），选择“编辑”菜单中的“定义图案”命令，在弹出的对话框中将“名称”命名为“纹理 .jpg”，点击“确定”（图 5-3-10）。

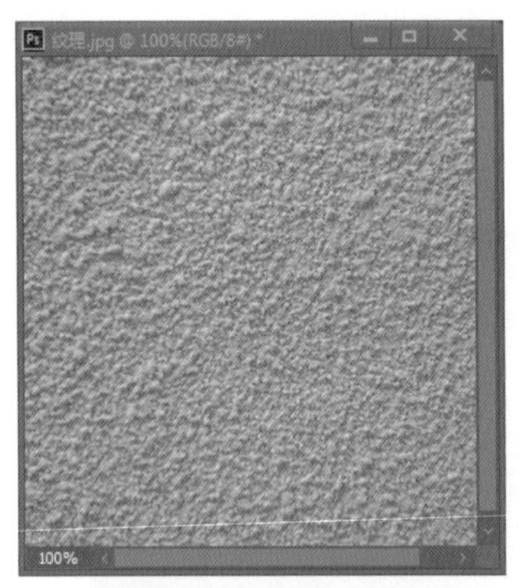

图 5-3-9　“纹理”素材　　　　图 5-3-10　命名图案

（6）用鼠标双击“图层”面板中的“斜面和浮雕”（图 5-3-11），在弹出的“图层样式”对话框中勾选“纹理”（图 5-3-12）。

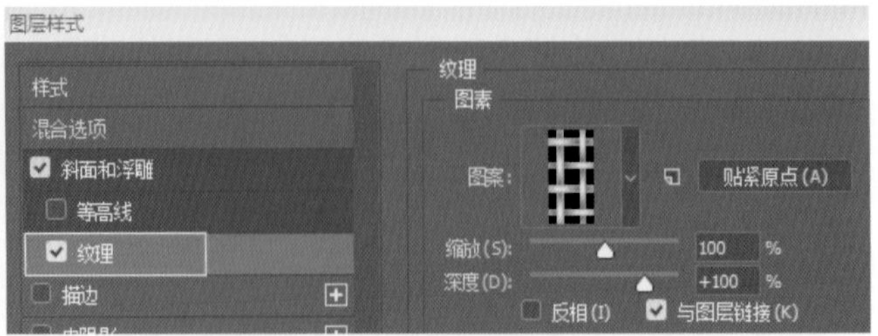

图 5-3-11　双击斜面和浮雕　　　　图 5-3-12　选择纹理

（7）点击“图案”右边的选项（图 5-3-13），在弹出的图案中选择“纹理”图案（图 5-3-14）。

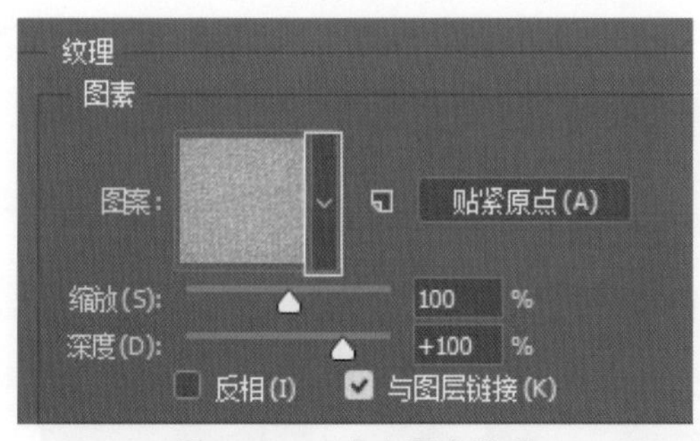

图 5-3-13　点击图案选项

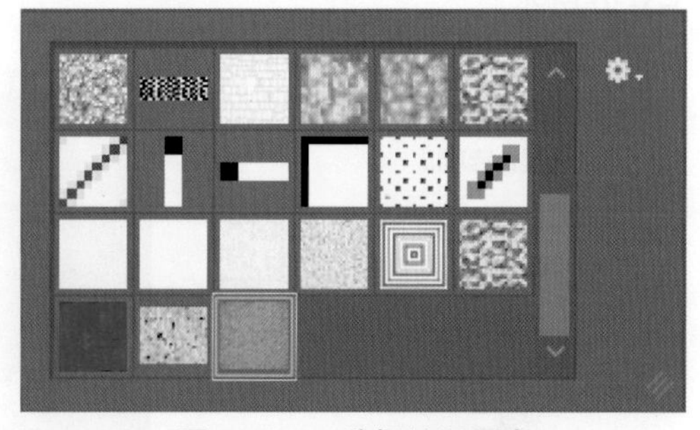

图 5-3-14　选择纹理图案

（8）再将“缩放”调节为“20%”，“深度”调节为“60%”，勾选“反相”（图 5-3-15），文字效果如图 5-3-16 所示。

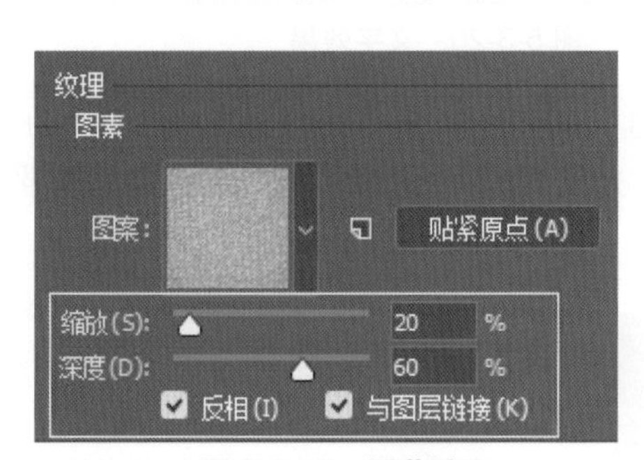

图 5-3-15　调节纹理

图 5-3-16　文字效果

（9）打开“黄金”素材（图 5-3-17），选择“编辑”菜单中的“定义图案”命令，在弹出的“图案名称”对话框中将“名称”命名为“黄金 .jpg”，点击“确定”（图 5-3-18）。

图 5-3-17　“黄金”素材

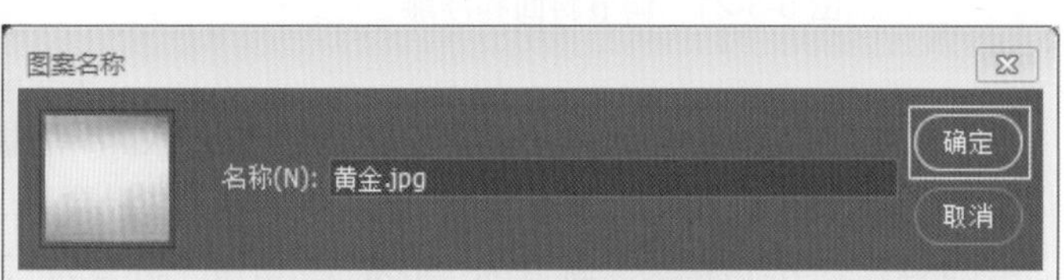

图 5-3-18　命名图案名称

（10）点击“图层”面板下方的“添加图层样式”图标，在其下拉菜单中选择“图案叠加”（图 5-3-19），在弹出的“图层样式”对话框中，将“缩放”调节为“1000”，文字效果如图 5-3-20 所示。

图 5-3-19　叠加图案

图 5-3-20　文字效果

（11）再次点击“图层样式”中的“斜面和浮雕”，将“阴影”中的“高光模式”调节为“线性减淡（添加）”（图 5-3-21），将“阴影”中的“（高光模式）颜色”调节为“#fbd605”，“（阴影模式）颜色”调节为“#281102”（图 5-3-22）。

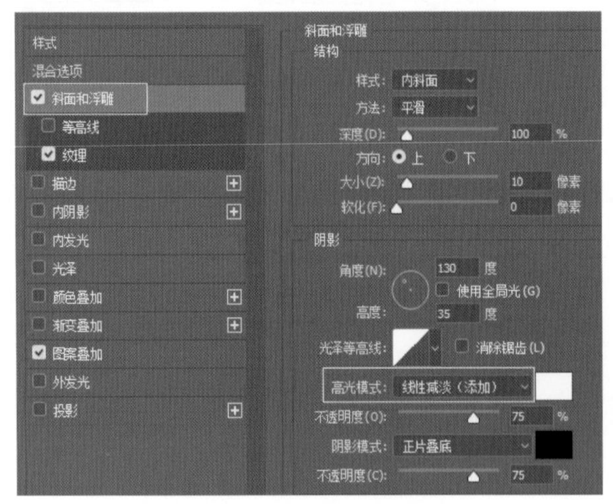

图 5-3-21　调节斜面和浮雕

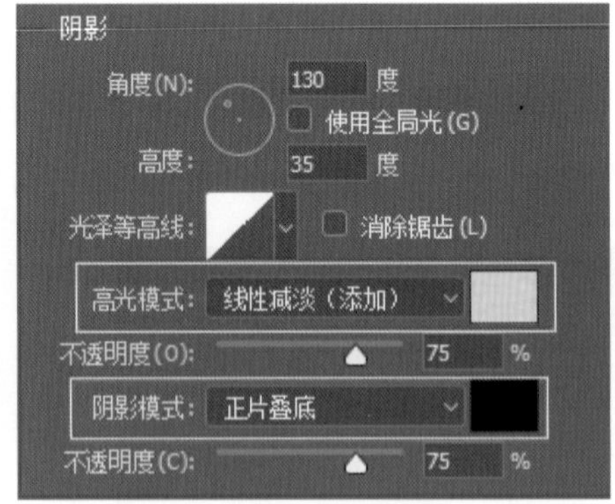

图 5-3-22　调节颜色

（12）点击“图层”面板下方的“添加图层样式”图标，在其下拉菜单中选择“光泽”（图 5-3-23），在弹出的“图式样式”对话框中，将“混合模式”调节为“叠加”，“颜色”调节为“#cc9847”，“不透明度”调节为“50%”，“角度”调节为“20 度”，“距离”调节为“10 像素”，“大小”调节为“25 像素”（图 5-3-24）。

图 5-3-23　光泽

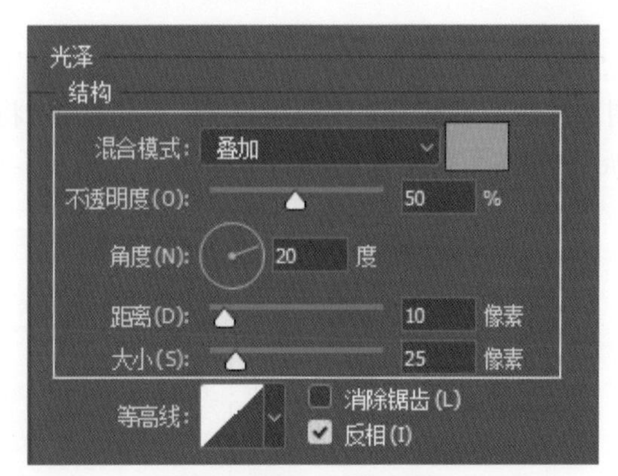

图 5-3-24　调节光泽

（13）点击“图层”面板下方的“添加图层样式”图标，在其下拉菜单中选择“投影”（图 5-3-25），在弹出的“图层样式”对话框中，将“颜色”调节为“#302c2c”，“角度”调节为“129度”，“距离”调节为“10 像素”，“扩展”调节为“10%”，“大小”调节为“25 像素”（图 5-3-26）。

图 5-3-25　投影

图 5-3-26　调节投影

（14）点击“图层面板”下方的“添加图层样式”图标，在其下拉菜单中选择“内阴影”（图 5-3-27），在弹出的“图层样式”对话框中，将“颜色”调节为“#302c2c”，“不透明度”调节为“60%”，“角度”调节为“129 度”，“距离”调节为“8 像素”，“大小”调节为“10 像素”（图 5-3-28）。

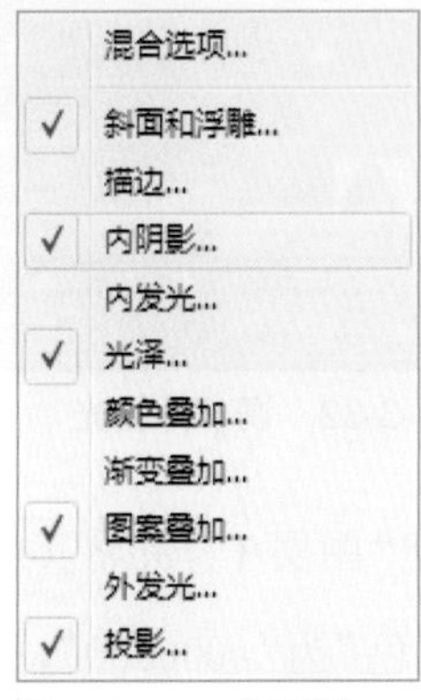

图 5-3-27　内阴影

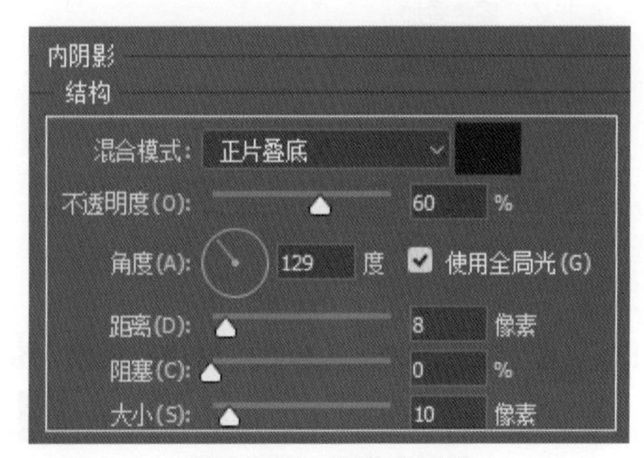

图 5-3-28　调节内阴影

（15）点击“图层”面板下方的“添加图层样式”图标，在其下拉菜单中选择“颜色叠加”（图 5-3-29），在弹出的“图层样式”对话框中，将“混合模式”调节为“滤色”，“颜色”调节为“#e8bf70”，“不透明度”调节为“50%”（图 5-3-30）。

图 5-3-29　颜色叠加

图 5-3-30　调节颜色叠加

（16）点击“图层”面板下方的“添加图层样式”图标，在其下拉菜单中选择“外发光”（图 5-3-31），在弹出的“图层样式”对话框中，将“混合模式”调节为“亮光”，“不透明度”调节为“30%”，“颜色”调节为“#f6ee09”，“扩展”调节为“3%”，“大小”调节为“80 像素”，“等高线”调节为“锥形”，“范围”调节为“100%”，“抖动”调节为“0%”（图 5-3-32）。

图 5-3-31　外发光

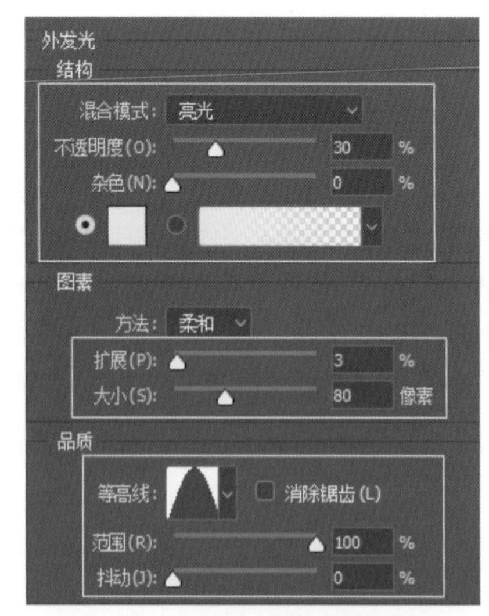

图 5-3-32　调节外发光

（17）点击“图层”面板下方 的“创建新图层”图标，创建“图层 1”，并将其放置于文字图层上面（图 5-3-33）。点击工具栏中的图标，调节“前景色”为“#000000”，按快捷键 Alt+Delete 进行颜色填充（图 5-3-34）。

图 5-3-33　创建并调节图层

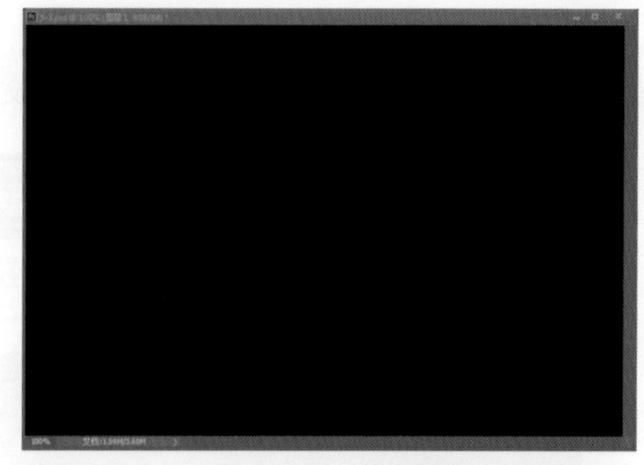

图 5-3-34　填充颜色

（18）点击“滤镜”— “渲染”— “镜头光晕”命令（图 5-3-35），在弹出的“镜头光晕”对话框中将“镜头类型”选择为“50-300 毫米变焦”（图 5-3-36）。

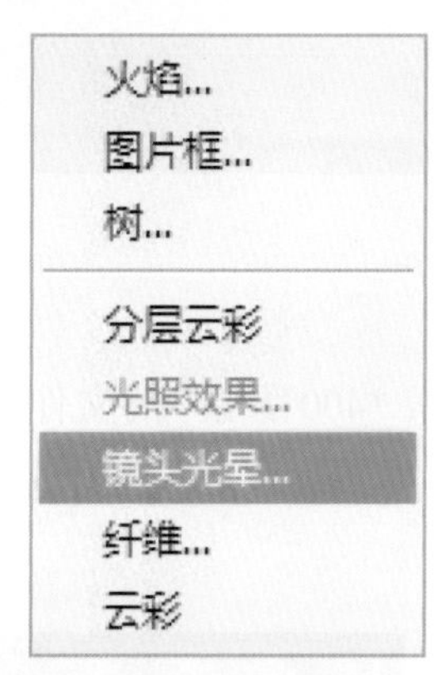

图 5-3-35　镜头光晕命令

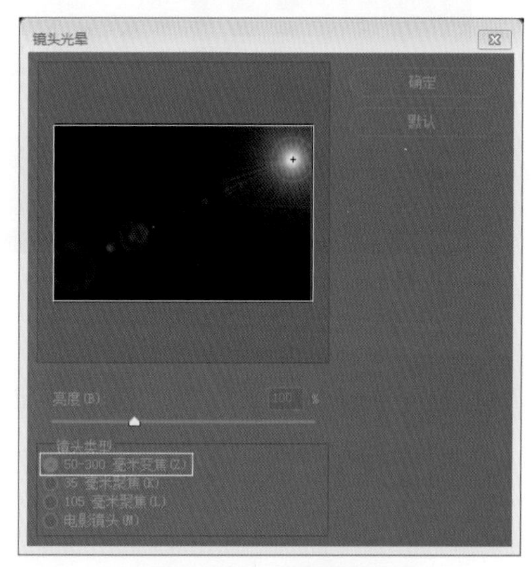

图 5-3-36　调节镜头类型

（19）选择“图层 1”，将其图层“混合模式”调为“线性减淡（添加）”（图 5-3-37），文字效果如图 5-3-38 所示。

图 5-3-37　调节图层混合模式

图 5-3-38　文字效果

（20）点击工具栏中的“裁剪工具”图标，在“选项”面板中，将剪裁图像的宽度和高度设置为“800 厘米 *400 厘米”（图 5-3-39），对文字进行框选，最终效果如图 5-3-40 所示。

图 5-3-39 设置宽度和高度

图 5-3-40 最终效果

4. 案例四

（1）打开 Photoshop 软件，点击，创建“600 像素 *400 像素”的文件（图 5-4-1），在工具栏中选择“横排文字工具”，分别创建文字“c”“o”“o”“k”“i”“e”“店”（图 5-4-2）。

图 5-4-1 新建文件

图 5-4-2 创建文字

（2）点击工具栏中的图标，可切换“字符”和“段落”面板，在“字符”面板中，将字体调节为“方正琥珀繁体”，“大小”调节为“100 点”（图 5-4-3），按快捷键 Ctrl+T 将字体放大、旋转，摆放到相应位置（图 5-4-4）。

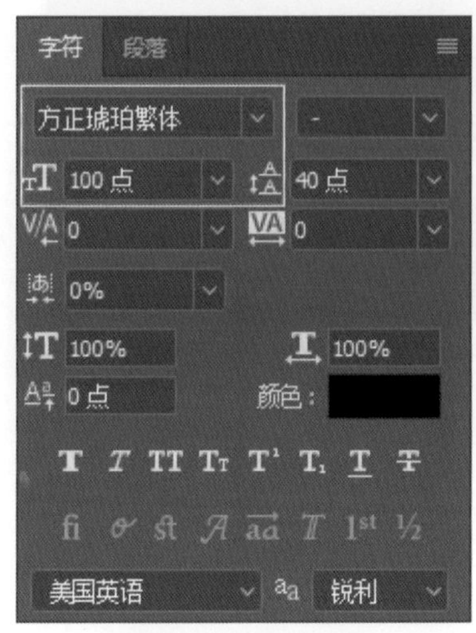

图 5-4-3　调节字符

图 5-4-4　调整文字位置

（3）选择“图层”面板中的所有图层（图 5-4-5），按快捷键 Ctrl+E，将它们合并为一个图层（图 5-4-6）。

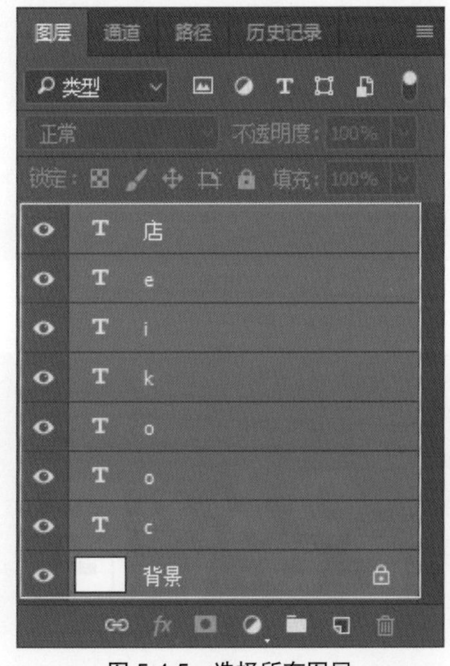

图 5-4-5　选择所有图层

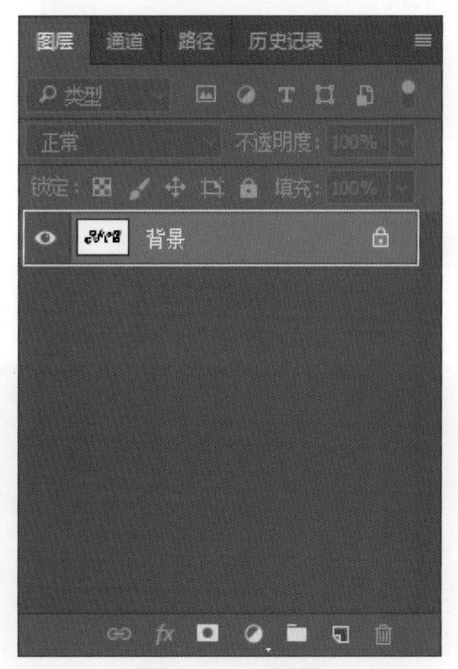

图 5-4-6　合并图层

（4）选择“通道”面板，点击“创建新通道”图标（图 5-4-7），创建“Alpha 1”通道（图 5-4-8）。

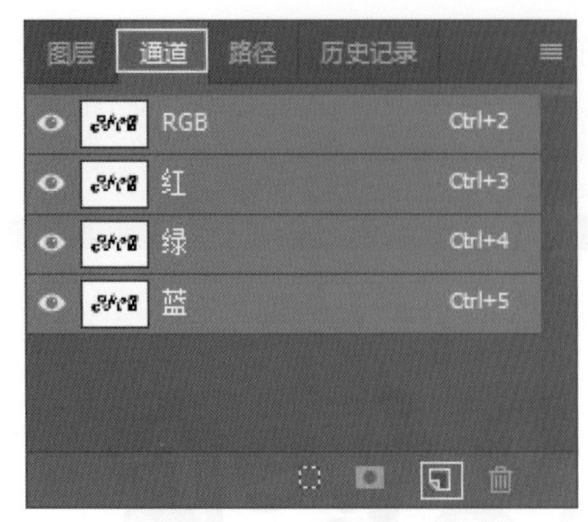

图 5-4-7 创建新通道

图 5-4-8 完成 Alpha 1 通道创建

（5）按住 Ctrl 键点击“RGB”通道（图 5-4-9），出现选区（图 5-4-10）。点击“选择”菜单中的“反选”命令或按快捷键 Shift+Ctrl+I 对图像进行反向选择（图 5-4-11）。选择“Alpha 1”通道，点击工具栏中的图标，调节“前景色”为“#ffffff”，按快捷键 Alt+Delete 进行颜色填充（如图 5-4-12）。

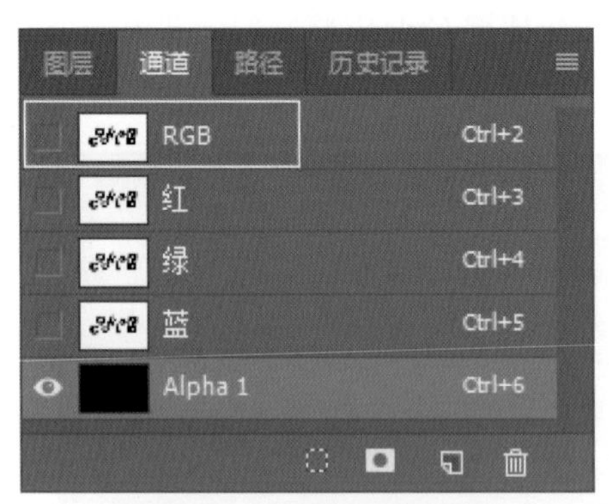

图 5-4-9 点击 RGB 通道

图 5-4-10 出现选区

图 5-4-11 反向选择

图 5-4-12 填充颜色

（6）取消选区或按快捷键 Ctrl+D，选择“Alpha 1”通道并将其拖动至“创建新通道”图标处，复制出“Alpha 1 拷贝”通道（图 5-4-13），点击“滤镜”—“模糊”—“高斯模糊”命令，将“半径”调为“4.0 像素”（图 5-4-14）。

图 5-4-13　完成通道复制

图 5-4-14　调节半径

（7）点击“图像”—“调整”—“色阶”命令（图 5-4-15），将“输入色阶”数值调为“0、1.00、226”（图 5-4-16）。

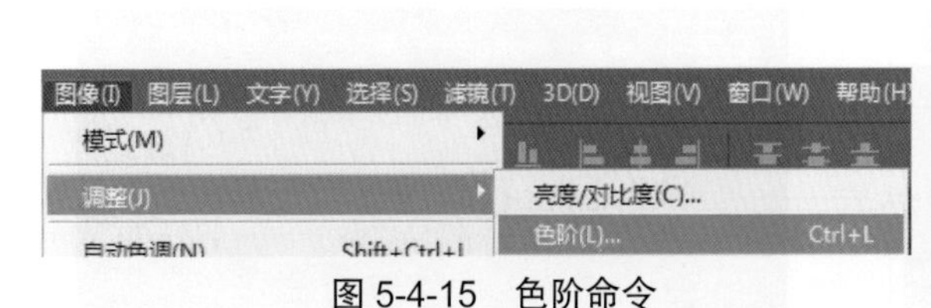

图 5-4-15　色阶命令

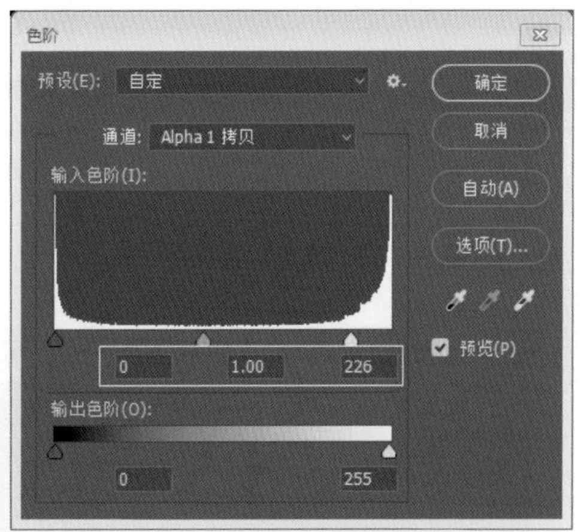

图 5-4-16　调节色阶

（8）点击“滤镜”—“像素化”—“晶格化”命令（图 5-4-17），将“单元格大小”调为“5”（图 5-4-18）。

（9）点击“滤镜”—“模糊”—“高斯模糊”命令（图 5-4-19），将“半径”调为“2 像素”（图 5-4-20）。

（10）点击“图像”—“调整”—“色阶”命令，将色阶数值调为“80、1.00、100”（图 5-4-21）。点击“RGB”通道后，返回“图层”面板（图 5-4-22）。

像素化
渲染
杂色
其它
彩块化
彩色半调...
点状化...
晶格化...

图 5-4-17　晶格化命令

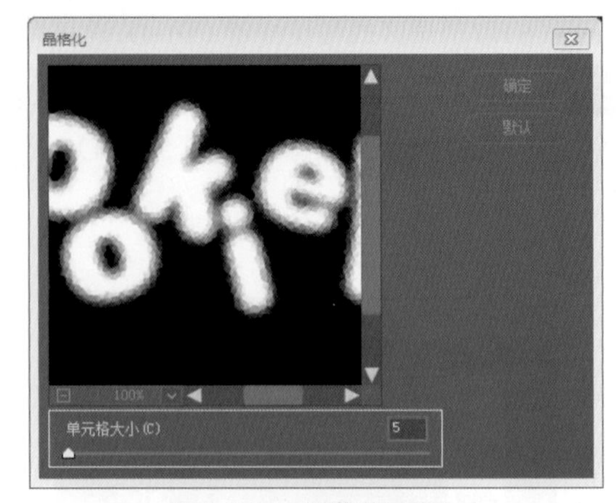

图 5-4-18　调节单元格大小

模糊
模糊画廊
扭曲
锐化
表面模糊...
动感模糊...
方框模糊...
高斯模糊...

图 5-4-19　高斯模糊命令

图 5-4-20　调节半径

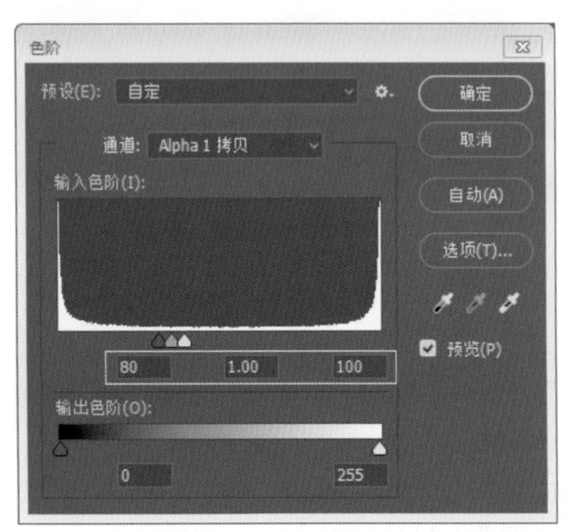

图 5-4-21　调节色阶

图 5-4-22　返回图层面板

（11）点击“图层”面板下方的“创建新图层”图标，创建“图层 1”（图 5-4-23），点击工具栏中的图标，调节“前景色”为“#000000”，按快捷键 Alt+Delete 进行颜色填充（图 5-4-24）。进入“通道”面板，按住 Ctrl 键点击“Alpha 1”通道，得到选区（图 5-4-25），返回“图层”面板，将其填充为白色（图 5-4-26）。

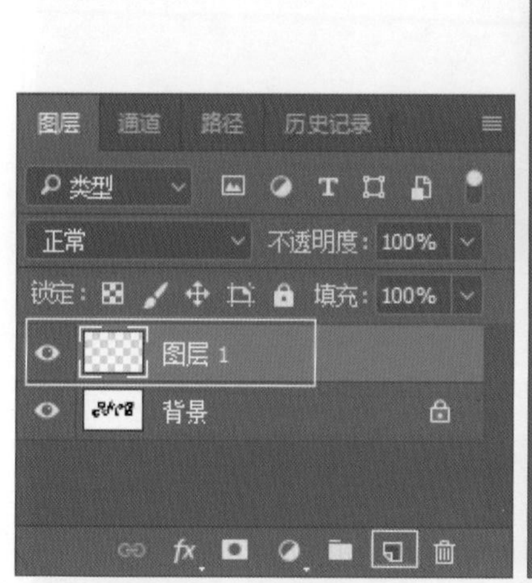

图 5-4-23　创建图层 1

图 5-4-24　填充颜色

图 5-4-25　得到选区

图 5-4-26　填充白色

（12）点击“滤镜”—“模糊”—“高斯模糊”命令，将“半径”调为“4 像素”（图 5-4-27）。点击“编辑”—“描边”命令，将“宽度”调为“4 像素”（图 5-4-28）。

（13）再次点击“滤镜”—“模糊”—“高斯模糊”命令，将“半径”调节为“4.0 像素”（图 5-4-29）。点击“编辑”—“描边”命令，将“宽度”调为“4 像素”（图 5-4-30）。再一次点击“滤镜”—“模糊”—“高斯模糊”命令，将“半径”调为“4 像素”。

（14）点击“滤镜”—“模糊”—“进一步模糊”命令（图 5-3-31），取消选区或按快捷键 Ctrl+D，进入“通道”面板，选择“Alpha 1”通道，将其拖至“创建新通道”图标处，复制出“Alpha 1 拷贝 2”层（图 5-4-32）。

图 5-4-27 调节半径

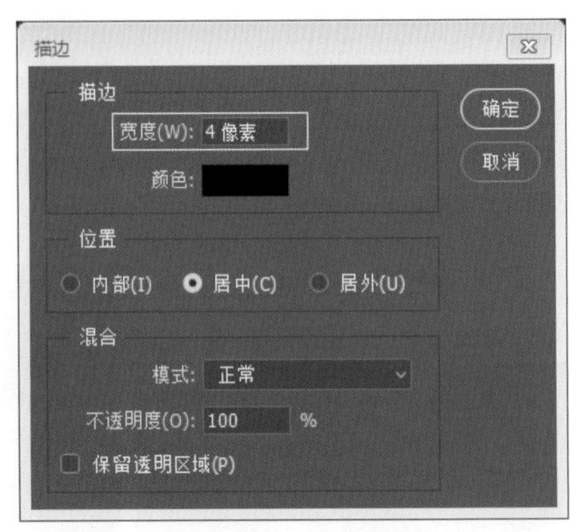

图 5-4-28 调节宽度

图 5-4-29 调节半径

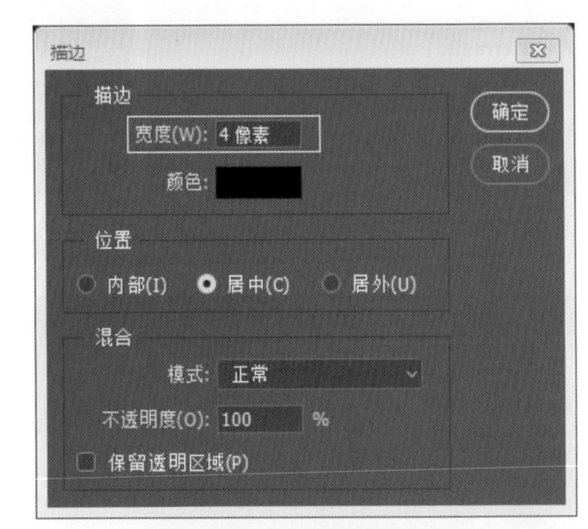

图 5-4-30 调节宽度

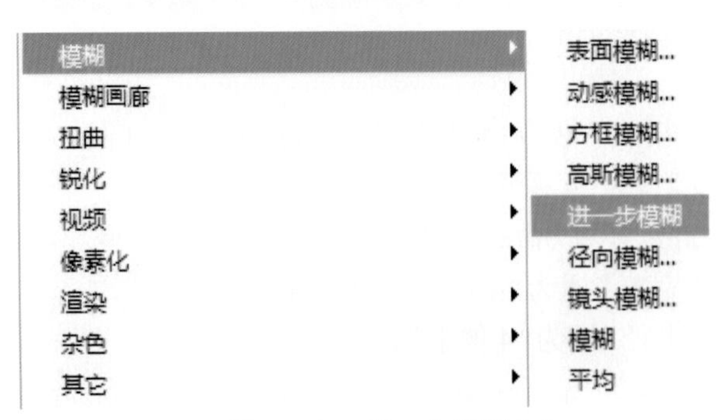

图 5-4-31 进一步模糊命令

图 5-4-32 完成通道复制

（15）点击“滤镜”—“模糊”—“高斯模糊”命令，将“半径”调为“5 像素”（图 5-4-33）。点击“滤镜”—“其它”—“位移”命令，将“水平”和“垂直”调为“-10”（图 5-4-34）。

图 5-4-33　调节半径

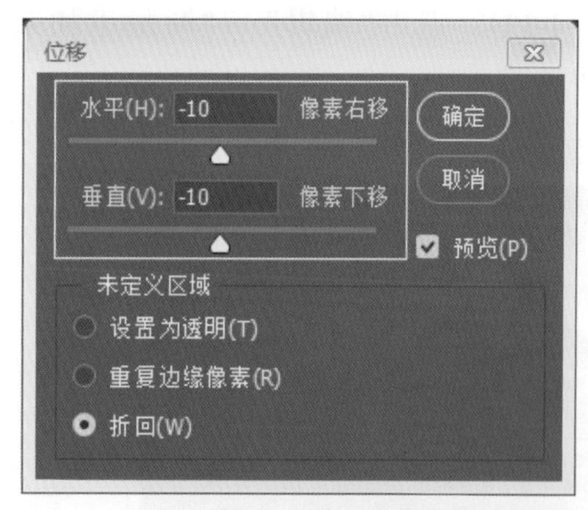

图 5-4-34　调节位移

（16）按住 Ctrl 键点击“Alpha 1 拷贝 2”通道，得到选区（图 5-4-35），点击“RGB”通道，返回“图层”面板（图 5-4-36）。

图 5-4-35　得到选区

图 5-4-36　返回图层面板

（17）点击“选择”菜单中的“反选”命令或按快捷键 Shift+Ctrl+I 对图像进行反向选择（图 5-4-37）。点击“图像”—“调整”—“色阶”命令，将“输入色阶”数值调为“0、0.6、255”（图 5-4-38），取消选区或按快捷键 Ctrl+D。

图 5-4-37　反向选择

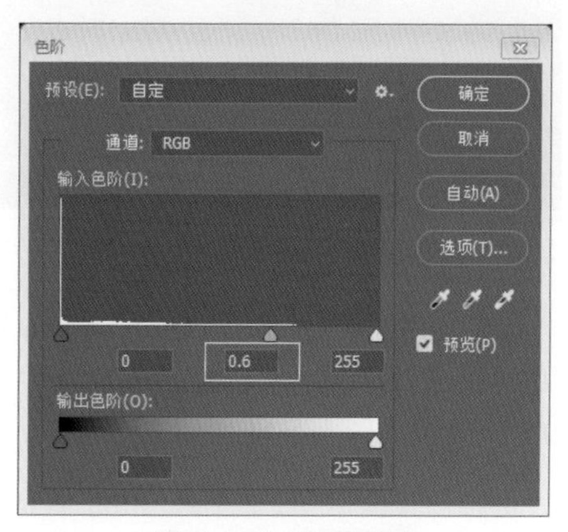

图 5-4-38　调节色阶

（18）点击“滤镜”—“杂色”—“添加杂色”命令，将“数量”调为“18%”，勾选“单色”（图 5-4-39）。点击“编辑”—“渐隐添加杂色”命令，将“不透明度”调节为“60%”（图 5-4-40）。

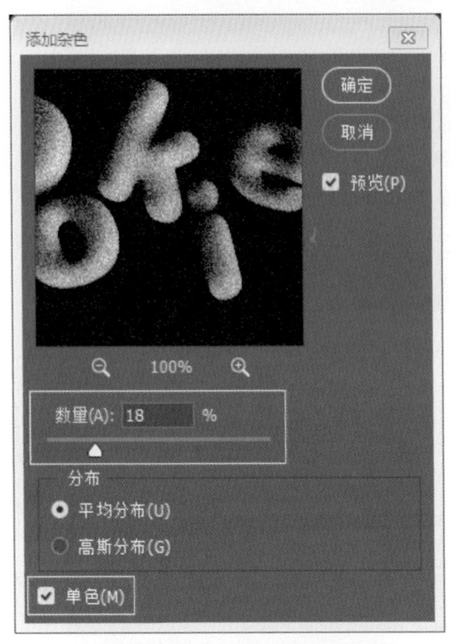

图 5-4-39 调节添加杂色

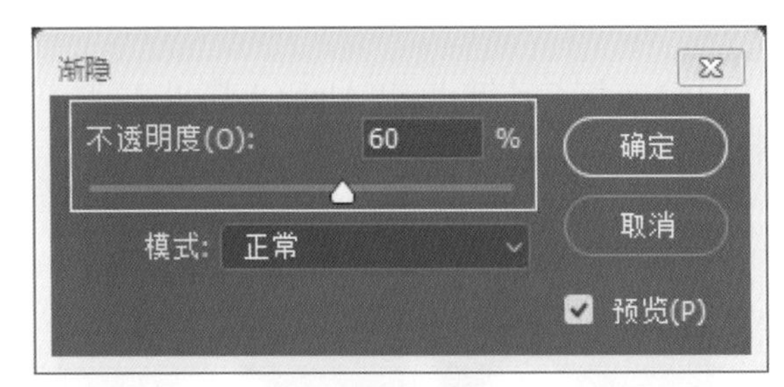

图 5-4-40 调节渐隐

（19）点击“图像”—“调整”—“色相 / 饱和度”命令，将“色相”调节为“20”，“饱和度”调节为“40”，“明度”调节为“-20”，勾选“着色”（图 5-4-41）。选择“滤镜”—“滤镜库”—“艺术效果”—“塑料包装”，使用默认选项即可。点击“编辑”—“渐隐滤镜库”命令，将“不透明度”调节为“20%”，“模式”调节为“叠加”，效果如图 5-4-42 所示。

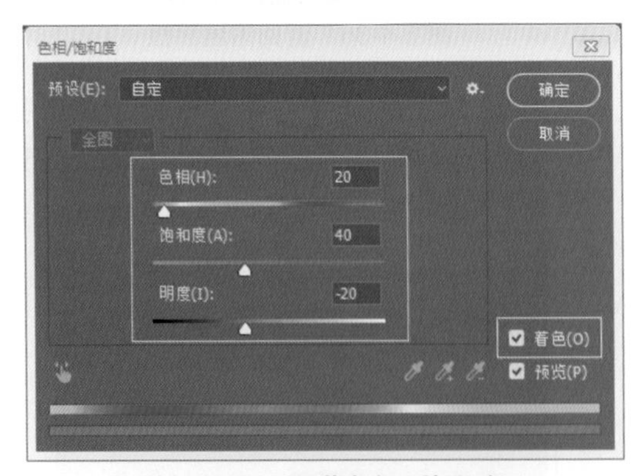

图 5-4-41 调节色相 / 饱和度

图 5-4-42 调整后的效果

（20）点击“通道”面板，选择“Alpha 1”通道，点击“滤镜”—“风格化”—“扩散”命令，使用默认选项即可（图 5-4-43）。选择“编辑”—“渐隐扩散”命令，将“不透明度”调节为“50%”，效果如图 5-4-44 所示。

图 5-4-43　调节扩散

图 5-4-44　调整后的效果

（21）进入“通道”面板，按住 Ctrl 键点击“Alpha 1”，得到选区（图 5-4-45）。将“Alpha 1”的显示关闭，打开“RGB”层的显示（图 5-4-46），返回“图层”面板。点击“选择”菜单中的“反选”命令或按快捷键 Shift+Ctrl+I 对图像进行反向选择（图 5-4-47），按 Delete 键进行删除后，取消选区（图 5-4-48）。

图 5-4-45　得到选区

图 5-4-46　打开 RGB 层显示

图 5-4-47　反向选择

图 5-4-48　取消选区

（22）进入“图层”面板，点击“图层”面板下方的“创建新图层”图标，创建“图层 2”（图 5-4-49）。点击工具栏中的图标，调节“前景色”为“#ffffff”，按快捷键 Alt+Delete 进行颜色填充（图 5-4-50）。进入“通道”面板，按住 Ctrl 键点击“Alpha 1”（图 5-4-51），得到选区。返回“图层”面板，点击“选择”—“修改”—“收缩”命令，将“收缩量”调为“4 像素”（图 5-4-52）。

图 5-4-49 创建图层 2

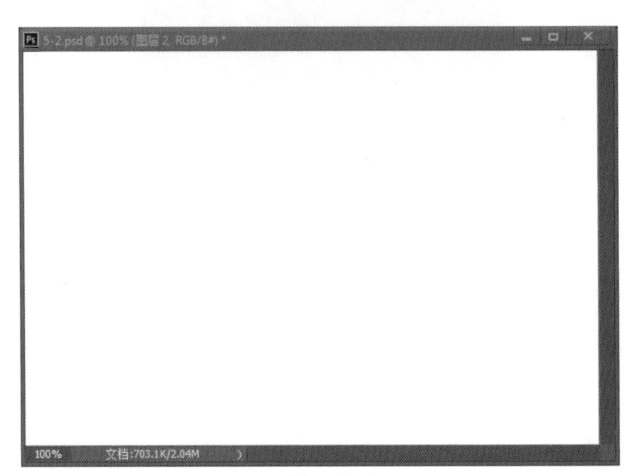

图 5-4-50 填充颜色

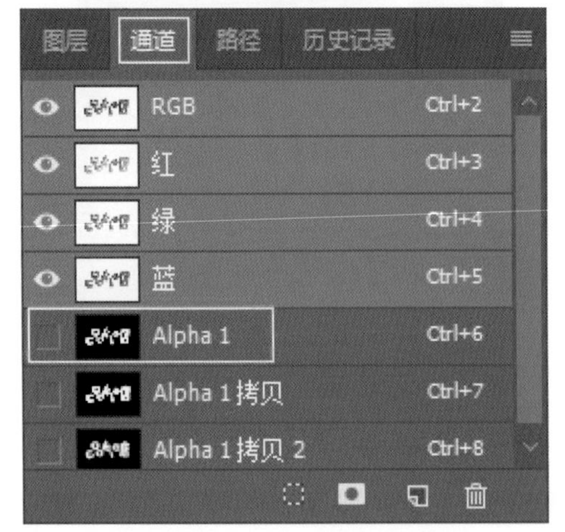

图 5-4-51 点击“Alpha 1”通道

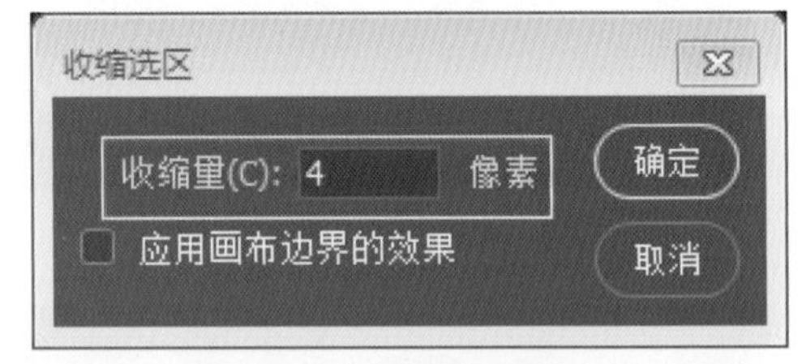

图 5-4-52 调节收缩量

（23）进入“图层”面板，点击工具栏中的图标，调节“前景色”为“#000000”，按快捷键 Alt+Delete 进行颜色填充后，取消选区（图 5-4-53）。点击“滤镜”—“模糊”—“高斯模糊”命令，将“半径”调为“3.0 像素”，点击“编辑”—“渐隐高斯模糊”命令，将“不透明度”调节为“50%”，效果如图 5-4-54 所示。

（24）点击“滤镜”—“风格化”—“浮雕效果”命令，调节“角度”为“135 度”，“高度”为“4 像素”，“数量为“120%”（图 5-4-55）。进入“通道”面板，按住 Ctrl 键点击“Alpha 1 拷贝”，得到选区（图 5-4-56），返回“图层”面板。

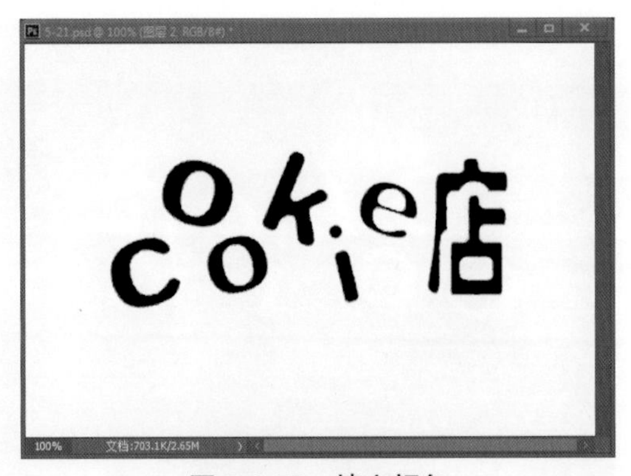

图 5-4-53　填充颜色

图 5-4-54　调整后的效果

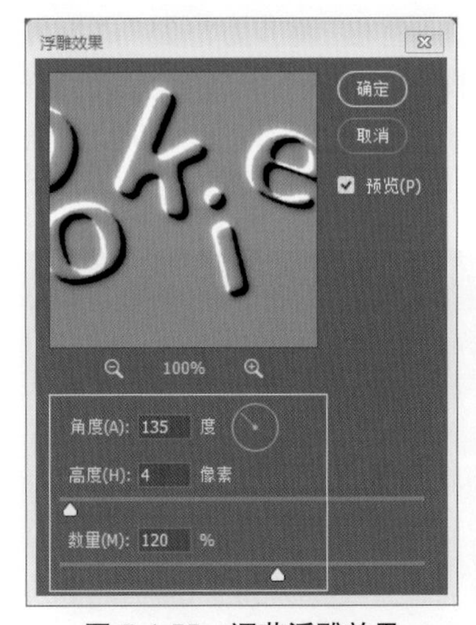

图 5-4-55　调节浮雕效果

图 5-4-56　得到选区

（25）点击“选择”—“修改”—“收缩”命令，将“收缩量”调节为“5 像素”（图 5-4-57），再点击“选择”—“修改”—“羽化”命令，将“羽化半径”调节为“2 像素”（图 5-4-58）。

图 5-4-57　调节收缩量

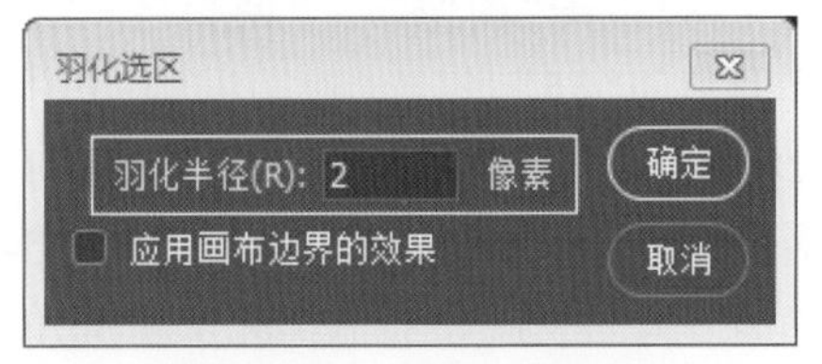

图 5-4-58　调节羽化半径

（26）点击“选择”菜单中的“反选”命令或按快捷键 Shift+Ctrl+I 对图像进行反向选择（图 5-4-59），点击工具栏中的图标，调节“前景色”为“#000000”，按快捷键 Alt+Delete 进行颜色填充。点击“编辑”—“渐隐填充”命令，将“不透明度”调节为“70%”，取消选区。效果如图 5-4-60 所示。

图 5-4-59　反向选择

图 5-4-60　调整后的效果

（27）点击“图像”—“调整”—“色相 / 饱和度”命令，将“色相”调节为“+25”，“饱和度”调节为“+50”，“明度”调节为“0”，勾选“着色”，效果如图 5-4-61 所示。选择“滤镜”—“滤镜库”—“艺术效果”—“塑料包装”，使用默认选项即可。选择“编辑”—“渐隐滤镜库”，将“不透明度”调节为“30%”，“模式”调节为“叠加”，效果如图 5-4-62 所示。

图 5-4-61　色相 / 饱和度效果

图 5-4-62　塑料包装效果

（28）点击“图像”—“调整”—“亮度 / 对比度”命令，将“亮度”调节为“-100”，“对比度”调节为“15”，勾选“使用旧版”（图 5-4-63）。点击“滤镜”—“杂色”—“添加杂色”命令，将“数量”调为“2%”，勾选“单色”（图 5-4-64）。选择“滤镜”—“滤镜库”—“素描”—“铬黄渐变”，使用默认选项即可（图 5-4-65）。选择“编辑”—“渐隐滤镜库”，将“不透明度”调节为“25%”，“模式”调节为“滤色”（图 5-4-66）。

（29）进入“通道”面板，按住 Ctrl 键点击“Alpha 1 拷贝”，得到选区，返回“图层”面板。点击“选择”—修改—“收缩”命令，将“收缩量”调节为“3 像素”，效果如图 5-4-67 所示。点击“选择”菜单中的“反选”命令或按快捷键 Shift+Ctrl+I 对图像进行反向选择，按 Delete 键删除后，取消选区。效果如图 5-4-68 所示。

图 5-4-63　调节亮度 / 对比度

图 5-4-64　调节添加杂色

图 5-4-65　选择铬黄渐变

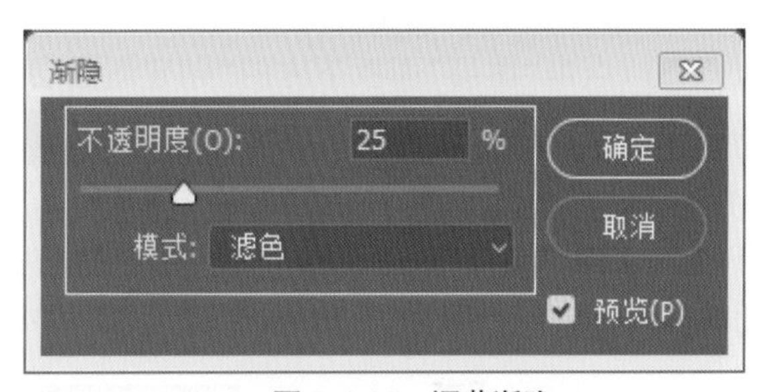

图 5-4-66　调节渐隐

图 5-4-67　收缩效果

图 5-4-68　调整后的效果

（30）点击“图层”面板下方的“创建新图层”图标，创建“图层 3”，将其放在“图层 2”之下，同时关闭“图层 2”显示（图 5-4-69）。进入“通道”面板，按住 Ctrl 键点击“Alpha 1 拷贝”得到选区，返回“图层”面板。点击“选择”—“修改”—“收缩”命令，将“收缩量”调节为“3 像素”，点击工具栏中的图标，调节“前景色”为“#ffffff”，按快捷键 Alt+Delete 进行颜色填充。点击“滤镜”— “模糊”— “高斯模糊”命令，将“半径”调为“3.0 像素”，将图层“不透明度”调节为“60%”，效果如图 5-4-70 所示。

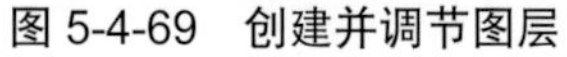
图 5-4-69　创建并调节图层

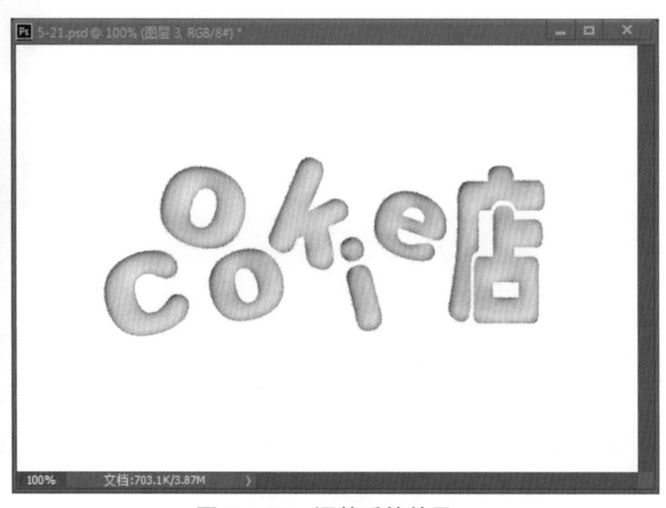

图 5-4-70　调整后的效果

（31）点击“图层”面板下方的“创建新图层”图标，创建“图层 4”，将其放在“图层 3”之下（图 5-4-71）。点击工具栏中的图标，调节“前景色”为“#ffffff”，按快捷键 Alt+Delete 进行颜色填充。点击“滤镜”— “其它”— “位移”命令，将“水平”和“垂直”调节为“2”。点击“滤镜”— “模糊”— “高斯模糊”命令，将“半径”调节为“3.0 像素”，再按快捷键 Alt+Ctrl+F，将图层“不透明度”调节为“70%”，效果如图 5-4-72 所示。

图 5-4-71　创建并调节图层 4

图 5-4-72　调整后的效果

（32）将“图层 2”“图层 3”“图层 4”图层的显示打开并对其进行选择，按鼠标右键点击“合并图层”，将 3 个图层合并为一个图层，即“图层 2”（图 5-4-73）。点击“图层”面板下方的“创建新图层”图标，创建“图层 3”，并将其放在“图层 1”之下（图 5-4-74）。进入“通道”面板，按住 Ctrl 键点击“Alpha 1”，得到选区，返回“图层”面板。点击工具栏中的图标，调节“前景色”为“#000000”，按快捷键 Alt+Delete 进行颜色填充（图 5-4-75），在“图层”面板中观察效果，取消选区。点击“滤镜”— “模糊”— “高斯模糊”命令，将“半径”调节为“4.0 像素”，将图层“不透明度”调节为“60%”，效果如图 5-4-76 所示。

图 5-4-73　合并图层

图 5-4-74　创建并调节图层 3

图 5-4-75　填充颜色

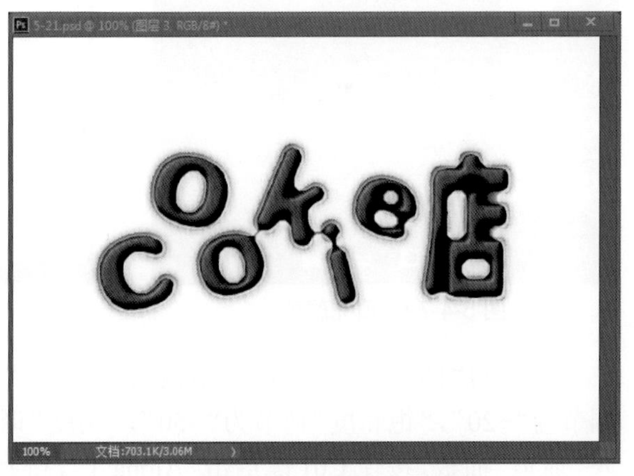
图 5-4-76　调整后的效果

（33）选择“图层 1”“图层 3”，按鼠标右键点击“合并图层”，将两个图层合并为一个图层，即“图层 1”（图 5-4-77）。点击“图层”面板下方的“创建新图层”图标，创建“图层 3”，将其放在“图层 1”之下（图 5-4-78）。进入“通道”面板，按住 Ctrl 键点击“Alpha 1”，得到选区，返回“图层”面板。点击工具栏中的图标，调节“前景色”为“#000000”，按快捷键 Alt+Delete 进行颜色填充（图 5-4-79）。点击“滤镜”— “其它”— “位移”命令，将“水平”和“垂直”调节为“8.0 像素”，点击“滤镜”— “模糊”— “高斯模糊”命令，将“半径”调为“8.0 像素”，将图层“不透明度”调节为“70%”，效果如图 5-4-80 所示。

图 5-4-77　合并图层

图 5-4-78　创建并调节图层 3

图 5-4-79　填充颜色

图 5-4-80　调整后的效果

（34）对“图层 1”进行调色，点击“图像”—“调整”—“色相 / 饱和度”命令，将“色相”调节为“+20”，“饱和度”调节为“+50”，“明度”调节为“+30”，勾选“着色”（图 5-4-81）。进入“通道”面板，按住 Ctrl 键点击“Alpha 1”，得到选区，返回“图层”面板。点击“选择”—“修改”—“收缩”命令，将“收缩量”调节为“4 像素”，再点击“选择”—“修改”—“羽化”命令，将“羽化半径”调节为“4 像素”。点击“选择”菜单中的“反选”命令或按快捷键 Shift+Ctrl+I 对图像进行反向选择，点击“图像”—“调整”—“亮度 / 对比度”命令，将“亮度”调节为“-35”，“对比度”调节为“0”，勾选“使用旧版”，效果如图 5-4-82 所示。

（35）进入“通道”面板，按住 Ctrl 键点击“Alpha 1 拷贝 2”，得到选区，返回“图层”面板。点击“选择”菜单中的“反选”命令或按快捷键 Shift+Ctrl+I 对图像进行反向选择（图 5-4-83）。点击“图像”—“调整”—“亮度 / 对比度”命令，将“亮度”调节为“-30”，“对比度”调节为“0”，勾选“使用旧版”（图 5-4-84），取消选区。

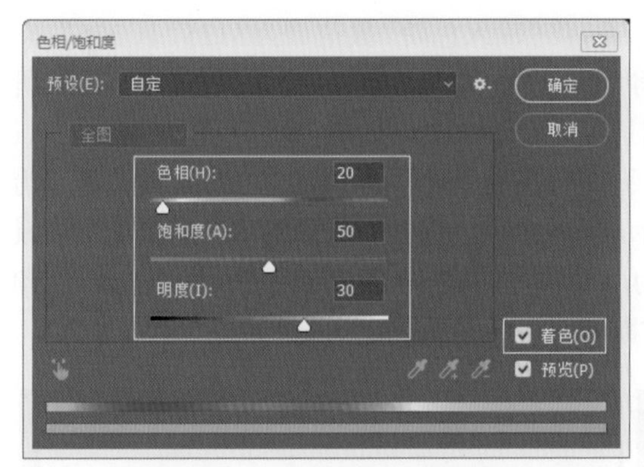

图 5-4-81　调节色相 / 饱和度

图 5-4-82　调整后的效果

图 5-4-83　反向选择

图 5-4-84　调节亮度 / 对比度

（36）进入“通道”面板，将“Alpha 1”拖动到“创建新通道”图标处，创建“Alpha 1 拷贝 3”（图 5-4-85）。点击“滤镜”— “模糊”— “高斯模糊”命令，将“半径”调为“4.0 像素”。点击“图像”— “调整”— “色阶”命令，将“输入色阶”数值调为“200、1、255”。点击“滤镜”— “风格化”— “浮雕效果”命令，调节“角度”为“135 度”，“高度”为“4 像素”，“数量”为“120%”，点击“图像”— “调整”— “反相”命令，效果如图 5-4-86 所示。

图 5-4-85　创建 Alpha 1 拷贝 3

图 5-4-86　调整后的效果

（37）点击“图像”—“调整”—“色阶”命令，将“输入色阶”数值调为“125、1、255”，点击“滤镜”—“模糊”—“高斯模糊”命令，将“半径”调为“2.0 像素”，效果如图 5-4-87 所示。按住 Ctrl 键点击“Alpha 1 拷贝 3”，得到选区，点击“RGB”通道，返回“图层”面板。点击“图像”—“调整”—“亮度 / 对比度”命令，将“亮度”调节为“100”，“对比度”调节为“0”，勾选“使用旧版”，效果如图 5-4-88 所示，取消选区。选择“图层 2”和“图层 1”，按鼠标右键点击“合并图层”，将两个图层合并为一个图层，即“图层 2”（图 5-4-89）。点击“图像”—“调整”—“色阶”命令，将“输入色阶”数值调为“0、0.9、245”，效果如图 5-4-90 所示。

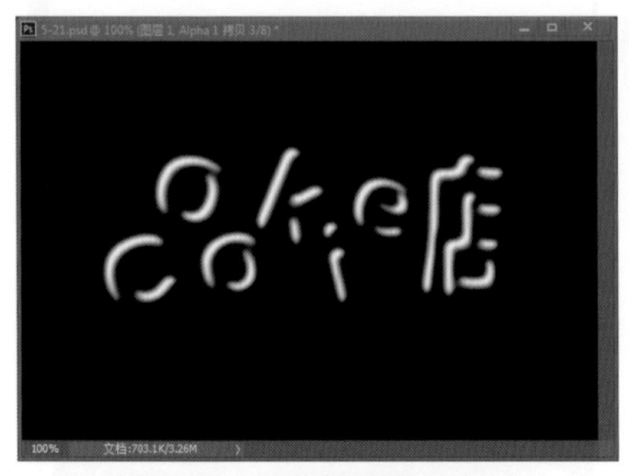

图 5-4-87 调节高斯模糊后的效果

图 5-4-88 调节亮度、对比度后的效果

图 5-4-89 合并图层

图 5-4-90 调节色阶后的效果

（38）选择“滤镜”—“滤镜库”—“艺术效果”—“塑料包装”，使用默认选项即可，选择“编辑”—“渐隐滤镜库”，将“不透明度”调节为“40%”，“模式”调节为“正片叠底”（图 5-4-91）。点击“图像”—“调整”—“亮度 / 对比度”命令，将“亮度”调节为“15”，“对比度”调节为“10”，勾选“使用旧版”（图 5-4-92）。

（39）点击“图层”面板下方的“创建新图层”图标，创建“图层 4”，点击工具栏中的图标，调节“前景色”为“#000000”，按快捷键 Ctrl+Delete 进行颜色填充（图 5-4-93），选择“滤镜”—“杂色”—“添加杂色”，将“数量”设置为“30%”，勾选“单色”（图 5-4-94）。

图 5-4-91　调节渐隐

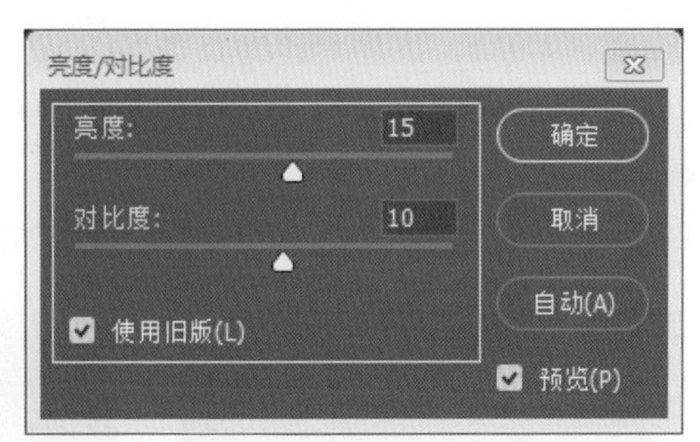

图 5-4-92　调节亮度 / 对比度

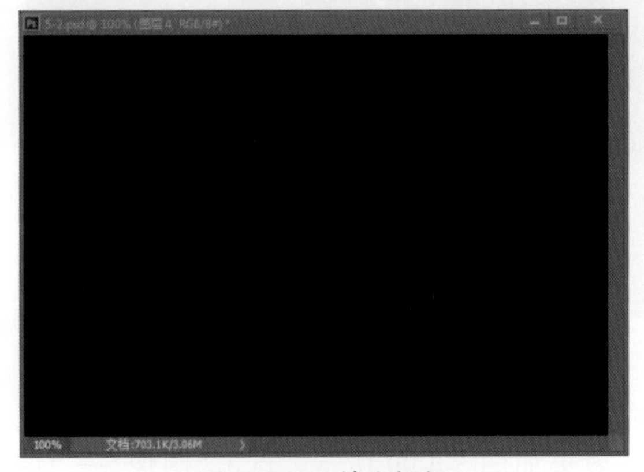

图 5-4-93　填充颜色

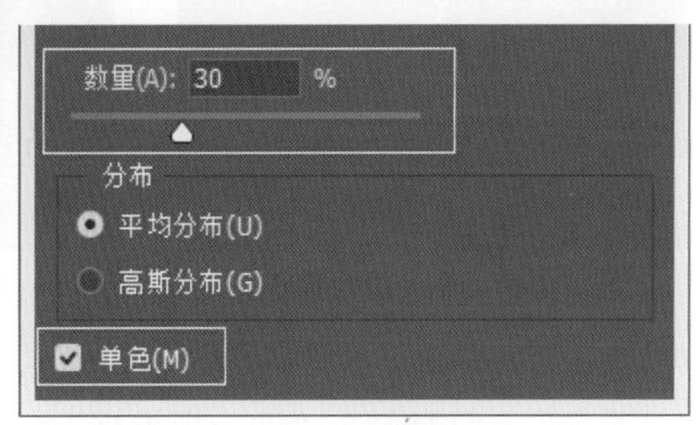

图 5-4-94　调节添加杂色

（40）点击工具栏中的图标，调节“前景色”为“#000000”，“背景色”为“#ffffff”。点击“滤镜”—“像素化”—“点状化”命令，将“单元格大小”设置为“6”（图 5-4-95），点击“图像”—“调整”—“色相 / 饱和度”命令，将“色相”调节为“0”，“饱和度”调节为“+100”，“明度”调节为“0”。点击“图像”—“调整”—“亮度 / 对比度”命令，将“亮度”调节为“0”，“对比度”调节为“60”，勾选“使用旧版”，效果如图 5-4-96 所示。

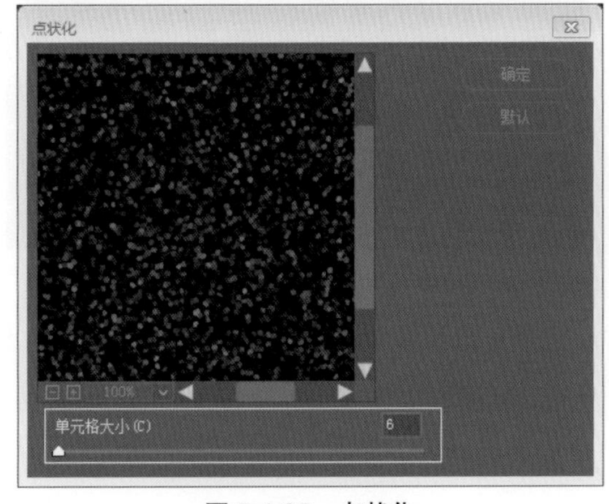

图 5-4-95　点状化

图 5-4-96　调整后的效果

（41）进入“通道”面板，将“蓝”通道拖动到“创建新通道”图标处，创建“蓝拷贝”通道（图 5-4-97）。按住 Ctrl 键点击“Alpha 1 拷贝”，得到选区。点击“选择”—“修改”—“收缩”命令，将“收缩量”调节为“5 像素”。点击“选择”菜单中的“反选”命令或按快捷键 Shift+Ctrl+I 对图像进行反向选择。点击工具栏中的图标，调节“前景色”为“#000000”，按快捷键 Ctrl+Delete 进行颜色填充，效果如图 5-4-98 所示。

图 5-4-97 创建蓝拷贝通道

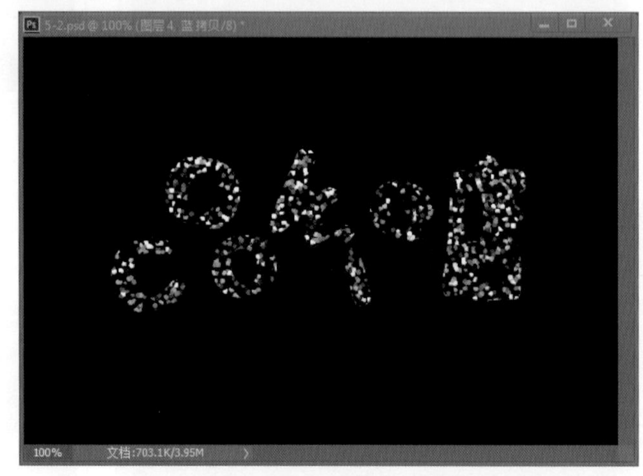

图 5-4-98 调整后的效果

（42）点击“图像”—“调整”—“色阶”命令，将“输入色阶”数值调为“65、1、255”。点击“滤镜”—“模糊”—“进一步模糊”命令，效果如图 5-4-99 所示。点击“图像”—“调整”—“亮度 / 对比度”命令，将“亮度”调节为“-65”，“对比度”调节为“90”，勾选“使用旧版”。点击“滤镜”—“模糊”—“进一步模糊”命令，效果如图 5-4-100 所示。

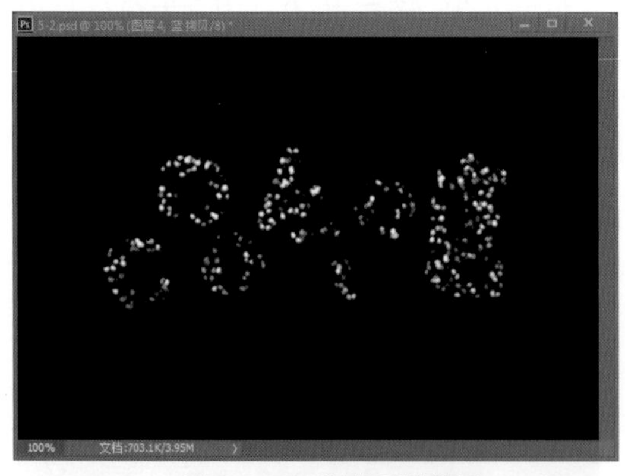
图 5-4-99 调整后的效果

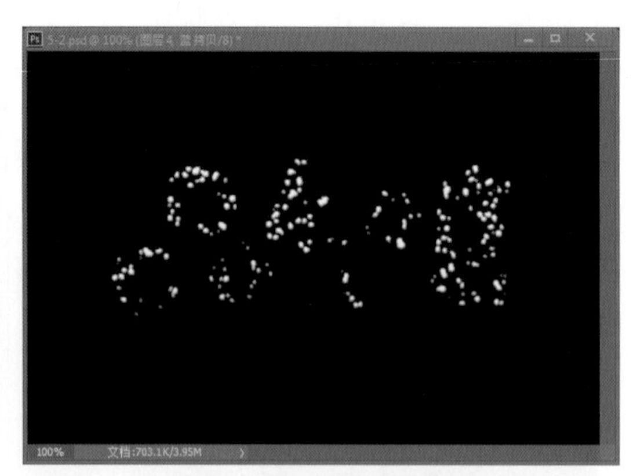
图 5-4-100 调整后的效果

（43）点击“图像”—“调整”—“色阶”命令，将“输入色阶”数值调为“50、1.00、150”（图 5-4-101），按住 Ctrl 键点击“蓝拷贝”，再点击“RGB”通道，返回“图层”面板。效果如图 5-4-102 所示。

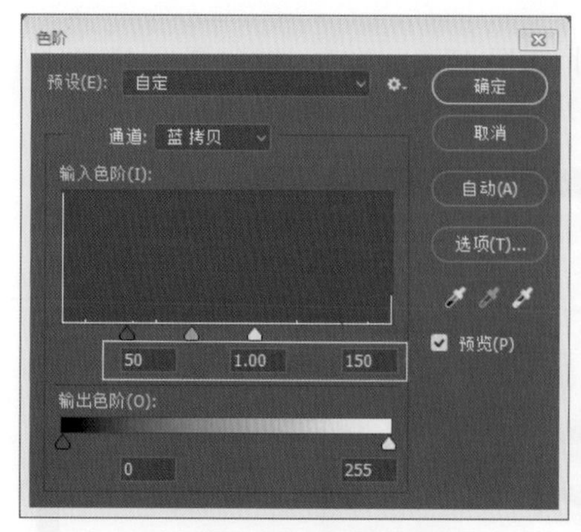

图 5-4-101　调节色阶

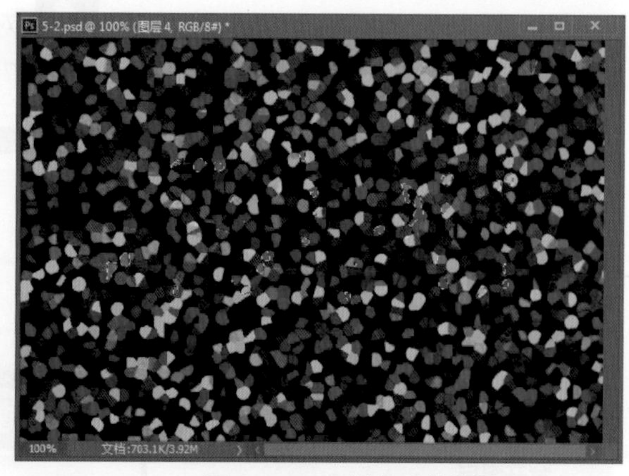

图 5-4-102　调整后的效果

（44）点击“选择”菜单中的“反选”命令或按快捷键 Shift+Ctrl+I 对图像进行反向选择，按 Delete 键删除，效果如图 5-4-103 所示。点击“图层”—“修边”—“去边”命令，将“宽度”调节为“2 像素”（图 5-4-104）。

图 5-4-103　调整后的效果

图 5-4-104　调节去边

（45）点击“图层”面板下方的“添加图层样式”图标 fx 中的“投影”，将“距离”调节为“3 像素”，“扩展”调节为“0%”，“大小”调节为“3 像素”（图 5-4-105）。再选择“斜面和浮雕”，将“方法”调节为“雕刻清晰”，“大小”调节为“2 像素”，“角度”调节为“135 度”（图 5-4-106）。

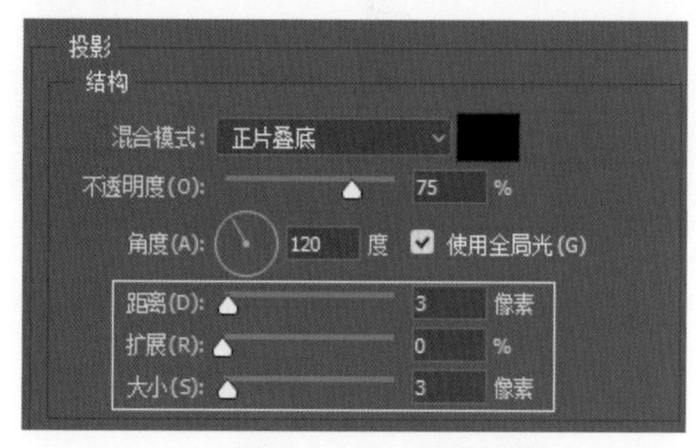

图 5-4-105　调节投影

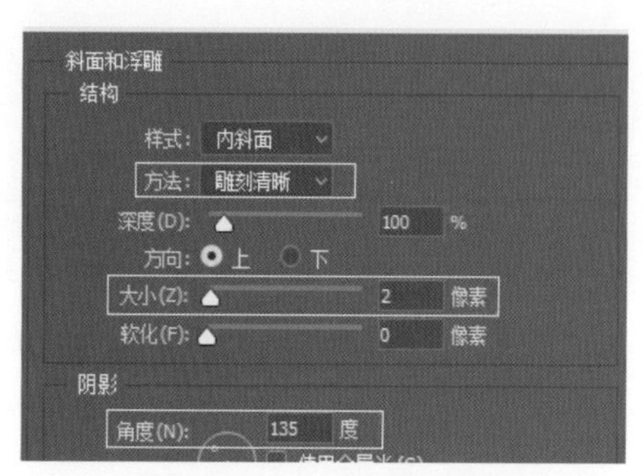

图 5-4-106　调节斜面和浮雕

(46)选择工具栏中的“橡皮擦工具”，对“图层 4”进行修改，选择“图层 4”和“图层 2”，单击鼠标右键选择“合并图层”(图 5-4-107)，最终效果如图 5-4-108 所示。

图 5-4-107 合并图层命令

图 5-4-108 最终效果

任务拓展

结合本项目所学知识，完成资料包实训文档中的项目练习。然后，参考不同公司或企业的主营业务与产品特点，设计出符合此公司或企业形象的字体徽标(即 LOGO)。要求有较高辨识度，对公司或企业的定位准确，符合大众审美。

项目六　平面海报设计

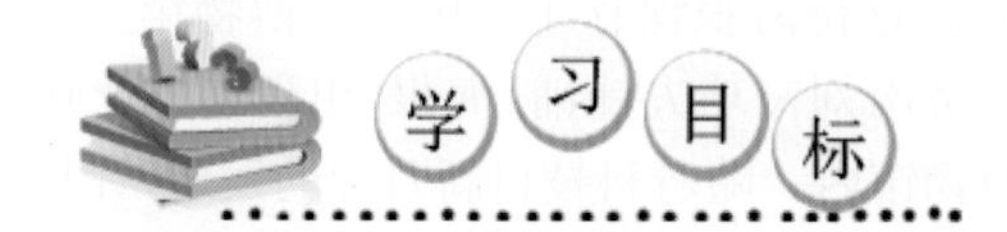

海报又称招贴画，是一种具备信息传递功能的艺术形式，是一种大众化的宣传工具。当今社会，海报设计基本是依靠计算机以及相关设计软件来完成的，为实现表达的目的和意图服务。海报的设计没有那么多的形式与内容上的束缚。哪怕只有简单的几笔勾勒，只要具有较强观赏性，便可以视为一幅成功的作品。无论海报形式与内容如何，其重点之处就在于一定要凸显宣传的主体。

在本项目中，通过平面海报的设计，学习利用 Photoshop 制作平面海报的相关知识；掌握平面海报制作流程；在制作过程中，提升对平面海报的审美标准，培养设计思维。在任务实施过程中，要实现如下学习目标：

- 了解海报设计的原则与技巧；
- 熟悉海报设计的方法与思路；
- 掌握利用 Photoshop 设计海报的技巧。

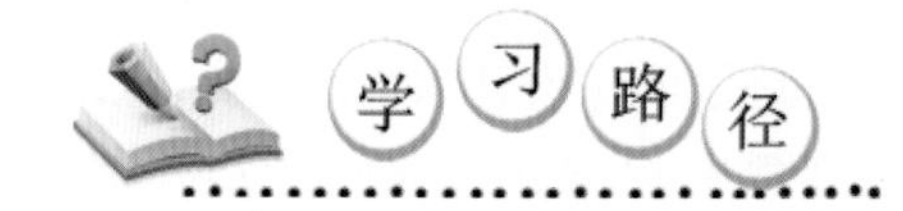

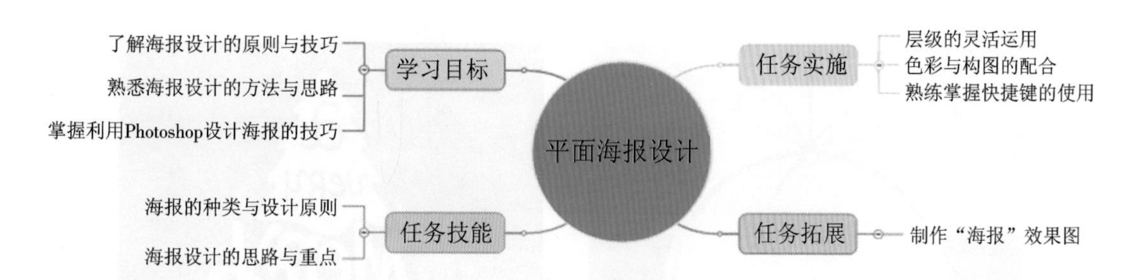

【情境导入】

世界上最早的一张海报是在埃及古城底比斯遗址发现的一份3000年前的寻人文字海报。这种海报所用的纸是由尼罗河上游的芦苇类植物——纸莎草精制成的，古老海报文字表述的意思是，悬赏金币捉拿“逃跑的奴隶”。目前，这份海报保存于英国伦敦博物馆。但是，据我国考古发现，一幅中国公元前11世纪的“济南刘家功夫针铺”海报，出现得比上述埃及的海报还要早400年，如今陈列在上海历史博物馆内。随着科技日新月异的发展，计算机早已普及，而海报设计水平更是有了飞速的进步。设计师们综合运用图像、文字、色彩、版面、图形等多种元素，结合广告媒体的特征，利用相关设计软件，根据主题，经过精心思考和策划，运用艺术手段，把所掌握的材料组合，进行艺术创作活动。总体来说，海报设计包括商业海报和非商业海报两大类。其中，商业海报的表现形式以摄影、造型写实的绘画或漫画形式为主，真实感人，富有幽默情趣。而非商业海报，内容广泛、形式多样，艺术表现力强。特别是文化艺术类的海报，设计师们可以充分发挥想象力，尽情施展艺术手法。许多追求形式美的画家都积极投身海报设计，并且在设计中展现个性化的绘画语言，设计出了风格各异、形式多样的海报。

学生参与真实任务的设计，学习从任务分析、设计到最终实现过程中所需要的各种知识和技能，以及综合分析与项目实施能力等，这样极大地促进了学生设计水平的提高，也培养了学生的团队协作意识，使学生注重设计质量，讲求工作效率，为适应就业后的实际工作打下了坚实的基础。

海报设计的欣赏

技能点 1　海报的种类与设计原则

海报设计必须有号召力与艺术感染力，要调动形象、色彩、构图、形式等因素形成强烈的视觉效果。它的画面应有明确的视觉中心，力求新颖，还必须具有独特的艺术风格和设计特点。海报的表现形式多种多样，题材丰富，限制较少，强调创意及视觉语言，点线面、图片及文字可以灵活应用其中，而且也注重平面构成及颜色构成。可以说，海报设计是平面设计的集大成者。即便如此，海报设计也并不是天马行空、随意绘制的，其创作过程也是有据可循的。海报在前文所述的两大类的基础上，还可根据应用不同具体分为商业海报、文化海报、电影海报和公益海报。

商业海报是指宣传商品或为商业服务的商业广告性海报。商业海报的设计，要恰当地配合产品的格调，符合受众的审美。商业海报又分为店内海报、招商海报、展览海报。店内海报通常应用于营业店面内，具有装饰和宣传用途。店内海报的设计需要考虑到店内的整体风格、色调及营业的内容，力求与环境相融。招商海报通常以商业宣传为目的，采用引人注目的视觉形式达到宣传某种商品或服务的目的。招商海报的设计应明确其商业主题，同时在文案的应用上要注意突出重点。展览海报主要用于展览会的宣传，常张贴于街道、车站、码头等公共场所。它具有传播信息的作用，涉及内容广泛、表现力丰富。

文化海报是指各种社会文娱活动及各类展览的宣传海报。展览的种类很多，不同的展览都有它各自的特点，设计师只有了解展览和活动的内容，才能运用恰当的方法表现其内容和风格。

商业海报欣赏

店内海报欣赏

招商海报欣赏

展览海报欣赏

文化海报欣赏

电影海报主要起到吸引观众注意、刺激电影票房收入的作用，与文化海报等有几分相似。

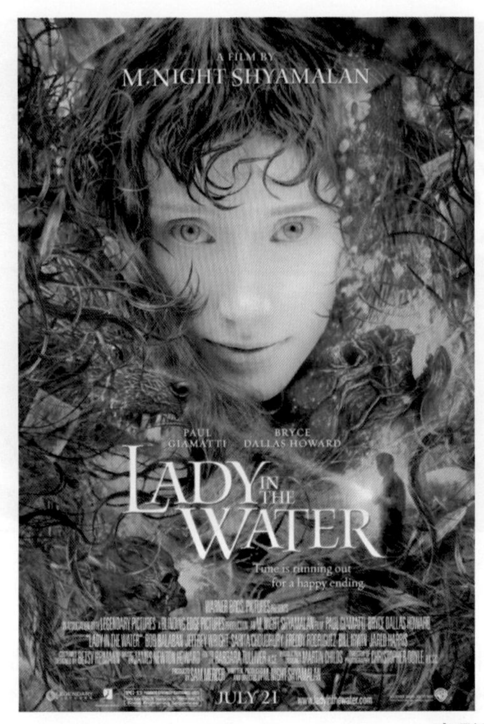

电影海报欣赏

公益海报带有一定的思想性。这类海报对公众有一定的教育意义，其海报主题是对各种社会公益、高尚品德的宣传，鼓励受众奉献爱心、共同进步。下面是海报设计的 5 项原则，希望大家在设计海报时能灵活运用，创作出优秀的海报作品。

公益海报欣赏

1. 一致原则

海报设计流程从始至终都要契合主题，包括设立标题、筛选资料内容、选用照片等。图形和语言要结合主题，绝不能随意使用。如果不能保持统一性，海报内容将会变得杂乱无章，难以成为一个合格的作品。设计师在进行海报设计时应保证所有的设计元素以适当的方式组合成一个有机的整体，在理性分析的基础上选择恰当的切入点，利用独特的视觉元素，富有创意地将思想表现出来。在设计过程中，设计师必须对整体流程有一个清晰的认识，并逐一落实。

海报欣赏

2. 关联原则

俗话说物以类聚，关联性正是基于这样一种原则。例如，我们看到网页里的内容被整齐地放在一起时，总是想当然地认为它们就同一类内容，并不关心这些不同部分的内容是否真的相似，因为图像内容集中在一起比单独、松散的结构更能够产生视觉冲击力。这些图像内容组成一个视觉单元，能够给大众一个直接的视觉冲击。

海报欣赏

3. 重复原则

当一个元素在一个平面里被反复应用，例如重复利用某种形状、颜色及某些数值，我们的眼睛就会自然地关注它们的位置，即便它们并未被放在一起，但我们的思维仍会将它们视作一个整体，在潜意识中将它们之间连线。特别是对于系列海报来说，重复原则可以产生统一的效果，无论这些海报是放在一起还是分开摆放，看到其中一张时就会想到另外一张。位置、颜色、大小或图像的重复出现能够强化记忆，使大众关注到设计师想要传达的信息。

海报欣赏

4. 文化原则

文化内涵丰富的海报作品除了能成功传达主题内容外，还能与观众产生情感与心灵上的共鸣，从而上升到更高的境界。中国是一个历史悠久的文明古国，积淀了丰厚的文化底蕴，其闪现着的文化神韵与艺术精神，成为现代设计取之不尽的文化资源。设计师如果能从传统文化中萃取养分并将其融入海报设计之中，使其作品具有传统文化的神韵、意境，其作品必将成为一幅上乘佳作，兼具艺术价值与商业价值。

海报欣赏

5. 个性原则

一幅有个性的海报设计作品，会让人情不自禁地停住脚步，耐心地去观看作品所表现的内容，并久久回味。没有个性就没有艺术，古今中外，无数艺术家都在不懈地追求艺术的个性化表现，海报设计也是如此，所以，如今的海报设计作品在艺术成就上也取得了巨大的发展。海报设计体现个性的方法多种多样，从内容上看，表现同一主题有人用幽默的内容，有人用悲伤的内容；从形式上看，则有制造矛盾、营造错视、激发联想、构造影子等方式。

海报欣赏

技能点 2　海报设计的思路与重点

1. 海报设计思路

俗话说“万事开头难”，当接到一个设计任务特别是海报设计任务时，确定主题后，就需要梳理设计思路，思路是否清晰、顺畅尤为重要。

1）简约设计思路

简约设计思路贯穿的是一种“少即是多”的哲理思想，其通过具有较大影响力的设计元素来传达主题内容。不管是采用极简主义还是图像留白的方式，这种简约设计不需要大量华丽的元素也可以完成。这种风格的海报多用于电影宣传、潮流服装等，受众多是充满个性的年轻人。

2）排版设计思路

这种设计思路多用于需要传达较多信息的时候，这种情况下，重点就应该放在排版上。例如，需要突出日期、地点以及其他有趣的内容时，都可以采用排版设计思路。

3）颜色设计思路

海报设计会使用大量的颜色，其能很快吸引人们的注意力，并且不同的颜色，也能突出不同的主题。所以说，对颜色的选择也需反复思考。一般来讲，不同的性别、年龄、季节、地域都会配以不同的颜色。

4）照片设计思路

这种设计思路以照片为主，文字为辅。使用照片可减少文本的使用，或是代替需要很多文字表达的内容。如果海报里的照片能表达得更好，可以适当减少文字的使用。

5）复古设计思路

复古设计作为一种潮流已经卷土重来，对海报设计也有一定影响。复古设计的优势在于建立一种怀旧联系，可以使人瞬间对远去的年代或事情产生共鸣，成为与大众情感联系的纽带，十分容易获得大众的认同与信任。

海报欣赏

2. 海报设计的重点

海报是一种传递信息的媒介，能使人在瞬间仅仅通过文字和图形的提示，迅速了解图像中所展现的内容和意义，所以想要制作一张符合标准的海报，必须要找出重点、提炼重点，才能帮助我们快速而准确地完成工作，制作出优秀的海报作品。

1）文字标题

文字设计是海报设计的重要部分，文字是海报传达主题的最有效的元素。合理的文字设计既能为主题服务，又能增加艺术感、提高欣赏性。除了选择一种可读的字体，文字的内容也会让海报起到事半功倍的效果。下面为大家介绍几种文字设计的方法。

（1）比喻法，文字在某一点上与主题的某些特征有相似之处，因而可以借题发挥，进行延伸转化。

（2）幽默法，文字能将某些引人发笑的元素表现出来，并延伸到漫画的程度，营造一种充满乐趣又耐人回味的幽默意境。

（3）悬念法，通过文字设计勾起人们猜疑和紧张的心理，从而产生夸张的效果，驱动大众的好奇心。

（4）以小见大法，是以独到的想法设计某个元素，加以延伸扩展，以小寓大，充分表现主题思想。

（5）动之以情法，利用情感因素，侧重选择具有情感倾向的文字内容，以情感烘托主题，充分发挥文字的感染力。

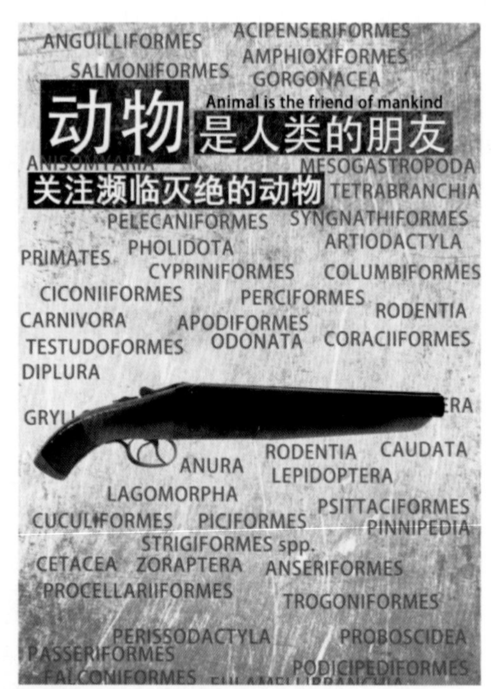

海报文字标题欣赏

2）构图方法

构图是海报设计中极为重要的环节，优秀的构图比例，能准确、深刻地表达设计主题、诠释设计的艺术之美。设计离不开构图，就像内容和形式是不可分割的一样。好的构图可以让作品更加出色，不恰当的构图也会让作品黯然失色。下面将介绍一些常用的构图方法。

（1）粗细对比，是在构图的过程中形成的一种风格，有些是主体图案与陪衬图案的对比；有些是中心图案与背景图案的对比；有些是粗犷的素材内容与精美的素材内容的对比。总之，图像内容无论在色彩上还是选用图形上都反差较大，但是将两者放在一起又会出现震撼人心的画面效果。

（2）远近对比，海报设计分为近、中、远几种画面的构图层次。近，通常是指画面中最能凸显图案的位置，也是海报设计中能表现最重要、最关键的内容的位置，也是最具视觉冲击力的位置，以此类推然后是中的部分和远的部分。这种远近对比的排列方法会使画面具有明显的层次感，紧紧地把大众的视线吸引过来。

（3）疏密静动对比，即画面中既有素材集中的地方也有素材分散的地方，不宜全部集中或分散，表现出一种疏密协调张弛有度的效果，同时突出主题。此外，也可结合静动对比，即爆炸性图案或粗犷线条，要配合端庄稳重、轻淡平静的图案，从而避免画面过于花哨缭乱，给人过于死板的感受，符合人们的正常审美需求。

（4）古今中外对比，将中国古代的经典纹饰图案、传统绘画手法与国外科技和文化元素相结合，或将汉字和英文结合，突出海报设计主题。这种方法既能产生古色古香的文化感，也能产生现代科技感，这种对比也是很受大众欢迎的。

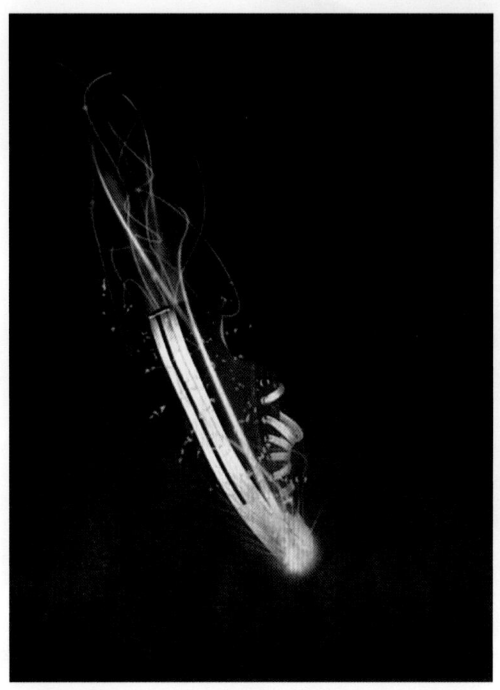

海报构图方法欣赏

3）色彩搭配

和谐的色彩搭配不仅能愉悦人的视觉，更能愉悦人的精神世界。色彩搭配的成功与否对于海报设计来说是十分重要的。不同的色彩搭配，能够给人带来截然不同的感受。同时，海报设计面向的对象不同，所采用的色彩搭配方法也不尽相同。

（1）零度对比，是指黑色、灰色、白色三色的配色。因为缺少彩色的搭配，这种配色所呈现的是一种较为呆板的感觉。所以，无色彩的配色属于视觉冲击力较弱的配色方法。然而，其能给人一种产品很有质感的感觉，凸显产品的庄重、高雅而富有现代感，用于前卫、极端的产品。

（2）无彩色配色，选择任何一种颜色与黑色、灰色、白色搭配，被称为无彩色配色。可以考虑用黑色、灰色、白色来搭配，因为此配色方法是最扎实、最完整的配色方法，如黑与红、灰与紫等，既大方又活泼。

（3）类似色配色，俗称姐妹色组合，即为一种颜色，设置不同的饱和度与明度，以此来相互搭配的方法。类似色可营造出柔和、贴心、可爱、温馨的感觉，但须注意所搭配的类似色明度不可过于相近，避免造成同一色系的错觉，类似色配色的整体感觉趋向平坦、柔弱，在作品的表现上，吸引力较弱，经常被用在辅助位置，让主题更为明显。

（4）对比色配色，就是利用对比色来搭配颜色，以三原色（红、黄、蓝）构成三角形三个顶点，将它们相互混色。对比色的配色方法给人前卫、鲜明、开朗、流行的感觉。

（5）咖啡色配色，咖啡色可以说是“万能色”，是所有颜色中较易配色的颜色。其可以搭配红色、橘色、黄色、黑色、灰色等，都十分自然协调。

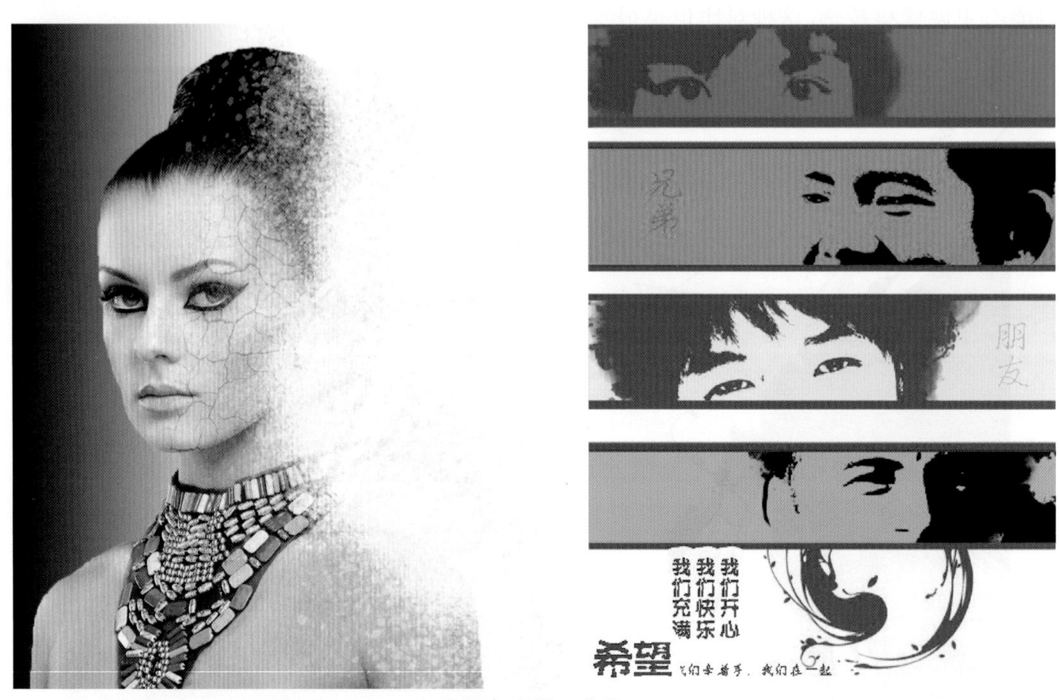

海报色彩搭配欣赏

通过下面的操作过程，进行平面海报的设计。下面将通过两个案例进行讲解。

1. 案例一

（1）打开 Photoshop 软件，点击打开...按钮，导入“星空 1”和“星空 2”素材（导入软件后，默认显示为“图层 0”“图层 1”），对其进行解锁，按照序号顺序进行排列，将图层“混合模式”调节为“滤光”，效果如图 6-1-1 所示，点击“图像”— “调整”— “亮度 / 对比度”命令，将“亮度”调节为“-75”（图 6-1-2）。

图 6-1-1　滤光效果

图 6-1-2　调节亮度 / 对比度

（2）导入“虎头”素材，并调整其大小，使其与“星空”素材相互匹配（图 6-1-3），然后可将“星空 1”和“星空 2”素材的显示关闭。点击“虎头”素材“通道”面板（图 6-1-4）。

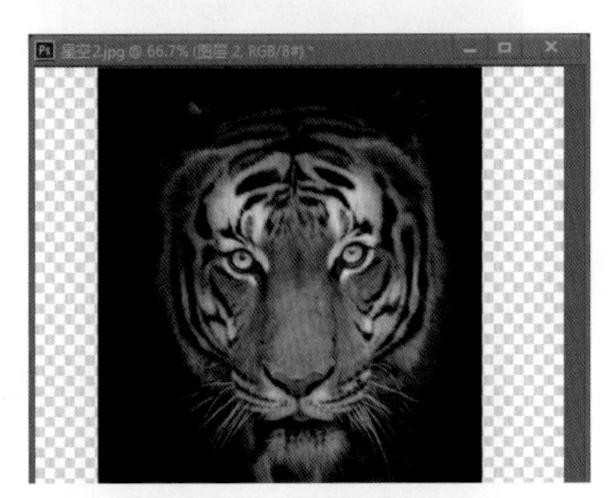

图 6-1-3　调整素材大小

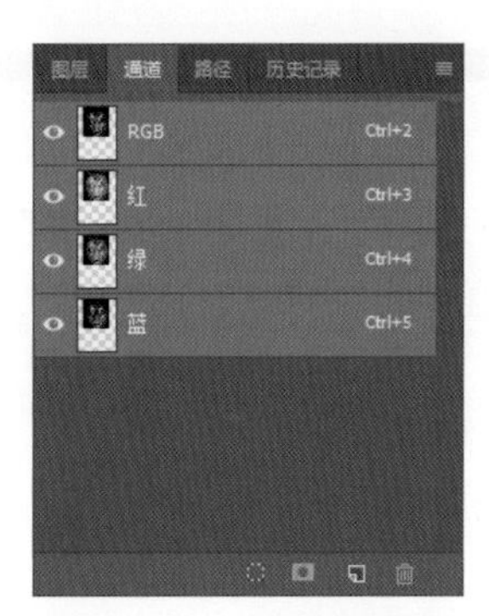

图 6-1-4　进入通道面板

（3）选择“通道”面板中的“蓝”通道，将其拖至面板下方的“创建新通道”图标处（图 6-1-5），创建“蓝拷贝”通道（图 6-1-6），将其背景色设置为白色。

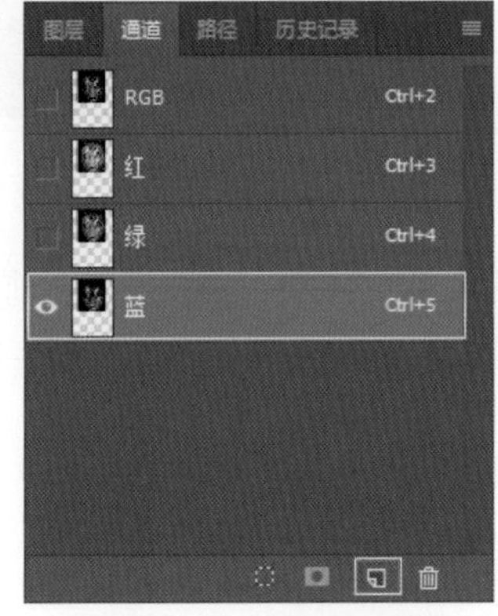

图 6-1-5　创建新通道

图 6-1-6　创建蓝拷贝通道

（4）在工具栏中选择“魔棒工具”，对“蓝拷贝”通道的背景进行选择，创建选区（图6-1-7）。点击工具栏中的图标，调节“前景色”为“#000000”，使用“油漆桶工具”或按快捷键 Alt+Delete 进行颜色填充（图 6-1-8），取消选区。

图 6-1-7　创建选区

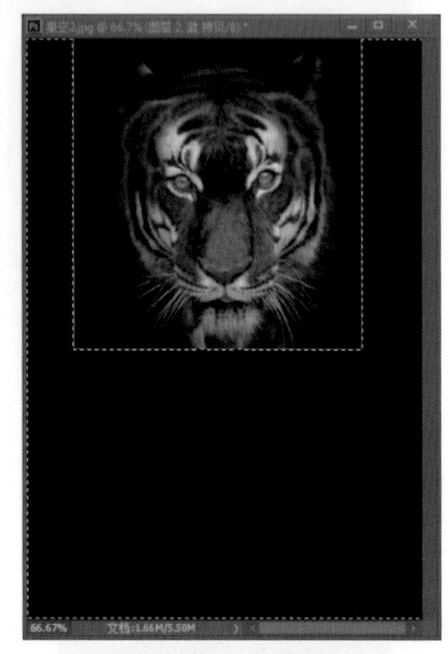

图 6-1-8　填充颜色

（5）点击“图像”—“调整”—“色阶”命令（图 6-1-9），对“色阶”进行调节，将“输入色阶”数值调为“0、0.85、185”。

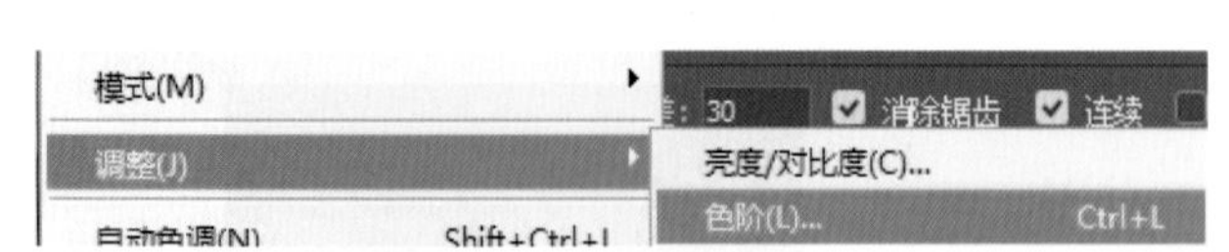

图 6-1-9　色阶命令

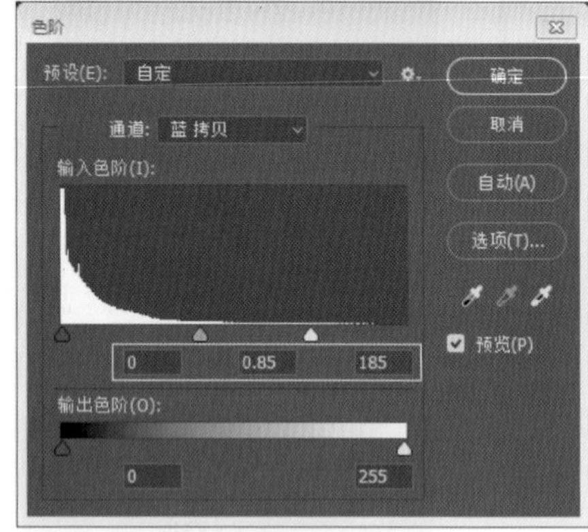

图 6-1-10　调节色阶

（6）在工具栏中选择“画笔工具”，点击工具栏中的图标，调节“前景色”为“#000000”，将“蓝拷贝”通道层内的“虎头”图像以外的地方涂抹成黑色（图 6-1-11），效果如图 6-1-12 所示。

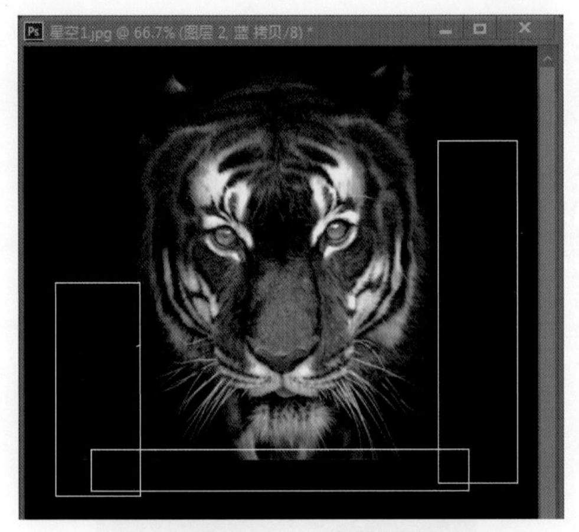

图 6-1-11　涂抹黑色

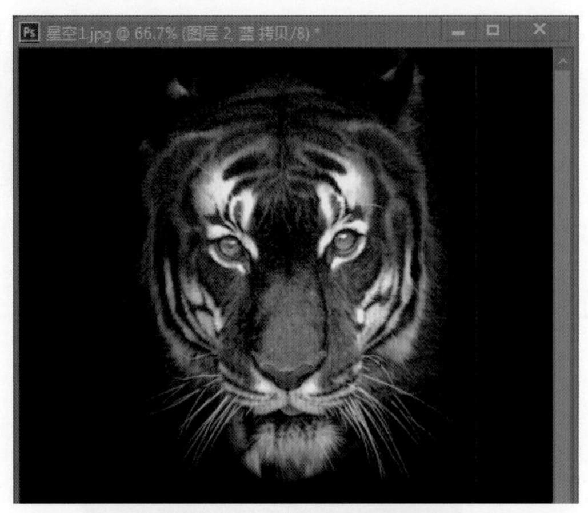

图 6-1-12　调整后的效果

（7）返回“图层”面板，选择“图层 1”“图层 0”（图 6-1-13），按快捷键 Ctrl+Alt+E 进行图层合并，得到“图层 1（合并）”，同时关闭“图层 1”“图层 0”的显示（图 6-1-14）。

图 6-1-13　选择图层

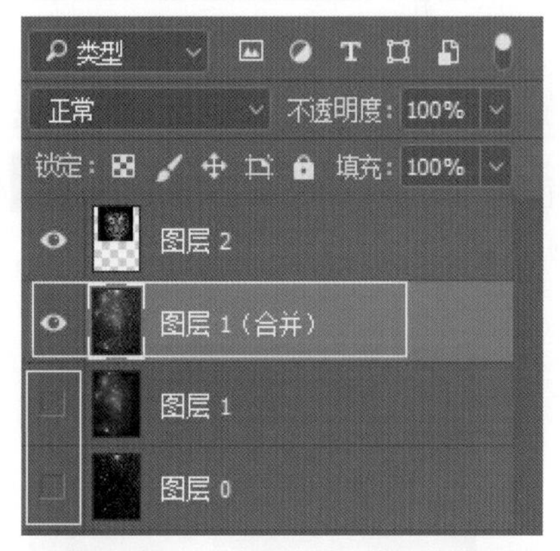

图 6-1-14　得到图层 1(合并)并关闭两个图层的显示

（8）关闭“图层 2”的显示，选择“图层 1（合并）”图层，按快捷键 Ctrl+Alt+6，出现“蓝”通道的选区（图 6-1-15），选择“图层 1（合并）”图层，按快捷键 Ctrl+C，再按快捷键 Ctrl+V，得到“图层 3”，效果如图 6-1-16 所示。

图 6-1-15　出现蓝通道选区

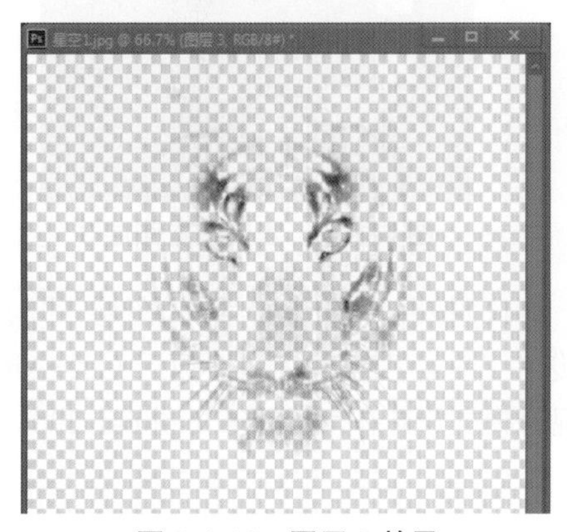

图 6-1-16　图层 3 效果

（9）选择“图层 3”，将图层“混合模式”调节为“滤色”（图 6-1-17），得到“虎头”素材与“星空”素材结合的效果（图 6-1-18）。

图 6-1-17 调节图层混合模式

图 6-1-18 素材结合后的效果

（10）此时“虎头”素材与“星空”素材结合效果不明显。选择“图层 3”，将其拖动至“图层”面板下方的“创建新图层”图标处，重复四次（图 6-1-19），得到的清晰效果如图 6-1-20 所示。

图 6-1-19 复制四次图层 3

图 6-1-20 清晰效果

（11）按住 Shift 键，点击“图层 3”与“图层 3 拷贝 4”，将“图层 3”至“图层 3 拷贝 4”全部选中（图 6-1-21），按住快捷键 Ctrl+Alt+E，合并图层，出现“图层 3 拷贝 4（合并）”，将图层“混合模式”调节为“滤色”（图 6-1-22）。

图 6-1-21　选择图层

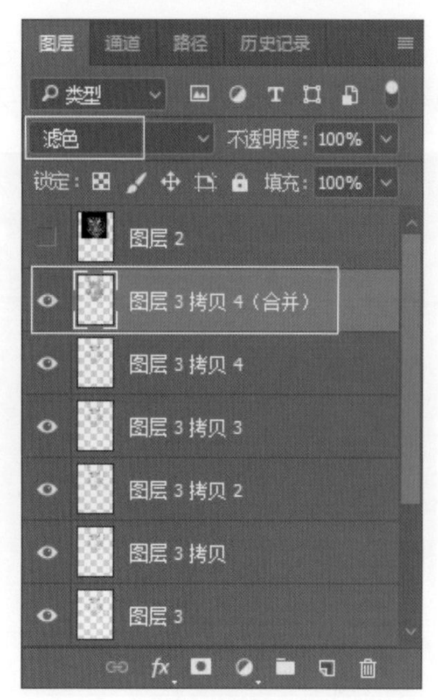

图 6-1-22　合并图层并调节图层混合模式

（12）点击“图层”面板下方的“创建新组”图标，得到“组 1”，将其拖动至“图层 0”的下方（图 6-1-23）。选择“图层 0”“图层 1”“图层 3”“图层 3 拷贝”“图层 3 拷贝 2”“图层 3 拷贝 3”“图层 3 拷贝 4”“图层 2”并将它们拖动至“组 1”（图 6-1-24）。

图 6-1-23　创建并调节组 1

图 6-1-24　拖动进组

(13)点击“图层”面板下方的“创建新图层”图标，创建“图层 4”(图 6-1-25)，并将其拖动至“图层 1(合并)”上面(图 6-1-26)。

图 6-1-25 创建图层 4

图 6-1-26 拖动图层

(14)在工具栏中选择“套索工具”，在“图层 4”中进行选区绘制(图 6-1-27)。点击工具栏中的图标，调节“前景色”为“#000000”，使用“油漆桶工具”或按快捷键 Ctrl+Delete 进行颜色填充(图 6-1-28)。

图 6-1-27 绘制选区

图 6-1-28 填充颜色

（15）点击“图层”面板下方的“创建新图层”图标，创建“图层 5”（图 6-1-29）。点击工具栏中的“画笔工具”中的“画笔预设”，选择“常规画笔”中的“柔边圆”，将其“不透明度”调为“30%”，“流量”调为“30%”，进行绘制（可根据具体要求随时进行变换），将整体色调变暗（图 6-1-30）。

图 6-1-29　创建图层 5

图 6-1-30　进行绘制

（16）选择“图层 3 拷贝 4（合并）”图层，点击“图层”面板下方的“创建新的填充或调整图层”图标，在其下拉菜单中选择“色相 / 饱和度”，将“色相”调节为“-16”，“饱和度”调节为“+20”（图 6-1-31），效果如图 6-1-32 所示。

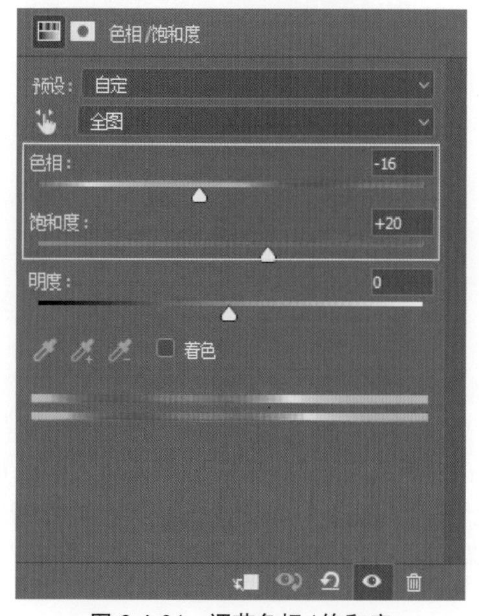

图 6-1-31　调节色相 / 饱和度

图 6-1-32　调整后的效果

（17）导入“剪影 1”“剪影 2”“剪影 3”（图 6-1-33），调节其大小比例，并摆放到相应位置，效果如图 6-1-34 所示。

图 6-1-33　导入素材

图 6-1-34　导入素材后的效果

（18）选择“直排文字工具”，输入文字“偏向”，将文字“大小”调为“48 点”（字体选择软件自带的字体即可），“颜色”调为“#ffffff”（图 6-1-35）。选择“横排文字工具”，输入文字“虎山行”，将文字“大小”调为“100 点”（字体选择软件自带的字体即可），“颜色”调为“#c3d7c3”（图 6-1-36）。

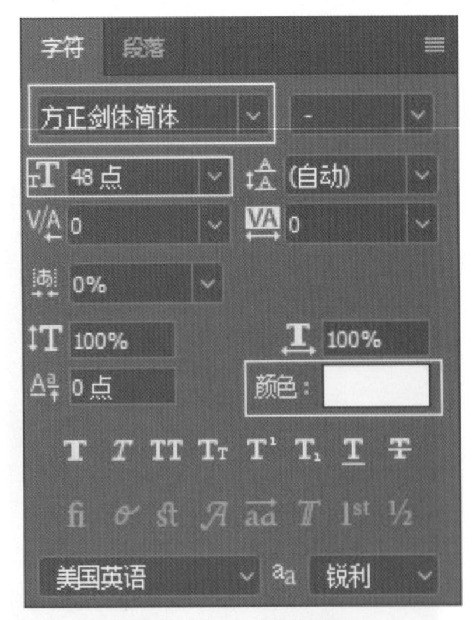

图 6-1-35　调节字符

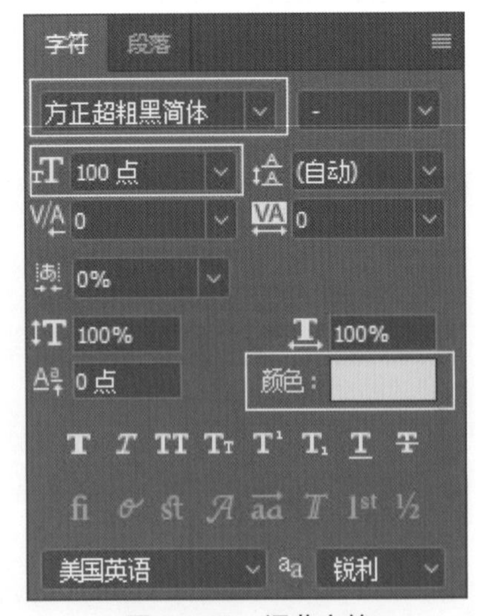

图 6-1-36　调节字符

（19）选择“偏向”“虎山行”两个文字层，点击鼠标右键选择“栅格化文字”命令（图 6-1-37）。选择“虎山行”，选择“滤镜”—“风格化”—“风”命令，使用默认属性，再点击“滤镜”—“模糊”—“动感模糊”命令，将“角度”调节为“30 度”，“距离”调节为“7 像素”（图 6-1-38）。

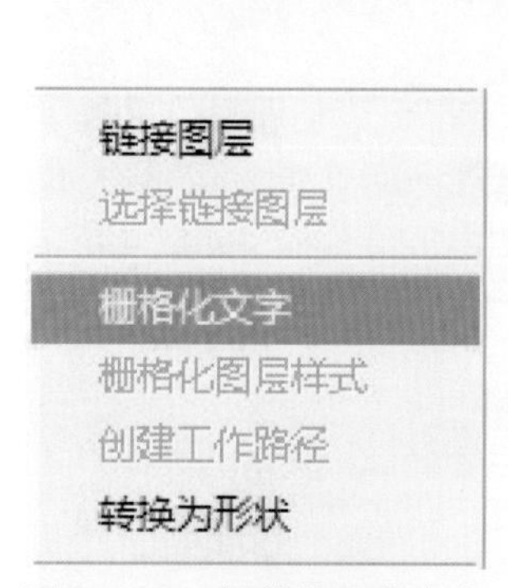

图 6-1-37　栅格化文字命令

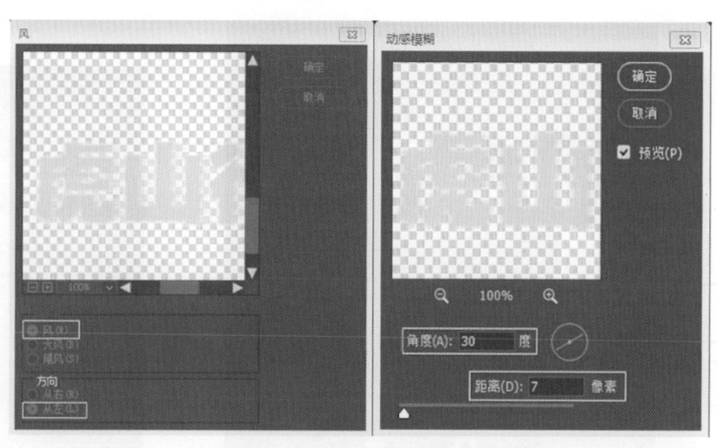

图 6-1-38　调节风和动感模糊

（20）点击“图层”面板下方的“添加图层样式”图标，在其下拉菜单中选择“外发光”，将“混合模式”调节为“线性光”，“不透明度”调节为“30%”，“颜色”调节为“#e8efe9”，“扩展”调节为“0%”，“大小”调节为“46 像素”（图 6-1-39），效果如图 6-1-40 所示。

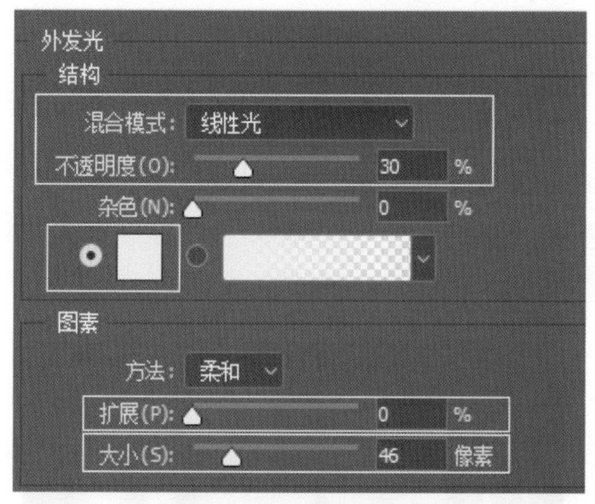

图 6-1-39　调节外发光

图 6-1-40　调整后的效果

（21）点击“图层”面板下方的“创建新图层”图标，创建“图层 9”（图 6-1-41），在工具栏中选择“矩形选框工具”，绘制选区，点击工具栏中的图标，调节“前景色”为“#ae1010”，使用“油漆桶工具”或按快捷键 Ctrl+Delete 进行颜色填充，点击“图层”面板下方的“添加图层样式”图标，在其下拉菜单中选择“描边”，将“大小”调节为“2 像素”，“颜色”调节为“#ff0000”（图 6-1-42）。

图 6-1-41 创建图层 9

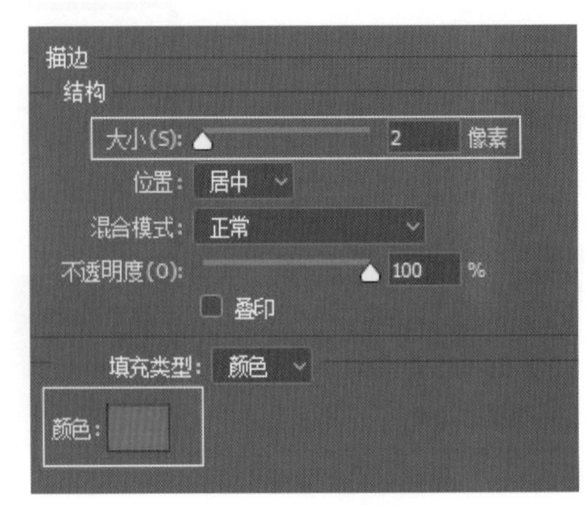

图 6-1-42 调节描边

（22）选择“横排文字工具”，输入文字“Tilt to Tiger Mountain ”，将文字“大小”调为“24 点”（字体选择软件自带的字体即可），“水平缩放”调为“120%”，“颜色”调为“#4a608a”（图 6-1-43），并将其放在“虎山行”的下方，效果如图 6-1-44 所示。

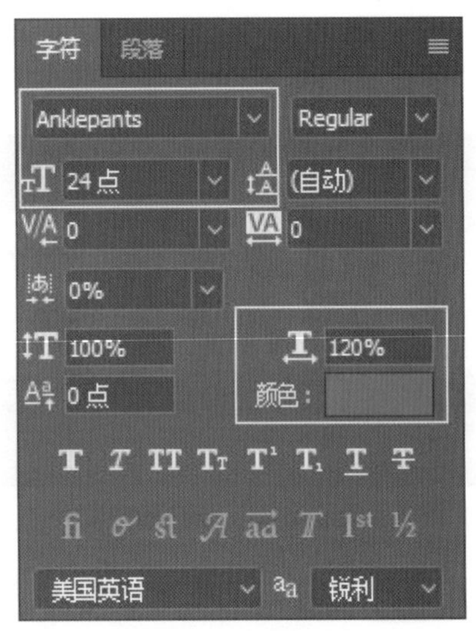

图 6-1-43 调节字符

图 6-1-44 调整后的效果

（23）选择“图层 1（合并）”层，使用“椭圆选框工具”，选择最明亮星光图像（图 6-1-45），按快捷键 Ctrl+J，出现“图层 11”，将其拖动至“图层 3 拷贝 4（合并）”上面（图 6-1-46）。

图 6-1-45　选择图像

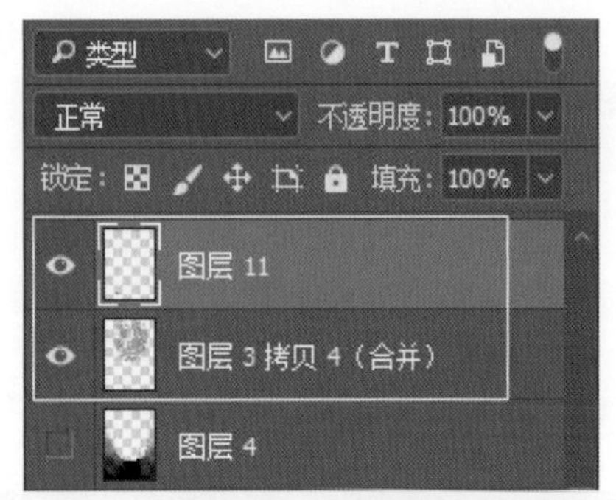

图 6-1-46　拖动图层

（24）将“图层 11”拖动至老虎眼部，按比例进行缩放，使其与虎眼相匹配（图 6-1-47），按住 Ctrl 键点击“图层 11”，选择选区，点击“选择”— “修改”— “羽化”命令，将“羽化半径”调节为“6 像素”（图 6-1-48）。

图 6-1-47　调节虎眼大小

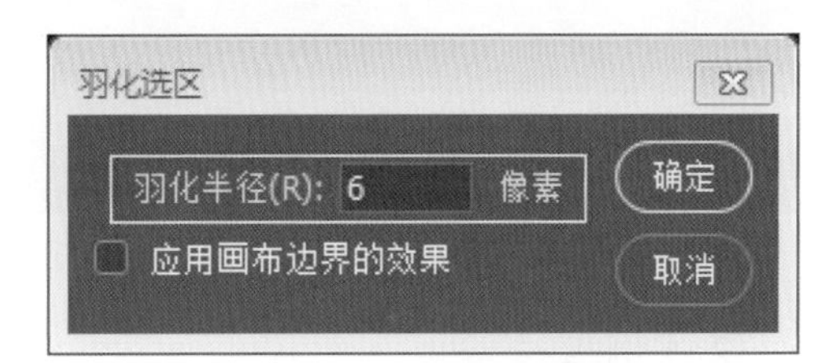

图 6-1-48　调节羽化半径

（25）点击“选择”— “反选”命令或按快捷键 Shift+Ctrl+I 进行反选（图 6-1-49），按 Delete 键进行删除（若一次效果不理想，可重复操作），效果如图 6-1-50 所示。

图 6-1-49　反向选择

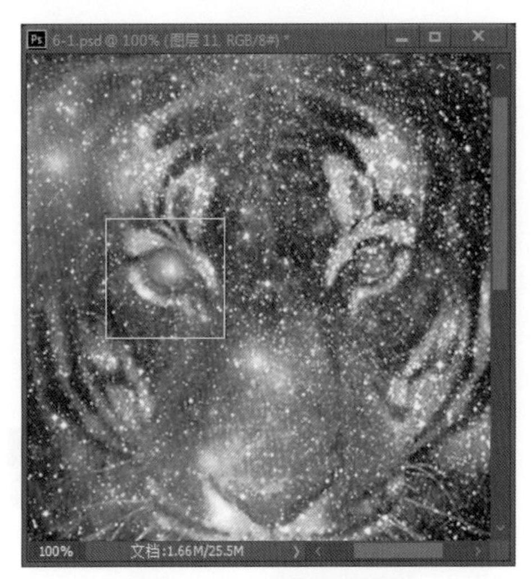
图 6-1-50　调整后的效果

（26）按 Ctrl+Alt 拖动“图层 11”，将其复制至老虎的另一只眼部（图 6-1-51），最终效果如图 6-1-52 所示。

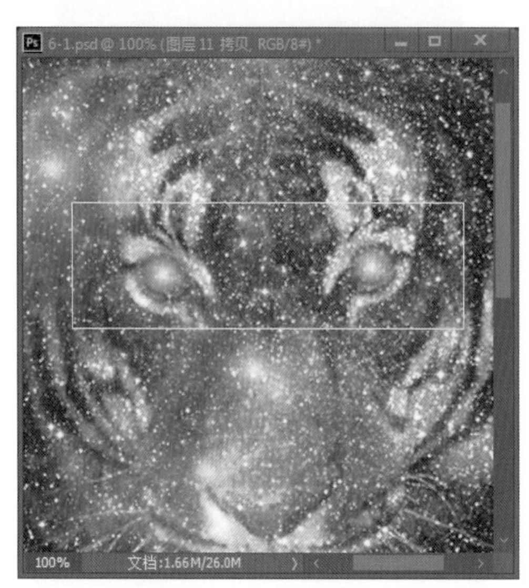

图 6-1-51 复制图层

图 6-1-52 最终效果

2. 案例二

（1）打开 Photoshop 软件，点击菜单栏中“文件”下拉菜单中的“新建”命令（图 6-2-1）或按 Ctrl+N 快捷键，创建“颜色模式”为“RGB 颜色”，“宽度”为“600 像素”，“高度”为“280 像素”，“分辨率”为“72 像素 / 英寸”，“背景内容”为“白色”的文档（图 6-2-2）。

图 6-2-1 新建命令

图 6-2-2 设置属性

（2）在工具栏中选择“渐变工具”，点击“编辑渐变”，弹出“渐变编辑器”对话框（图 6-2-3），将色标颜色调节为“#df274a”至“#c91437”（图 6-2-4）。

图 6-2-3　渐变编辑器

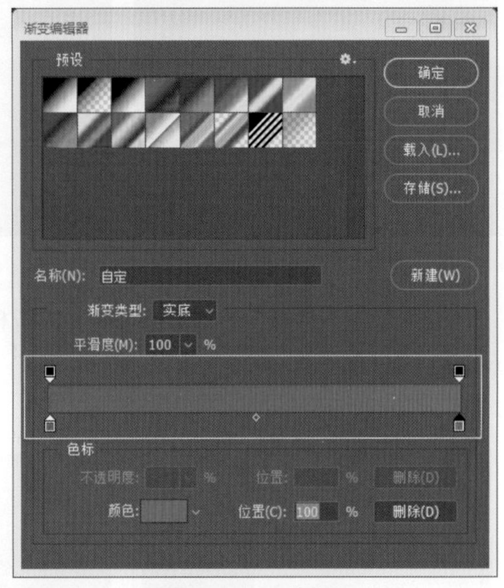

图 6-2-4　调节颜色

（3）点击“径向渐变”，使用“渐变工具”由中心位置向外进行拖动（图 6-2-5），绘制完成后的效果如图 6-2-6 所示。

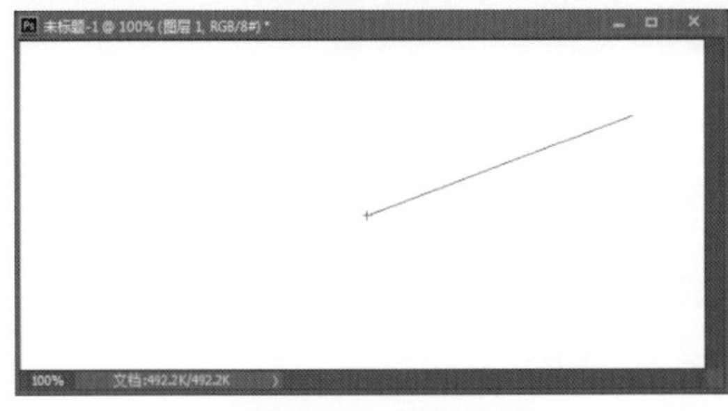

图 6-2-5　进行绘制

图 6-2-6　绘制完成后的效果

（4）点击“图层”面板下方的“创建新图层”图标，创建“图层 1”（图 6-2-7），在工具栏中选择“画笔工具”，打开“画笔预设”，选择“常规画笔”中的“柔边圆”，将颜色调为“#edce21”，在“图层 1”中进行涂抹，效果如图 6-2-8 所示。

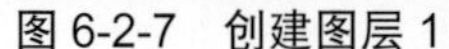
图 6-2-7 创建图层 1

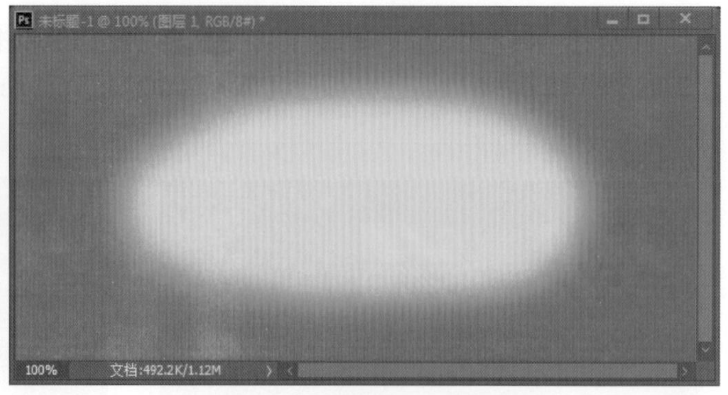

图 6-2-8 绘制颜色后的效果

（5）点击“滤镜”—“模糊”—“高斯模糊”命令，将“半径”调节为“80 像素”（如图 6-2-9），效果如图 6-2-10 所示。

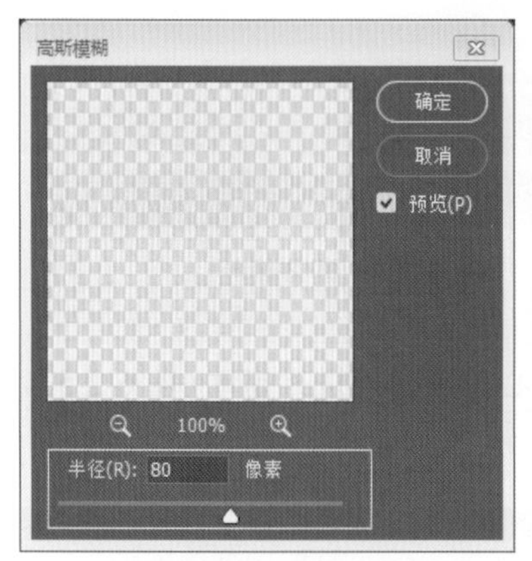

图 6-2-9 调节半径

图 6-2-10 调整后的效果

（6）点击“图层”面板下方的“创建新图层”图标，创建“图层 2”（图 6-2-11），在工具栏中选择“画笔工具”，打开“画笔预设”，选择“常规画笔”中的“柔边圆”，将颜色调为“#000000”，在“图层 2”中进行涂抹，效果如图 6-2-12 所示。

图 6-2-11 创建图层 2

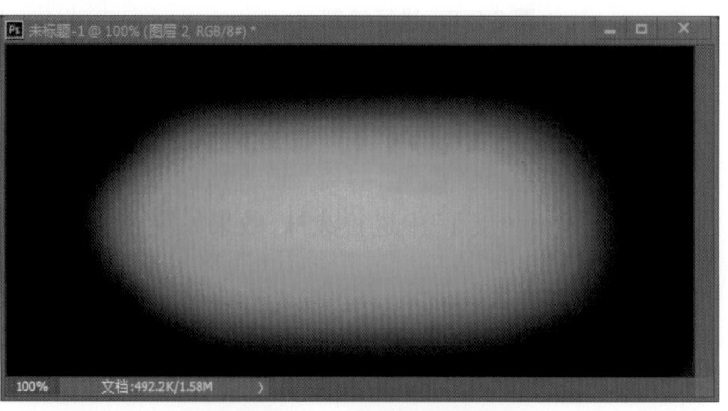

图 6-2-12 绘制颜色后的效果

（7）选择“图层 2”，将“图层”面板中的“不透明度”调节为“12%”（图 6-2-13），效果如图 6-2-14 所示。

图 6-2-13　调节不透明度

图 6-2-14　调整后的效果

（8）点击“图层”面板下方的“创建新图层”图标，创建“图层 3”（图 6-2-15），在工具栏中选择“画笔工具”，打开“画笔预设”，选择“常规画笔”中的“柔边圆”，将颜色调为“#ffffff”，在“图层 3”中心位置进行绘制，效果如图 6-2-16 所示。

图 6-2-15　创建图层 3

图 6-2-16　绘制颜色后的效果

（9）点击“滤镜”—“模糊”—“高斯模糊”命令，将“半径”调节为“20 像素”（图 6-2-17），效果如图 6-2-18 所示。

图 6-2-17　调节半径

图 6-2-18　调整后的效果

（10）点击“图层”面板下方的“创建新组”图标，创建“组 1”（图 6-2-19），选择“图层 1”“图层 2”“图层 3”，并将其拖至“组 1”之中（图 6-2-20）。

图 6-2-19 创建新组

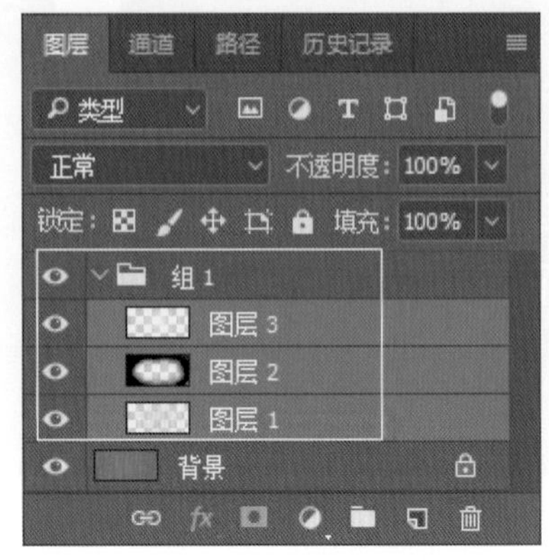

图 6-2-20 拖动图层

（11）选择“横排文字工具”，输入文字“与往事干杯”，将其“大小”调为“90 点”（字体选择软件自带的字体即可），“颜色”设置为“#dce820”，选择“下划线”（图 6-2-21），效果如图 6-2-22 所示。

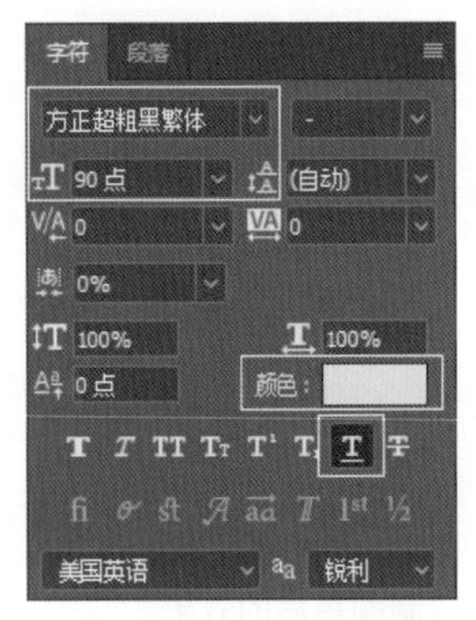

图 6-2-21 调节字符

图 6-2-22 文字效果

（12）再输入文字“Cheers to the past”，将文字“大小”调为“30 点”（字体选择软件自带的字体即可），“颜色”调为“#dce820”（图 6-2-23），效果如图 6-2-24 所示。

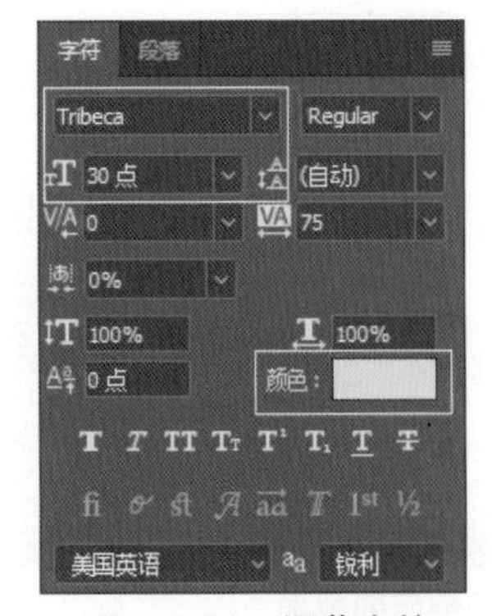

图 6-2-23 调节字符

图 6-2-24 文字效果

（13）点击“图层”面板下方的“创建新组”图标，创建“组 2”（图 6-2-25），将两个文字层拖入其中（图 6-2-26）。

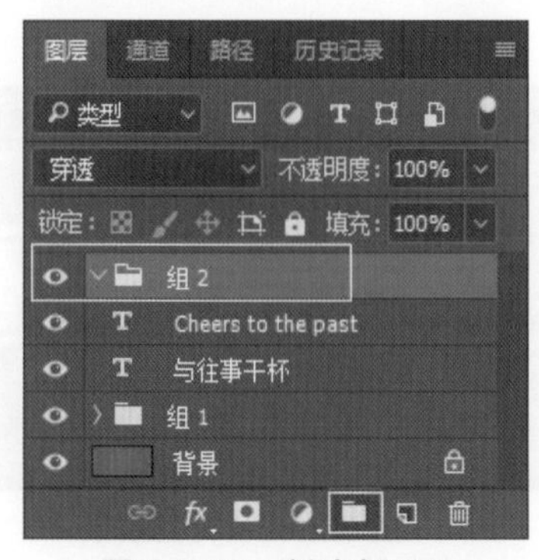

图 6-2-25　创建新组 2

图 6-2-26　拖动文字层

（14）选择“组 2”，将其拖至“图层”面板下方的“创建新图层”图标处（图 6-2-27），创建“组 2 拷贝”（图 6-2-28）。

图 6-2-27　创建新组

图 6-2-28　完成组 2 拷贝创建

（15）点击“组 2 拷贝”前方的箭头，将“组 2 拷贝”展开，按 Shift 键选择图层（图 6-2-29），点击“图层”— “合并图层”命令或按快捷键 Ctrl+E，合并图层（图 6-2-30）。

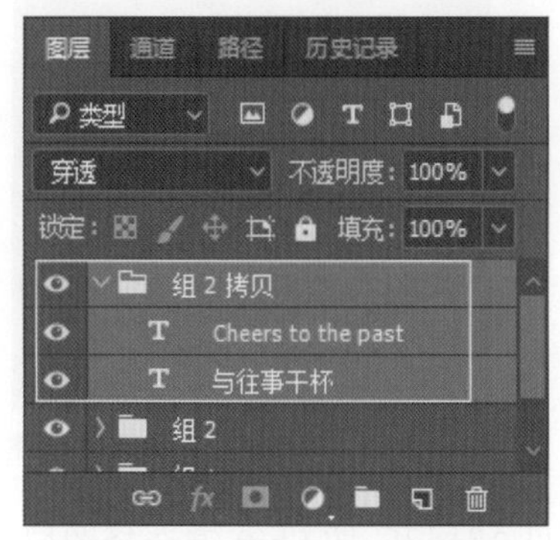

图 6-2-29　展开组并选择图层

图 6-2-30　合并图层

（16）点击工具栏中的图标，调节“前景色”为“#b51a1a”，按 Shift +Alt+Delete 快捷键进行颜色填充（图 6-2-31），将“组 2 拷贝”拖至“组 2”下方相应位置，效果如图 6-2-32 所示。

图 6-2-31　填充颜色

图 6-2-32　得到效果

（17）点击“图层”面板下方的“添加图层样式”图标，在其下拉菜单中选择“投影”，将“角度”调节为“120 度”，“距离”调节为“3 像素”，“大小”调节为“2 像素”（图 6-2-33），效果如图 6-2-34 所示。

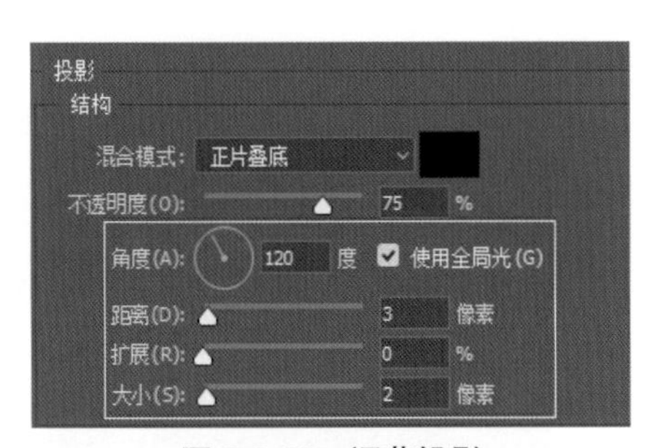

图 6-2-33　调节投影

图 6-2-34　调整后的效果

（18）选择“组 2”，将其拖至“图层”面板下方“创建新图层”图标处（图 6-2-35），创建“组 2 拷贝 2”（图 6-2-36）。

图 6-2-35　创建新组

图 6-2-36　完成组 2 拷贝 2 创建

（19）点击“组 2 拷贝 2”前方箭头，将“组 2 拷贝 2”展开，按 Shift 键选择图层（图 6-2-37），点击“图层”—“合并图层”命令或按快捷键 Ctrl+E，合并图层（图 6-2-38）。

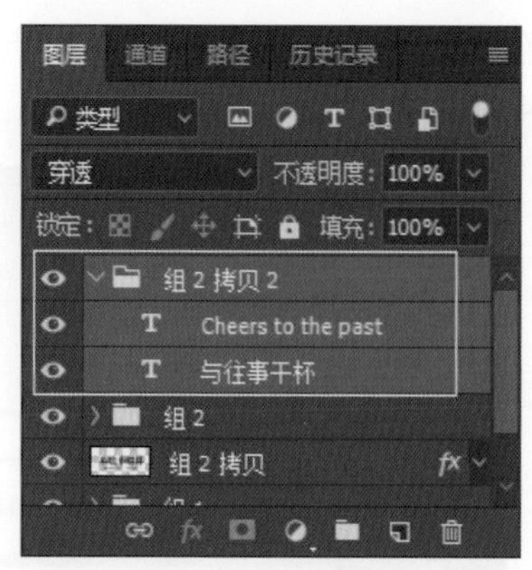

图 6-2-37　展开组

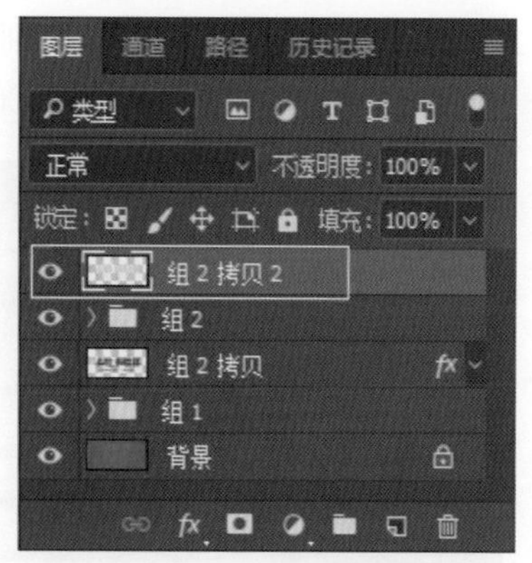

图 6-2-38　合并图层

（20）点击“图层”面板下方的“添加图层样式”图标，在其下拉菜单中选择“斜面和浮雕”，将“样式”调节为“内斜面”，“方法”调节为“平滑”，“大小”调节为“4 像素”，“角度”调节为“120 度”（图 6-2-39），效果如图 6-2-40 所示。

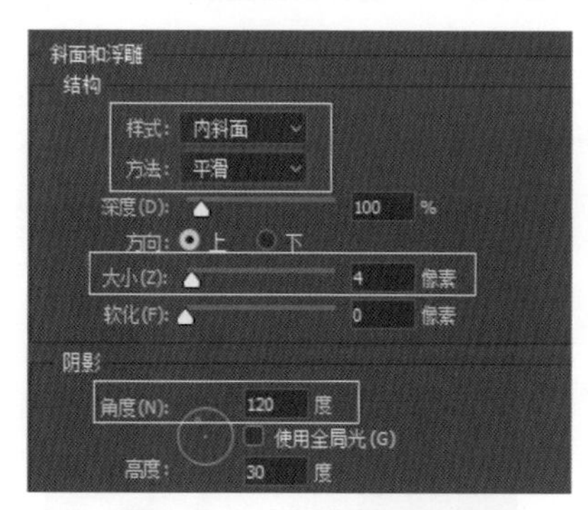

图 6-2-39　调节斜面和浮雕

图 6-2-40　调整后的效果

（21）点击“图层”面板下方的“创建新图层”图标，创建“图层 4”（图 6-2-41），在工具栏中选择“画笔工具”，打开“画笔预设”，选择“常规画笔”中的“柔边圆”，将颜色调为“#daa926”，在“图层 4”中心位置绘制图形，效果如图 6-2-42 所示。

图 6-2-41　创建图层 4

图 6-2-42　绘制图形后的效果

（22）再使用颜色“#eac76a”在刚刚绘制的位置进行点击绘制（图 6-2-43），点击“编辑”— “自由变换”命令或按快捷键 Ctrl+T（图 6-2-44）。

图 6-2-43　点击绘制

图 6-2-44　进行自由变换

（23）拖动“自由变换”命令的控制点，调节图形的位置、比例（图 6-2-45），在工具栏中选择“橡皮擦工具”，将多余部分擦除（图 6-2-46）。

图 6-2-45　调节图形

图 6-2-46　擦除多余部分

（24）点击“图层”面板下方的“创建新图层”图标，创建“图层 5”（图 6-2-47），在工具栏中选择“画笔工具”，打开“画笔预设”，选择“常规画笔”中的“柔边圆”，将颜色调为“#f4dc9b”，在“图层 5”相应位置进行绘制（图 6-2-48）。

（25）再使用颜色“#faf2db”在刚刚绘制的位置进行点击绘制（如图 6-2-49），点击“编辑”— “自由变换”命令或按快捷键 Ctrl+T（图 6-2-50）。

图 6-2-47　创建图层 5

图 6-2-48　绘制图形

图 6-2-49　点击绘制

图 6-2-50　进行自由变换

（26）拖动“自由变换”命令的控制点，调节图形的位置、比例（图 6-2-51），选择“图层 4”“图层 5”，点击“图层”— “合并图层”命令或按快捷键 Ctrl+E，出现合并后的“图层 5”（图 6-2-52）。

图 6-2-51　调节图形

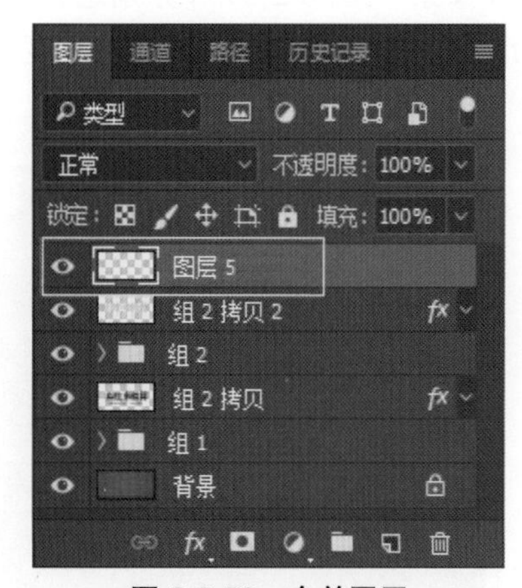

图 6-2-52　合并图层

（27）将“图层 5”的“混合模式”调节为“颜色减淡”（图 6-2-53），按 Ctrl+Alt 键拖动“图层 5”进行复制，点击“编辑”— “自由变换”命令或按快捷键 Ctrl+T，再按鼠标右键选择“水平翻转”，同时调节大小、比例与图层排列顺序，将其放置于相应位置，效果如图 6-2-54 所示。

图 6-2-53 调节图层混合模式

图 6-2-54 调整后的效果

（28）将“花瓣”素材导入文件中（图 6-2-55），点击“编辑”— “自由变换”命令或按快捷键 Ctrl+T，调节大小、比例，将其放置于“组 2 拷贝”之下，效果如图 6-2-56 所示。

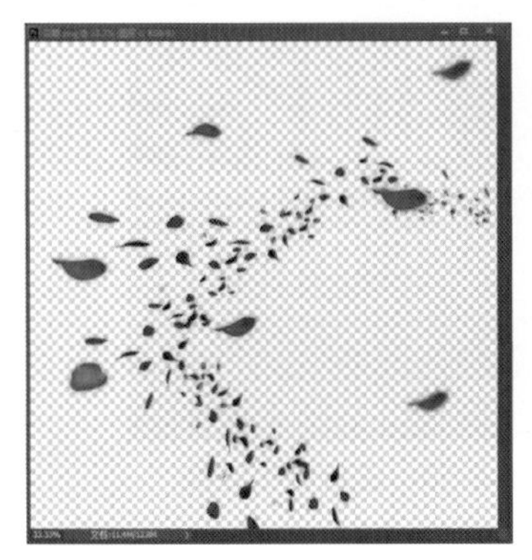

图 6-2-55 “花瓣”素材

图 6-2-56 调整后的效果

（29）点击“滤镜”— “模糊”— “动感模糊”命令，将“角度”调节为“35 度”，“距离”调节为“8 像素”（图 6-2-57），分别选择“图层 5”“图层 5 拷贝”“图层 5 拷贝 2”进行“动感模糊”命令调节，将“角度”调节为“39 度”，“距离”调节为“28 像素”（图 6-2-58）。

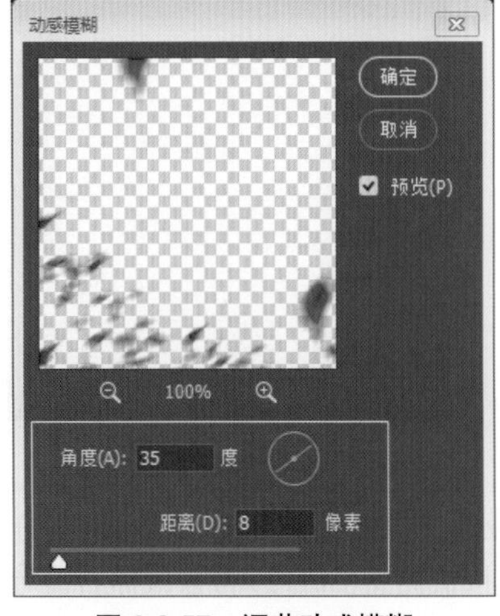

图 6-2-57 调节动感模糊

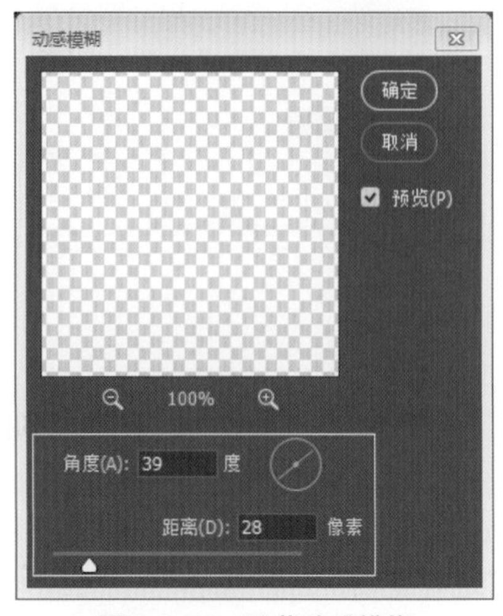

图 6-2-58 调节动感模糊

（30）将“花纹”素材导入文件中，点击“编辑”— “自由变换”命令或按快捷键 Ctrl+T，调整大小、比例，并将其放置在画面左上角，效果如图 6-2-59 所示，按 Ctrl+Alt 键拖动“花纹”素材进行复制，将其放置于对角线位置（图 6-2-60）。

图 6-2-59　调节素材

图 6-2-60　复制素材

（31）点击“图层”面板下方的“创建新的填充或调整图层”图标，在其下拉菜单中选择“亮度 / 对比度”，将“亮度”调节为“30”（图 6-2-61），最终效果如图 6-2-62 所示。

图 6-2-61　调节亮度 / 对比度

图 6-2-62　最终效果

结合本项目所学知识，完成资料包实训文档中的项目练习。然后根据海报的不同用处与特点，利用软件设计出符合要求的海报。要求主题鲜明，画面美观，突出个性，富有文化内涵，绘制一幅具有影响力的海报作品。

附录　插件的使用

插件(plug-ins)是一种遵循一定规范的应用程序接口编写出来的程序，其通常运行在程序规定的系统平台下，也可能同时支持多个平台，有的插件甚至可以脱离指定的平台单独运行。除个别插件外，多数插件都是为提高或增强软件最终效果而产生的，插件类型丰富，时时更新与变化，数量繁多难以统计，很多软件都在使用插件，因为插件的使用确实可以降低工作难度，提升工作效率。但是，插件并非万能的，学会使用插件并不等于学会使用软件。如果把软件比作一间毛坯房，插件就像是为房子所作的精美装修，若毛坯房不存在，再精美的装修也是纸上谈兵，软件与插件的关系也是如此。而且由于插件程序由不同的开发商发行，他们的技术水平也参差不齐，插件程序很可能与其他程序发生冲突，从而在运行中导致各种错误与问题的出现。

Adobe 系统公司提供了强大的图形图像处理软件。尤其以 Adobe Photoshop 为其中的佼佼者，其强大的图形图像处理功能，已经使其成为不可替代的图像处理软件。然而面对时时更新的行业要求与不同技术领域的特殊需要，Adobe Photoshop 如不能及时升级，在制作上会显得力不从心，难以快速、准确地完成工作任务。为此，Adobe 系统公司为旗下的设计软件建立了插件机制，为广大使用 Adobe Photoshop 的设计人员提供了平台，同时又丰富了 Adobe Photoshop 的软件功能。“工欲善其事，必先利其器”，Adobe Photoshop 插件就是设计师手中的“利器”，可以帮助设计人员完美呈现图像效果，使应用技术水平更上一层楼。但是也要清醒地认识到，Adobe Photoshop 的插件是一把“双刃剑”，能提升图像效果也能“毁灭”图像效果，毕竟插件也是软件的一种，作为一种工具，其归根结底还是需要“人”进行操作，这就是对设计人员的考验了，考验的是设计人员的审美、思路、技术等。大家需要理解一个道理：在 Adobe Photoshop 中使用插件作图，既不是“作弊”也不是“走捷径”，插件只不过是 Photoshop 的“补充工具”，最终能为图像设计的效果效力多少，还是取决于设计人员的综合能力及其对 Photoshop 软件掌握的程度。单单依靠一个或几个插件是难以完成对一幅图像的整体设计的。

插件实现的制作效果

1.Photoshop 插件的种类

网络上供大家使用的 Photoshop 插件数不胜数，开发商也在不断推出新的插件，想要数清楚 Photoshop 插件的数量，几乎是一件不可能的事情。

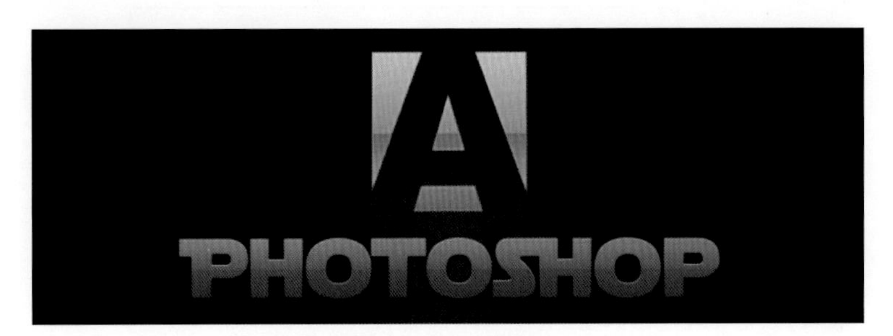

Adobe Photoshop 徽标

但是，万变不离其宗，Photoshop 插件的数量虽多，但是种类大体上就分为 ExtendScript 脚本、滤镜插件、CEP 扩展 3 种。

（1）ExtendScript 脚本是 Adobe 公司开发的一款扩展脚本语言工具包，可以使用它来创建、编辑和调试扩展脚本语言。它能够帮助我们在编程的过程中进行一些脚本语言的编写和调试等。其还可以为 Adobe 系统公司旗下的软件提供自动化脚本，它提供了 DOM 来操作软件的各种功能，ExtendScript 可以使用 JavaScript、AppleScript、VBScript 3 种语言。其中 AppleScript 的版本功能要少一些，而 JavaScript 是最为常用的版本。Photoshop 软件中的菜单里的“文件—脚本”就是指 ExtendScript。

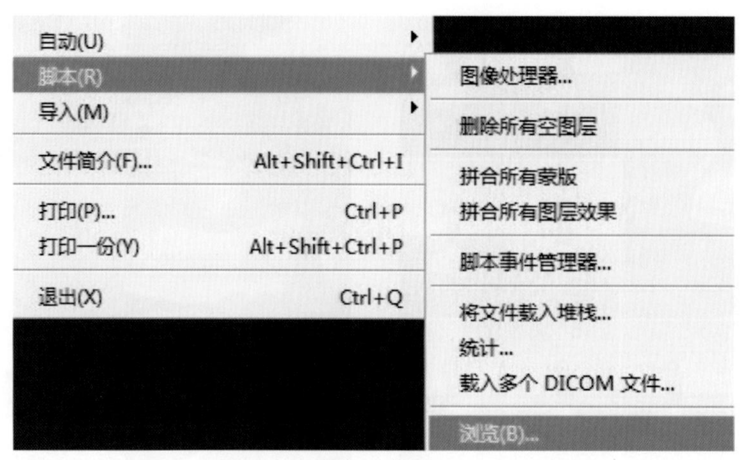

脚本示意图

一般情况下 ExtendScript 是不会执行一些批量任务的，ExtendScript 提供了绘制界面的功能，可以代码做界面，类似用 win32 api 画窗口的感觉，比如 UI 设计师都熟悉的下面这个脚本工具 Corner Edit。

Corner Edit 示意图

ExtendScript 使用 Adobe ExtendScript Toolkit 编辑和调试，因为只是脚本，进行文本编辑基本没有限制，尤其使用 Adobe ExtendScript Toolkit 调试更为方便，由于纯 ExtendScript 脚本在 Photoshop 中没有很好的入口，只能用“文件—脚本”打开，所以通常只用纯 ExtendScript 脚本做一些简单的工具。

（2）滤镜插件即 8li 滤镜插件，8li 是用 Adobe Photoshop SDK 开发的插件，实际上是一种动态链接库（Dynamic Link Library，DLL），它主要的特点是可以直接操作 Photoshop 里的像素，滤镜都是使用这种方法开发出来的。滤镜主要用来实现图像的各种特殊效果，它在 Photoshop 中可以实现非常神奇的效果，使用起来也十分简单，只需点击相应的操作命令即可（类似于现在许多智能手机上使用的滤镜软件，这些滤镜软件使拍照变得十分简单，只需一点就能实现很多特殊效果）。

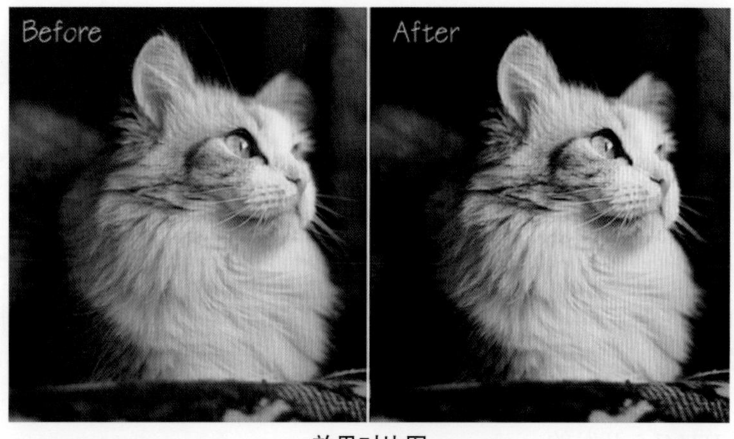

效果对比图

所有的 Photoshop 的滤镜都被分类放置在菜单中，使用时只需要从下面这个菜单中执行这些命令即可。

转换为智能滤镜(S)	
滤镜库(G)...	
自适应广角(A)...	Alt+Shift+Ctrl+A
Camera Raw 滤镜(C)...	Shift+Ctrl+A
镜头校正(R)...	Shift+Ctrl+R
液化(L)...	Shift+Ctrl+X
消失点(V)...	Alt+Ctrl+V
3D	▸
风格化	▸
模糊	▸
模糊画廊	▸
扭曲	▸
锐化	▸
视频	▸
像素化	▸
渲染	▸
杂色	▸
其它	▸
浏览联机滤镜...	

滤镜下拉菜单

（3）CEP（Common Extensibility Platform）即通用扩展平台，是 Adobe 系统公司旗下各种软件扩展的通用开发标准，现在常见的 Photoshop 扩展都是 CEP 扩展，这也是 Adobe 推荐的开发方式，不仅 GuideGuide、fonTags 这些第三方工具是 CEP 扩展，像 Adobe Color Themes 库，甚至“导出为”这些 Photoshop 自带的功能都是 CEP 扩展。

导出(E)
生成
在 Behance 上共享(D)...
搜索 Adobe Stock...
置入嵌入对象(L)...
快速导出为 PNG
导出为... Alt+Shift+Ctrl+W
导出首选项...
存储为 Web 所用格式（旧版）... Alt+Shift+Ctrl+S

导出为命令

在过去 CEP 扩展还被称为 CSXS 的年代，它还是用 Flash 开发的，当时还有一个开发工具 Adobe Configurator，它的功能极其简单，基本上就是给 ExtendScript 一个带按钮的界面，不过现在已经不再使用了，Adobe Configurator 最后支持到 Photoshop CC 系列，而后来，Adobe 不再使用 Flash 而是选择了 HTML5，从 Photoshop CC（2014 年以后的版本）开始的 CEP 都是使用 HTML5 开发的。

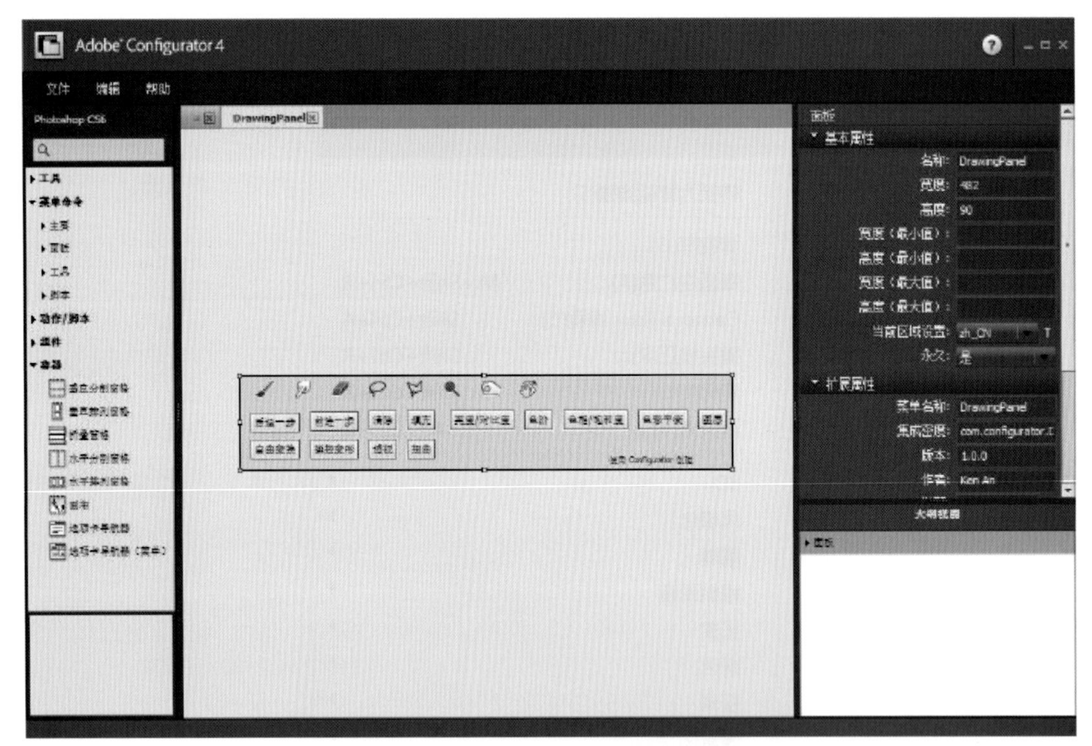

Adobe Configurator 示意图

HTML5 示意图

简单来说，现在的 CEP 扩展就是一个本地运行的 Web 应用，操作面板实际就是一个网页，其实 CEP 扩展操作 Photoshop 的方式是使用 ExtendScript，所以最终还是会得到 Extend-Script 脚本。

2.Adobe 插件的形态

Adobe 在经历了多年的发展以后，为使用者提供了诸多不同的插件、扩展方式，又经过多番变化、修正、升级，形成了现在的插件布局，这些是由不同的技术实现方案构成的。

1）脚本插件

脚本插件是最常见的一种插件形态，通过编写脚本文件，在 Photoshop 里运行，即可完成相应的操作。只要将脚本文件放到 Photoshop 的 Scripts 目录下，就可以在 Photoshop 菜单栏的"文件—脚本"列表里找到它，点击脚本名称，就会弹出相应图片，显示出界面窗口。

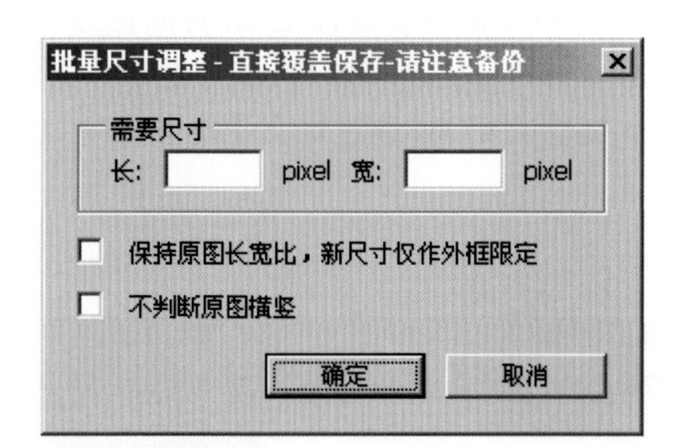

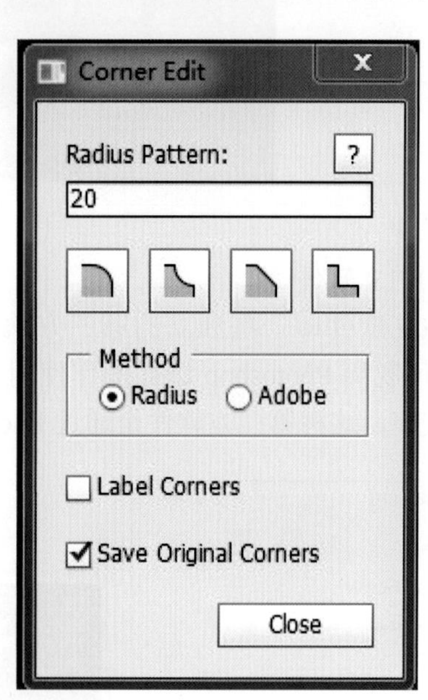

脚本插件示意图

这种脚本，可以实现基本的 UI 界面，像输入框、单选、多选、按钮等。但是只能使用这些基本的控件，无法自己绘制 UI。它的优点是简单、小巧，开发速度快，随便打开一个记事本就可以开始写了，安装和使用也比较简单。通常，这种脚本插件更适合相对简单的功能集合。

2）面板插件

面板插件是较常见的一种插件形态，和 Photoshop 中使用的各种面板很相似，通常面板插件需要更烦琐的技术结构，能够支持更加复杂的 UI 界面和更多的功能特性。特别是放弃 Flash 架构改用 HTML5 后，这种特征更加突出，因为 HTML5 的架构更轻量，跨平台兼容性更好，对环境要求相对简单，种种因素也使面板插件成为最流行的插件形态。

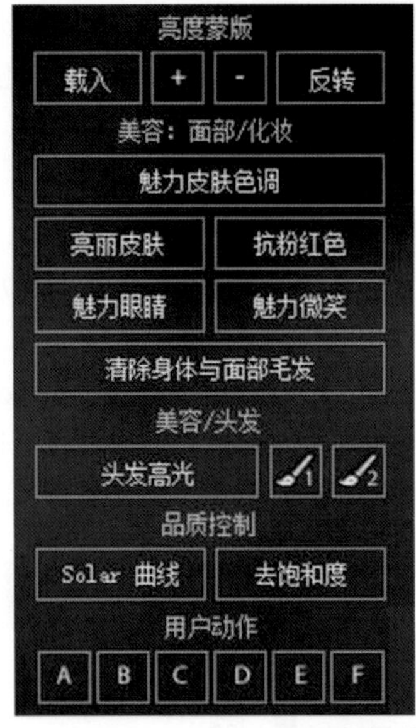

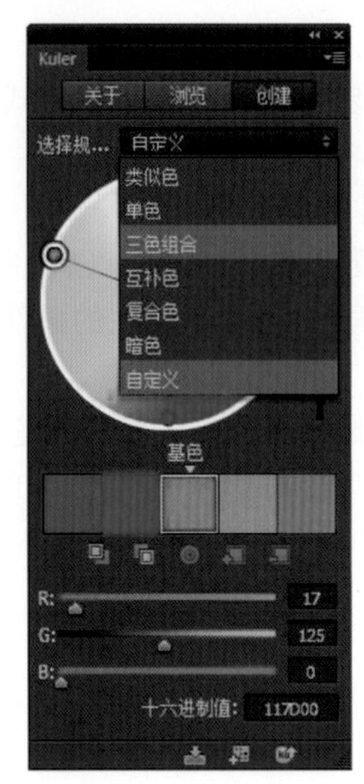

面板插件示意图

3)独立软件

独立软件即一些独立的第三方软件，可以和 Photoshop 进行交互，对图像进行一些处理，也可脱离 Photoshop 进行操作使用。这是一种独立的外挂软件，和普通软件类似，需要单独安装。这种第三方软件是通过 Photoshop 提供的 COM 库进行交互使用的。

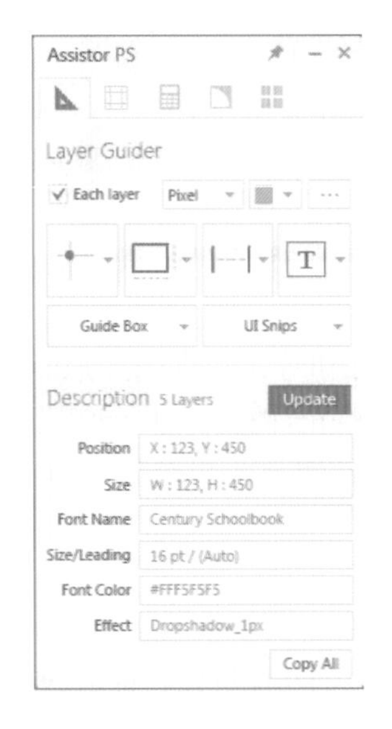

独立软件示意图

4）内置插件

这种插件可以在官网下载，例如 Photoshop 的滤镜就属于内置插件，此类插件需要手动放到 Photoshop 安装目录的 plug-Ins 目录下，然后重新启动 Photoshop 之后，它便会自动加载。这种插件由于用 C 语言编写，并且可以通过 SDK 直接和 Photoshop 核心进行交互，在处理图像上有计算速度的优势，所以一般被用来做图像处理相关的操作。

内置插件示意图

3. 几种常见的插件

1）Vertus Fluid Mask

Vertus Fluid Mask 是一款非常强大的 Photoshop 抠图插件。此插件采用模拟人眼和人脑的方法来实现高级的、准确而且快速的抠图功能。在处理图像的同时，它还能区分软边界和硬边界并做相应的处理，使最终呈现的边缘和色彩过渡更加平滑。它能识别各种颜色的轮廓、纹理和阴影，并将它们分成若干部分。每个部分都可以被单独或者分组选择，使得抠图和蒙版异常简单。这一创新技术使得 Fluid Mask 成为市场上最快、最精确的抠图插件。

2）Tiffen Dfx

Tiffen Dfx 是一套非常独特的出自数字胶片工具的、最可靠的数字光学插件，它不但能出色地模仿流行的玻璃照相机滤光镜、专业镜头、光学试验过程、胶片的颗粒、遮片的生成、严格的颜色修正，而且能够模仿自然光和逼真的摄影特效。所有的这些都可以在一个被控制的环境中用每通道 8 或 16 位来进行加工处理。Tiffen Dfx 能够模拟 2000 多个过滤镜、特殊镜头、光学 lab 流程、胶片颗粒、精确的色彩校正，再加上自然光和摄影效果，Tiffen Dfx 数字滤镜套件是被世界各地专业摄影师、顶级电影制片人、视频编辑者和视觉效果艺术家使用的权威性的数字光学滤镜。

3）Magic Retouch Pro 4.2

Magic Retouch Pro 4.2 是专业人像肤色磨皮美白插件。通过调节操作 Magic Retouch Pro 4.2 可以对人像进行完美的修饰，美白牙齿，美化皮肤，提亮眼睛，数字化化妆等，还可以帮助大家非常便捷地进行人像图片处理。软件使用简单，操作方便。Magic Retouch Pro 4.2 是 Photoshop 的扩展程序，必须在安装了 Photoshop 软件的计算机中才能使用。

4）Nik Software Color Efex

Nik Software Color Efex 是尼康公司出品的强大滤镜工具，是 Photoshop 中最强、最有效、最专业的调色滤镜插件之一，特别适合图像后期处理制作或者经常使用 Photoshop 的人员。Photoshop 强大的图像后期处理功能与其滤镜、插件的扩充支持有着不可分割的关系，调色作为最常用的图像后期处理操作，通过 Nik Software Color Efex Pro 的扩充支持，使用 Photoshop 调整适合各种场合、风格的特殊效果就变得非常容易，其可以非常简便地把照片处理成专业摄影工作室的效果。

5）Double USM v2

Double USM v2 是一款对图像光泽锐化的插件，通过 DoubleUSM 能在 Photoshop 中轻松调整光泽精确度，它采用双套滑块和高质量的预览来调整光泽精度，能满足图像处理的需要。

6）光束大师

光束大师是一款相当不错的滤镜插件，这个插件可以为图层添加一层非常真实的光束图像，并可对产生的光束进行快速调节、设置，即便实现丁达尔效应的光影效果，也十分简便。